パワーポイント
PowerPoint
すぐに使える!
基本&便利ワザ

門脇香奈子

Bunko!
今すぐ使える かんたん 文庫

技術評論社

プレゼン資料の作成手順を知る

パワーポイントでは、複数のスライドを含むプレゼン資料をかんたんに作成できる。プレゼンをするときは、紙芝居のようにスライドを1枚ずつめくりながら説明を進める。プレゼン資料を作成する手順を知ろう。

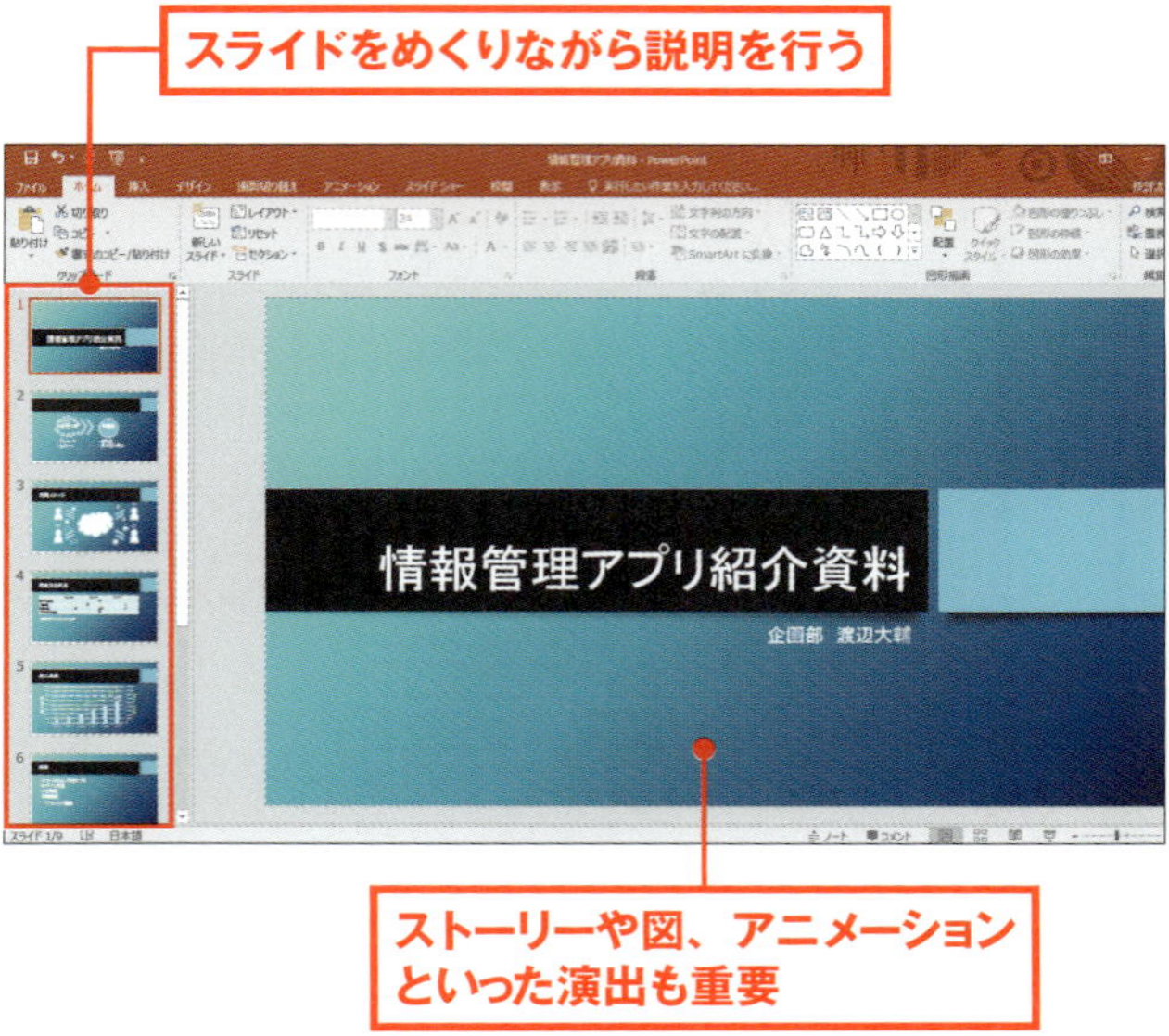
スライドをめくりながら説明を行う
情報管理アプリ紹介資料
ストーリーや図、アニメーションといった演出も重要

1 プレゼンのストーリーを考える

プレゼンでは、限られた時間の中で情報を正しく伝える必要がある。そのためには、何をどのような順番で話せば効果的か考えよう。

2 スライドを追加して内容を入力する

ストーリーに沿ってスライドを追加する。スライドの内容は、文字だけでなく、図やイラスト、写真、動画などを使用してわかりやすく表現するのが重要。スライドの作成については、第1章～第4章で紹介する。

3 演出効果を設定する

プレゼンの聞き手の注目を集めるために、必要に応じてオーディオを入れたり、説明に合わせて文字や図などを1つずつ順に表示するアニメーション効果などを設定する。アニメーションや動画、オーディオについては、第5章で紹介する。

4 配布する資料を準備する

スライドの縮小図などを配布資料として用意したり、発表者用のメモを用意する。配布資料や発表者用メモの作成は、第6章で紹介する。

5 リハーサルをしてプレゼンに臨む

スライドショーを実行して十分にリハーサルをしておこう。スライドの切り替え方やスマートにプレゼンを行うテクニックは、第6章で紹介する。

パワーポイントの画面構成を知る

パワーポイントの画面を構成している画面各部の名前と役割を確認する。ここでの名称は、これ以降の解説にも出てくるので覚えておこう。

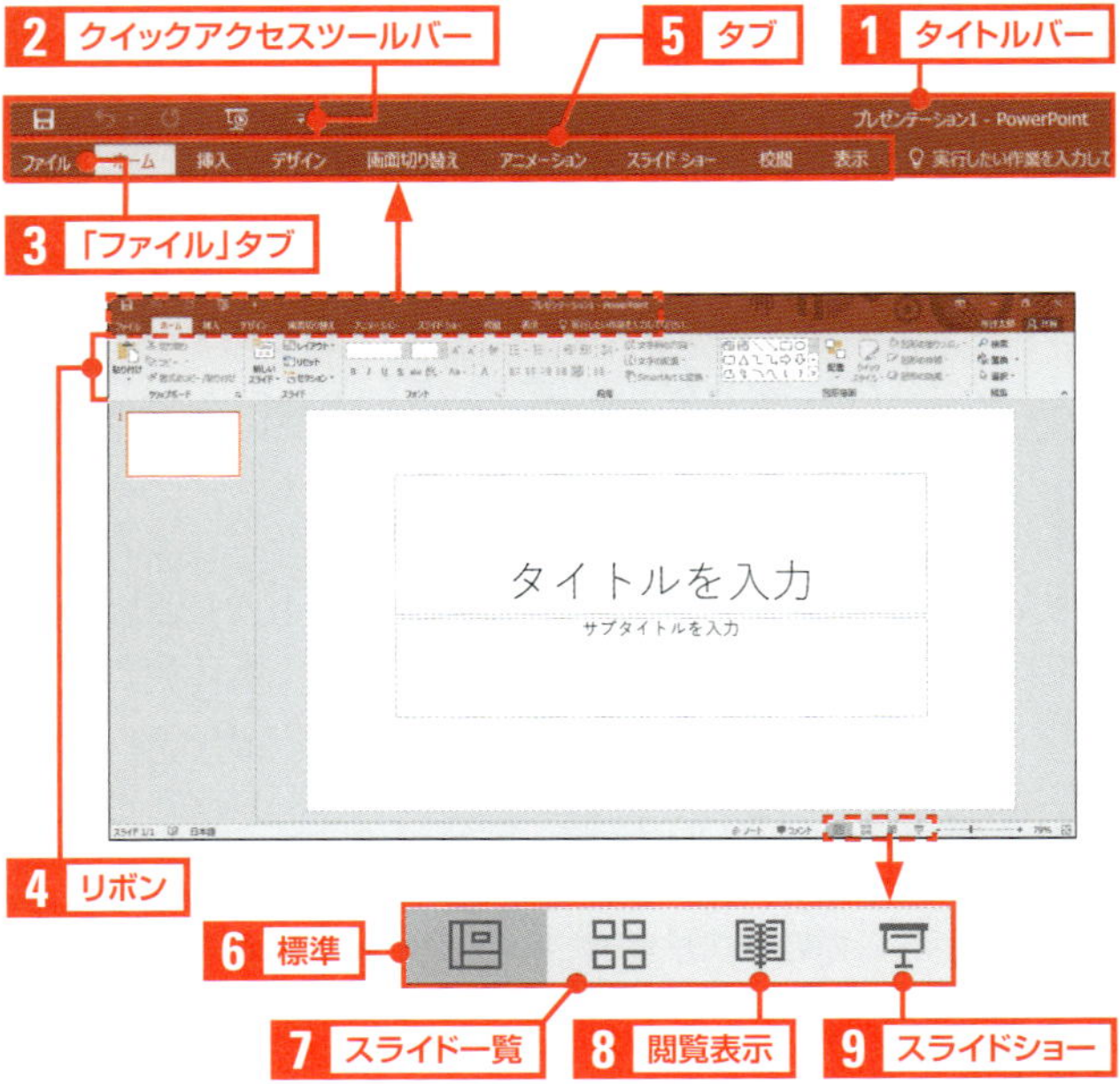

1 タイトルバー

現在開いているファイルの名前（ここではプレゼンテーション 1）が表示される。

2 クイックアクセスツールバー

「上書き保存」「元に戻す」「やり直し」「先頭から開始」のボタンが並ぶ。後からボタンを追加できる。

3 「ファイル」タブ

クリックすると、保存や印刷などのメニューが表示される。

4 リボン 5 タブ

パワーポイントの機能が分類ごとにまとめられて並ぶ。上部のタブの名前をクリックすると、リボンの内容が切り替わる。

6 標準

標準とアウトライン表示に交互に切り替わる。標準は、もっとも基本的な表示モード。アウトライン表示は、プレゼンの構成を考えるときに使用する。

7 スライド一覧

スライド一覧の表示に切り替える。スライドの一覧を見ながらスライドの順番を変更したりするときに使用する。

8 閲覧表示

閲覧表示に切り替える。閲覧表示は、パワーポイントのウィンドウ内でスライドショーを実行するときに使用する。

9 スライドショー

スライドショーに切り替える。スライドショーは、プレゼンを実行するときに使用する。

Contents 目次

第2章 文字入力&編集の便利ワザ

入力・書式編

第5章 動き・音声編 アニメーション&動画の演出ワザ 125

第6章 プレゼン編

プレゼン&資料配布の便利ワザ

特別付録

◎免責

本書に記載された内容は、情報の提供のみを目的としています。したがって、本書を用いた運用は、必ずお客様自身の責任と判断によって行ってください。これらの情報の運用の結果について、技術評論社および著者はいかなる責任も負いません。

本書記載の情報は、２０１６年４月現在のものを掲載しています。ソフトウェアの画面など、ご利用時には変更されている場合があります。また、本書はＰｏｗｅｒＰｏｉｎｔ ２０１６の画面で解説を行っています。その他のＰｏｗｅｒＰｏｉｎｔのバージョンでは、操作内容が異なる場合があります。

以上の注意事項をご承諾いただいた上で、本書をご利用願います。これらの注意事項をお読みいただかずに、お問い合わせいただいても、技術評論社および著者は対処しかねます。あらかじめ、ご承知おきください。

◎商標、登録商標について

本文中に記載されている会社名、製品名などは、それぞれの会社の商標、登録商標、商品名です。

なお、本文にＴＭマーク、®マークは明記しておりません。

サンプルファイルのダウンロードについて

本書籍の解説で使用しているパワーポイントのファイルは、下記サイトよりダウンロードして利用できます。

http://gihyo.jp/book/2016/978-4-7741-8100-4/support

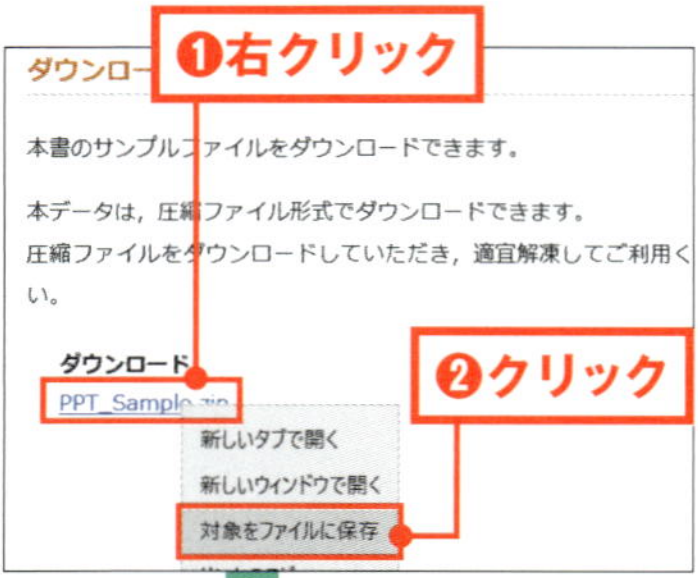

1

ブラウザで上記URLにアクセスし、「サンプルファイル」のリンクを右クリックする❶。表示されるメニューで「対象をファイルに保存」をクリックする❷。

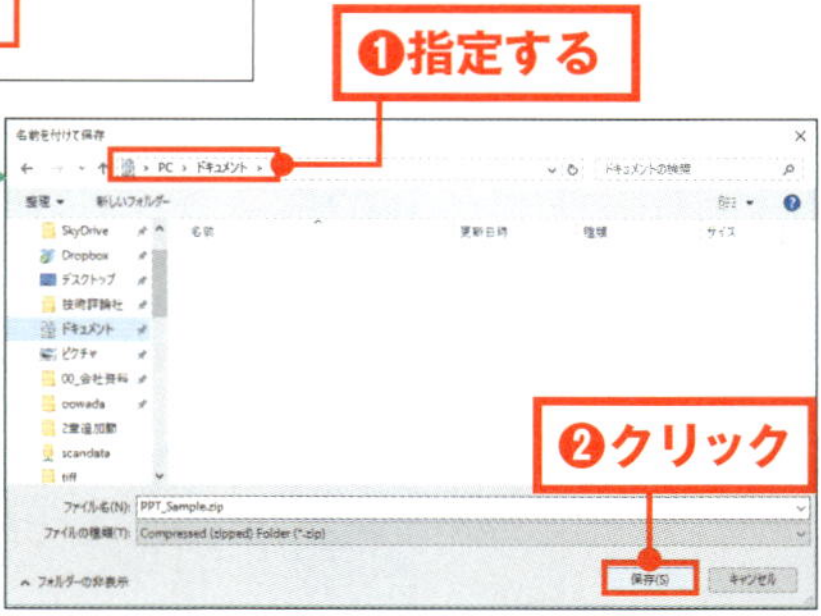

2

保存先を指定して❶、「保存」をクリックする❷。保存された圧縮ファイルを右クリックして、「すべて展開」をクリックすれば、サンプルファイルを利用できる。

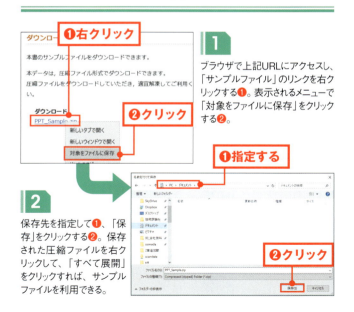

第1章

スライド

スライド作成&PowerPointの基本ワザ

新規ファイルをすばやく作成する

[初級]

ここがポイント! Ctrl＋Nキーを押す

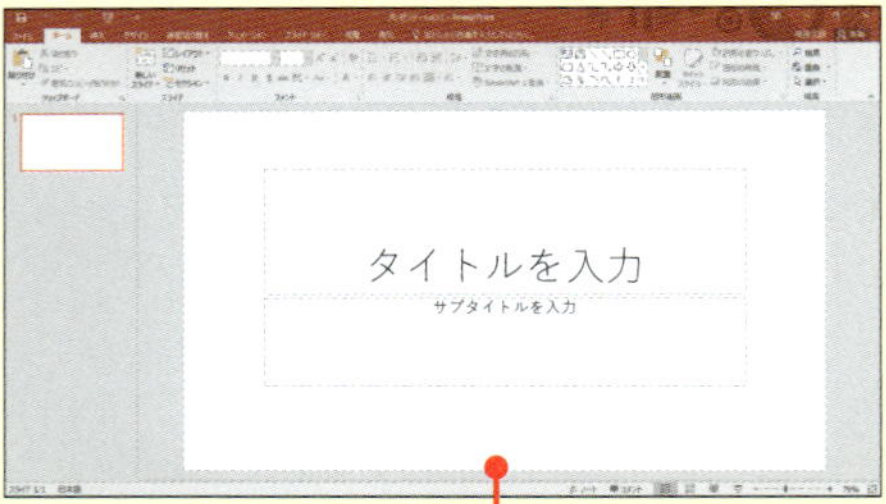

新しいファイルを瞬時に用意する

新しいプレゼン資料を作成したい。それには、パワーポイントの画面で**「Ctrl」＋「N」キー**を押せばよい。**新規ファイル**には、白紙のタイトルスライドが1枚含まれる。このスライドには、文字などを入力するプレースホルダーという枠が2つ表示されるので、タイトルやサブタイトルを入力しておこう。あとは、20ページの方法で必要な数だけスライドを追加して、プレゼン資料を作成していく。

1 パワーポイントの画面で、Ctrl+Nキーを押す❶。

2 新しいプレゼンテーションファイルが表示される。

3 「タイトルを入力」をクリックして、プレゼンのタイトルを入力する❶。「サブタイトルを入力」をクリックして、サブタイトルを入力する❷。

スライド

002

スライドのデザインを選ぶ

［ 初級 ］

ここがポイント！ **テーマから選択する**

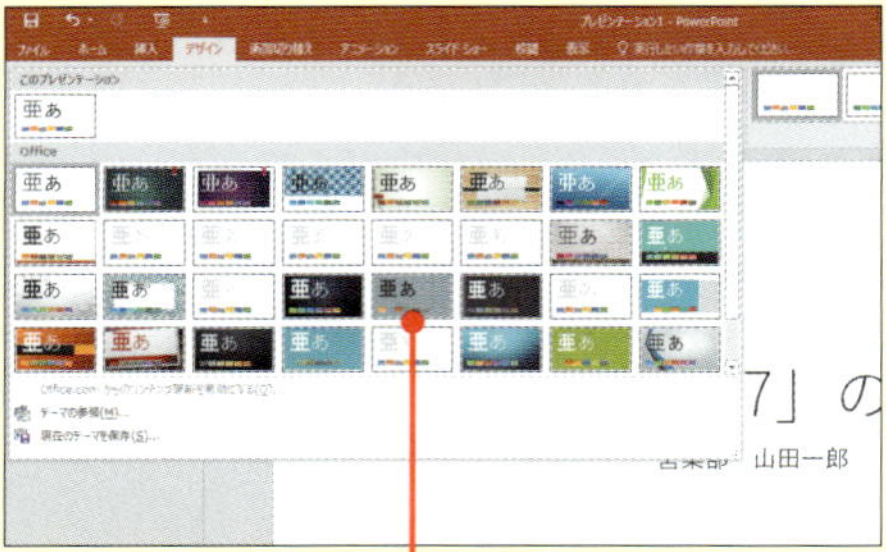

テーマの一覧からデザインを選ぶ

スライドのデザインをすばやく整えるには、**テーマ**を利用するのが手軽な方法だ。テーマとは、背景や色、フォント、図形の質感などを組み合わせたデザインのことで、パワーポイントにあらかじめ用意されている。選択したテーマによっては、背景や色の組み合わせに、複数の**バリエーション**が用意されているものもある（バージョン2013以降）。デザインは、スライド全体のイメージを左右する。内容に合わせて選択しよう。

1 「デザイン」タブの「テーマ」の「その他」ボタンをクリックする❶。

2 テーマの一覧が表示される。気に入ったテーマをクリックして選択する❶。

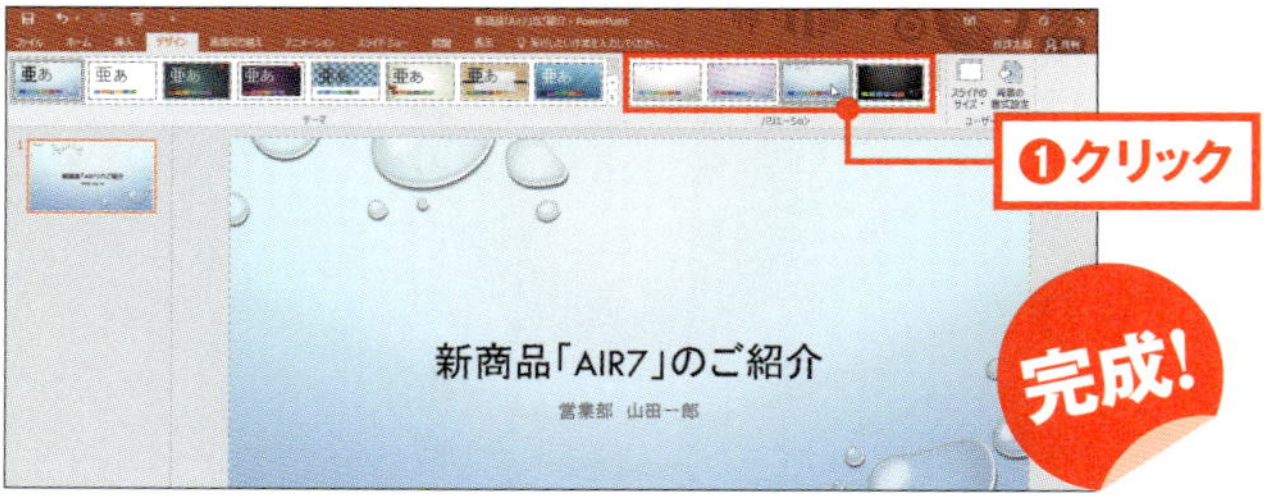

3 スライドのデザインが変わった。右上のバリエーションをクリックすると❶、色などを変更できる。

スライドをすばやく追加する

［初級］

ここがポイント！ Enterキーを押す

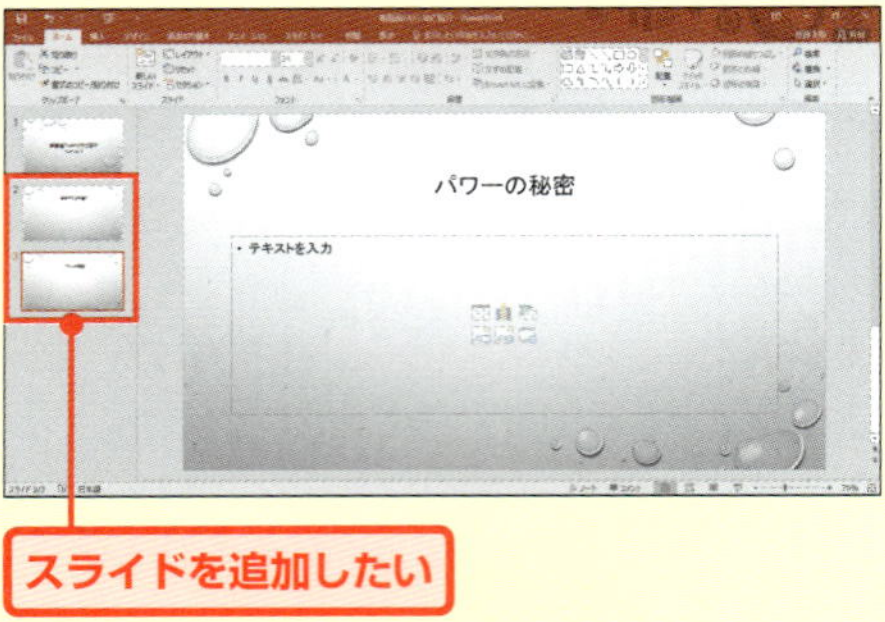

新しいスライドを追加したいとする。操作はわずか2ステップだ。最初に、スライドを追加したい位置の直前のスライドをクリックして選択する。続いて、「Enter」キーを押せばスライドが追加される。タイトルスライドを選択した状態では「タイトルとコンテンツ」、その他のスライドを選択した状態では、選択しているスライドと同じレイアウトのスライドが追加される。レイアウトについては、22ページで詳しく紹介する。

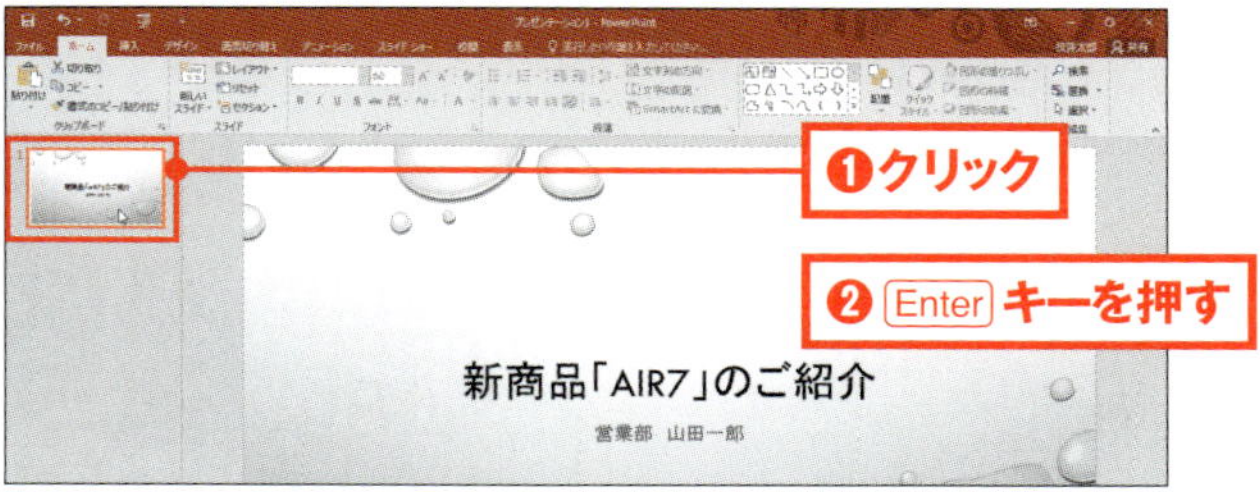

1 スライドを追加したい位置の直前にあるスライドをクリックし❶、Enterキーを押す❷。

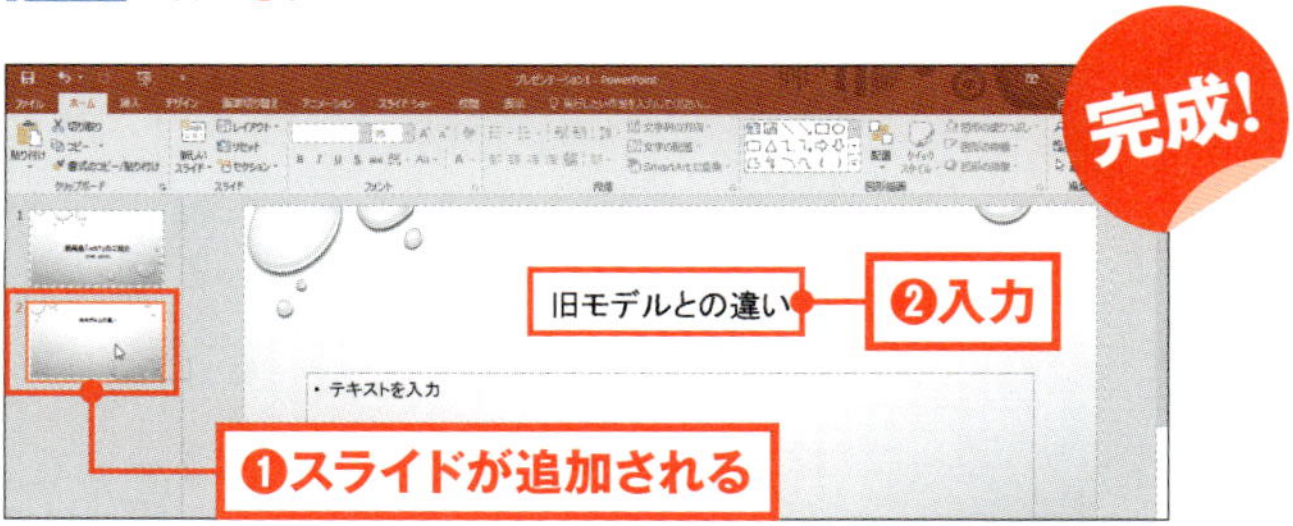

2 選択していたスライドの後ろに、新しいスライドが追加される❶。「タイトルを入力」をクリックして、スライドのタイトルを入力する❷。

★One Point !★

スライドとスライドの間に新しいスライドを追加する場合、追加したいスライドの場所をクリックしてもよい。スライド間に線が引かれるので、この状態でEnterキーを押すと、スライドが追加される。

スライド

004

スライドの最適なレイアウトを選ぶ

［中級］

スライドに文字やグラフなどを入れるときは、一般的に**プレースホルダー**という枠の中に内容を追加する。プレースホルダーの配置パターンは、**スライドのレイアウト**として複数用意されている。たとえば、スライドに2つのグラフを並べて比較したいといった場合は、上図のようなレイアウトを選択すればよい。なお、プレースホルダーをうっかり移動してしまった場合は、もう一度レイアウトを選択し直せば元に戻せるので覚えておこう。

ここがポイント！

レイアウト一覧から選択する

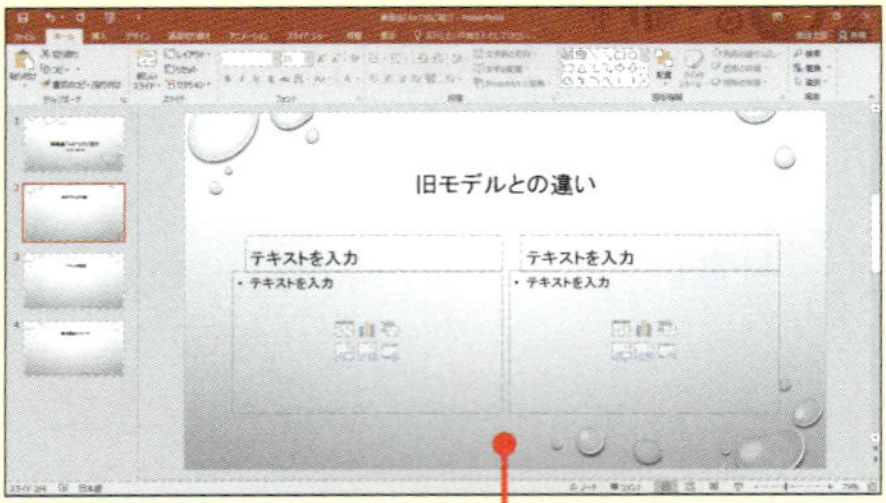

スライドのレイアウトを変更する

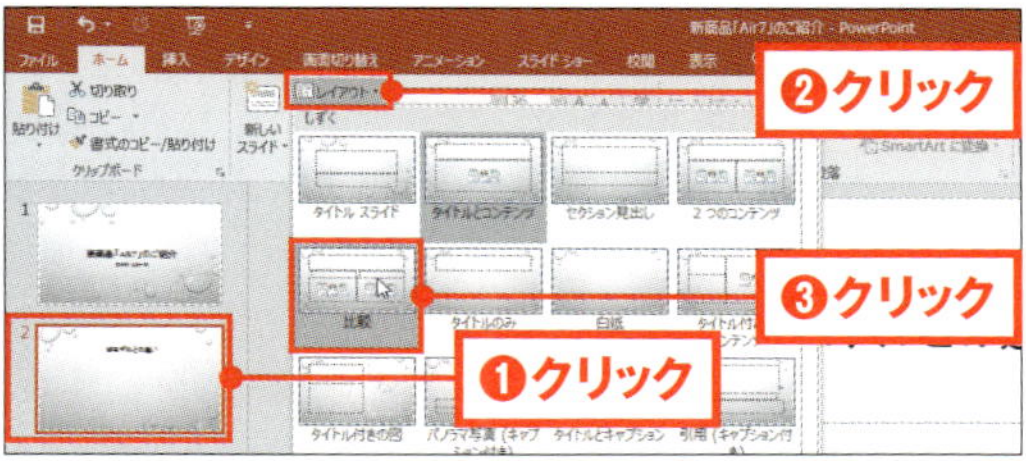

1 レイアウトを変更したいスライドをクリックする❶。「ホーム」タブの「レイアウト」をクリックし❷、レイアウト一覧から適用したいレイアウトをクリックする❸。

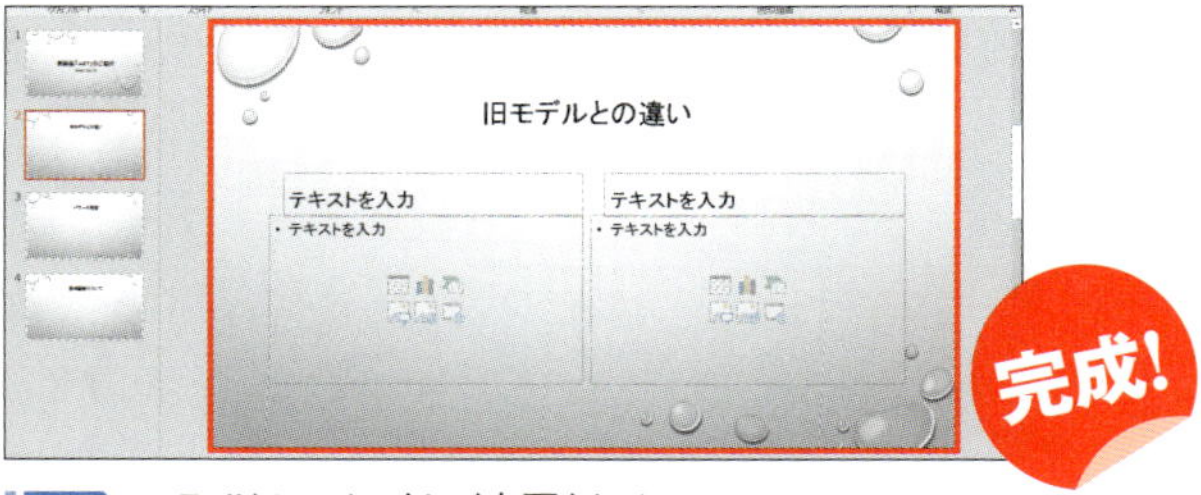

2 スライドのレイアウトが変更される。

★One Point !★

新しいスライドを追加するとき、スライドのレイアウトを指定するには、「ホーム」タブの「新しいスライド」の下の「▼」ボタンをクリックしてレイアウトを選択する。すると、指定したレイアウトのスライドが追加される。

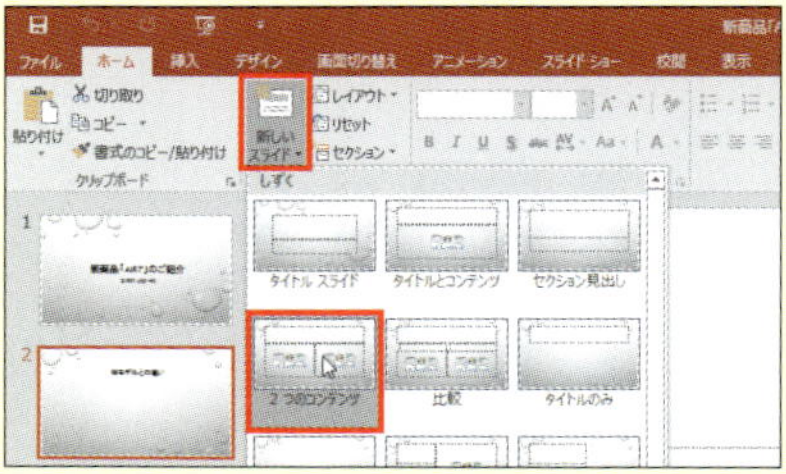

スライド

005

スライドをすばやく入れ替える

［初級］

ここがポイント! **移動先を確認しながらドラッグする**

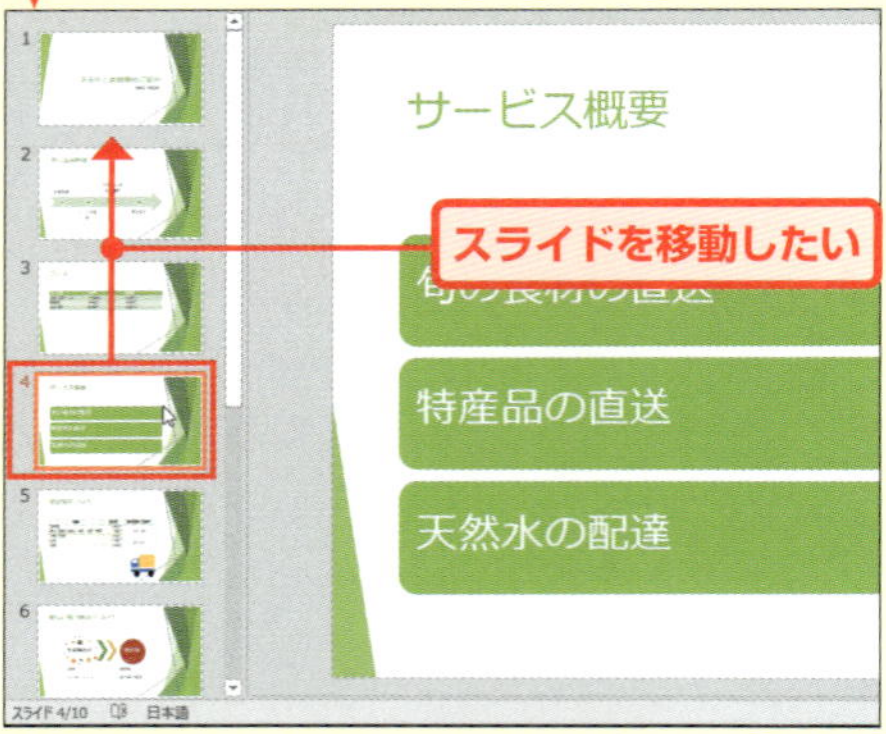

プレゼンで情報をわかりやすく伝えるには、説明する順番が重要だ。作成したスライドの流れを見直して、適切な順序に並べ直しておこう。**スライドの順序**の入れ替えはかんたんだ。移動先に向かって**スライドをドラッグ**すればよい。なお、スライドをコピーするには、「Ｃｔｒｌ」キーを押しながらコピー先にスライドをドラッグする。ドラッグ操作を始めたあとに「Ｃｔｒｌ」キーを押すのがポイントだ。

1 移動したいスライドをクリックする❶。

2 スライドの移動先に向かってそのままドラッグする❶。

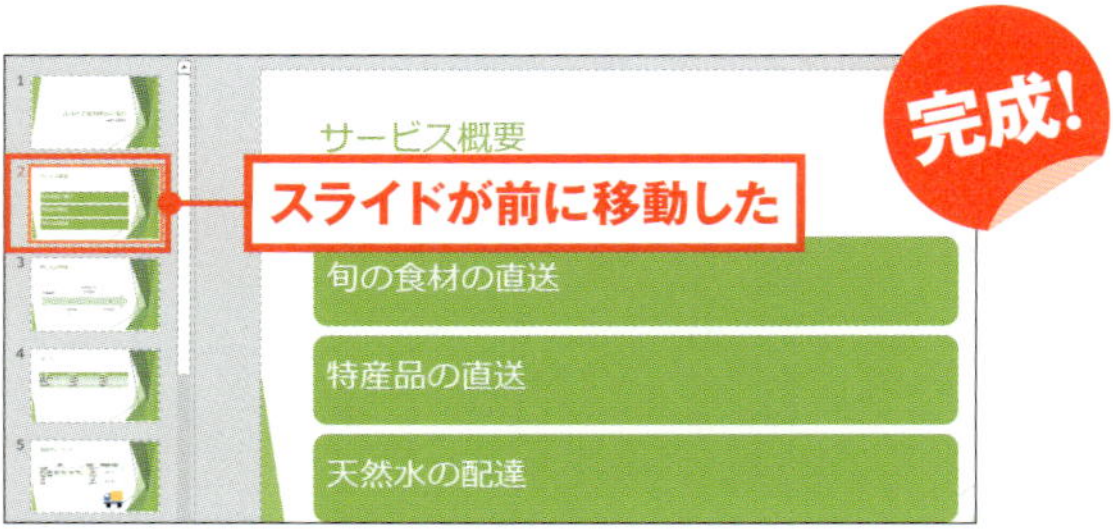

3 スライドの順番が変わった。

スライドを削除する

［初級］

ここがポイント! スライドを選択して Delete キーを押す

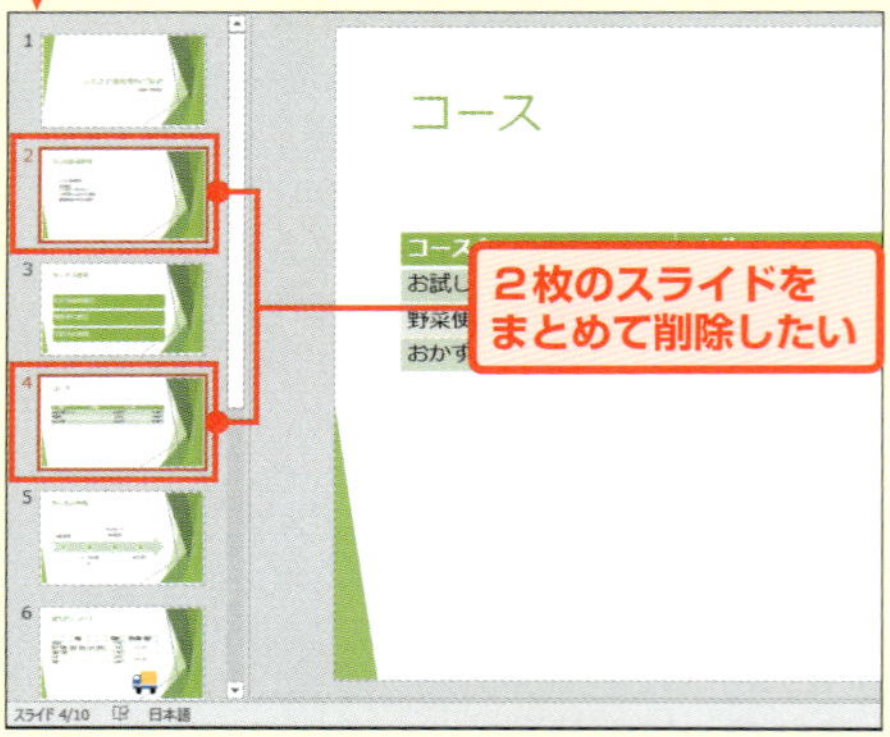

不要になった**スライドを削除**したい。そんなときは、削除するスライドを選択して「Delete」キーを押す。離れたスライドを選択するには、「Ctrl」キーを押しながらクリックすればよい。ただし、いったん削除したスライドは元には戻らない。あとで使う可能性がある場合は、**スライドを非表示**にしておこう。非表示にしたスライドは、スライドショーでは表示されない。必要なときは、非表示スライドの指定を解除すればよい。

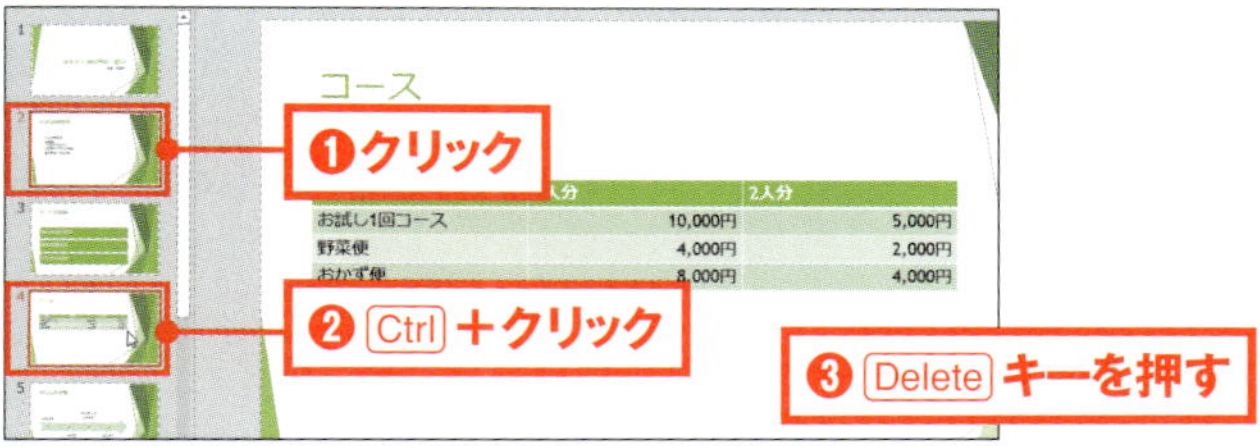

1 削除したいスライドをクリックする❶。他に削除したいスライドがあれば、Ctrl キーを押しながらクリックする❷。削除したいスライドをすべて選択したら、Delete キーを押す❸。

2 選択したスライドが削除された。

★One Point !★

スライドを非表示にするには、スライドを右クリックして「非表示スライドに設定」をクリックする。非表示に設定したスライドは、スライド番号の上に斜線が表示される。

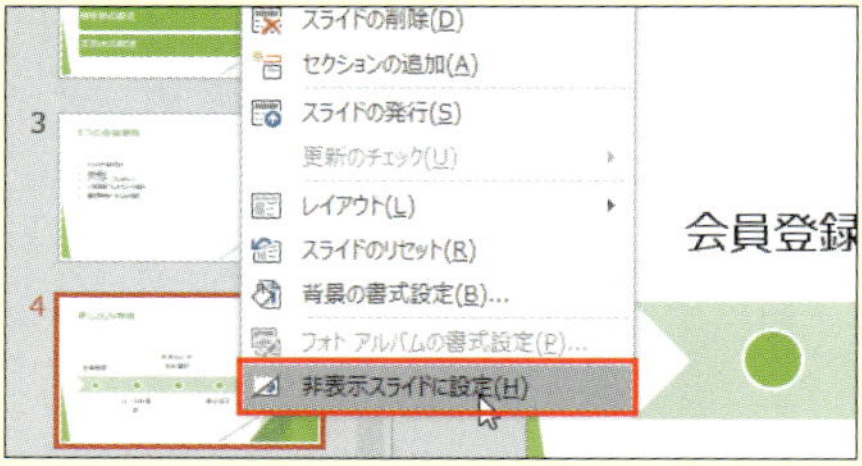

スライド

007

スライド番号を表示する

［ 中級 ］

ここがポイント!

「スライド番号」にチェックを入れる

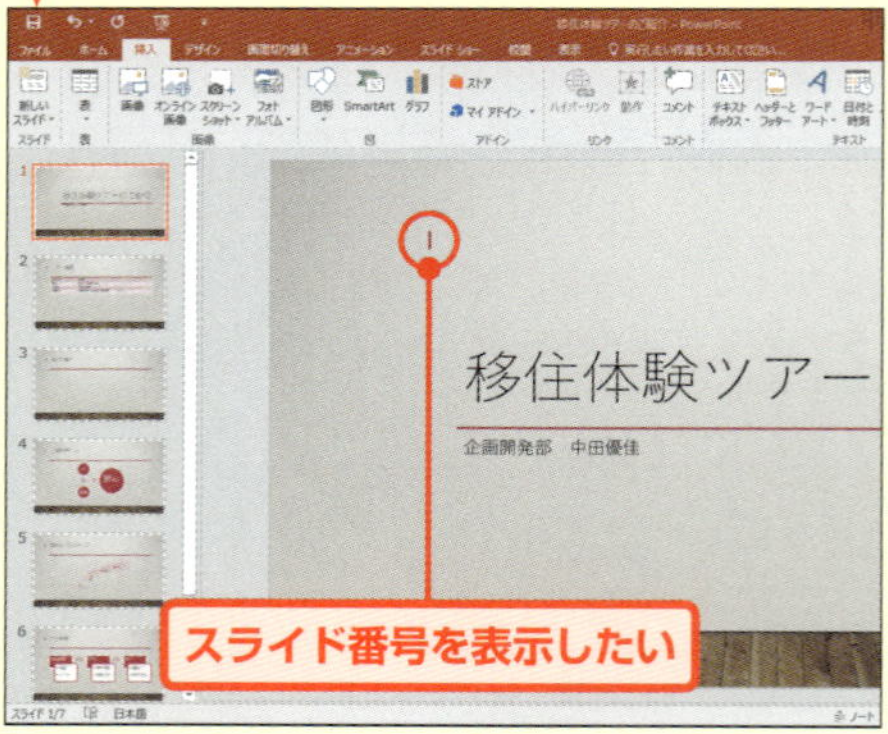

スライドに番号を振っておくと、プレゼン後の質疑応答や配布資料の説明などで、スライドを特定するときに便利だ。「挿入」タブの「スライド番号」をクリックし、**「スライド番号」**にチェックを入れる。スライドを入れ替えると、番号も自動的に変更される。ただし、26ページの非表示スライドにもスライド番号が降られるため、注意が必要だ。この場合は、非表示スライドを一番後ろに移動しておけば、番号が飛ぶことはない。

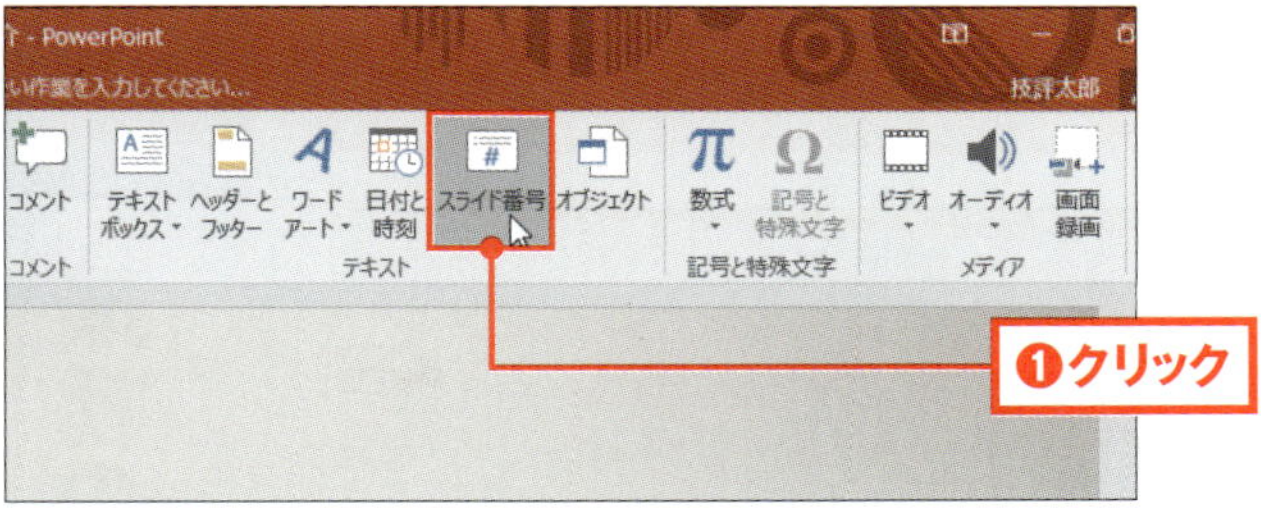

1 「挿入」タブの「スライド番号」をクリックする❶。

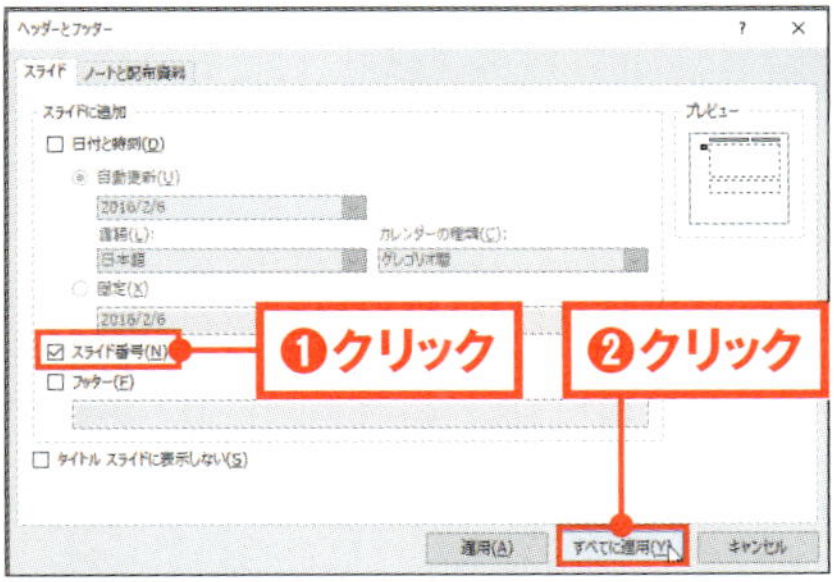

2 「ヘッダーとフッター」画面で「スライド番号」をクリックし、チェックを入れる❶。「すべてに適用」をクリックする❷。

3 すべてのスライドに、スライド番号が表示される。スライド番号が表示される場所は、選択しているテーマ（18ページ参照）によって異なる。

スライド

008

最初のスライド番号を指定する

［上級］

ここがポイント！「スライド開始番号」を指定する

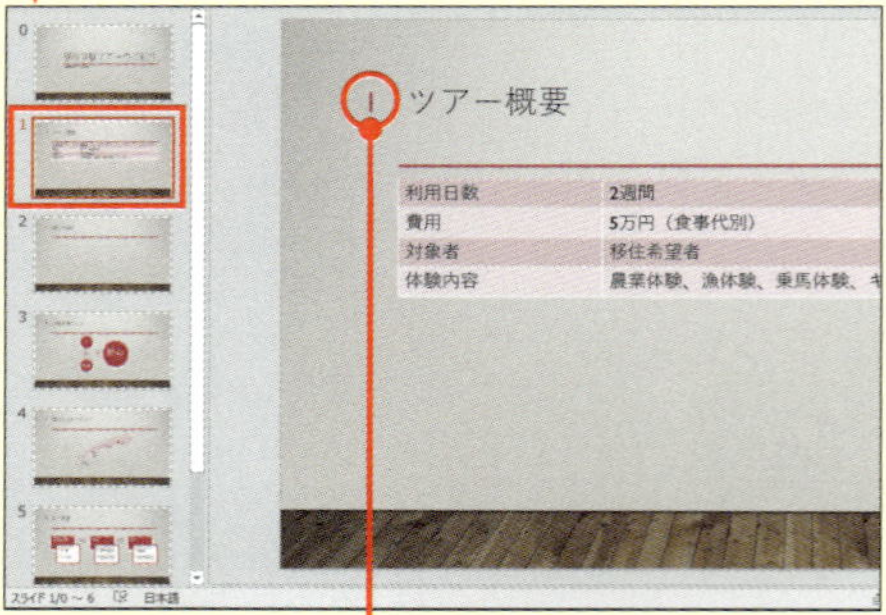

2枚目のスライドからスライド番号を振りたい

スライド番号を表示するとき、1枚目のタイトルスライドには番号を振らず、2枚目以降のスライドから番号を振りたいこともあるだろう。そのためには、スライド番号を設定する際、**「タイトルスライドに表示しない」**にチェックを入れる。続いて、**「スライド開始番号」**を「0」に指定する。これで、タイトルスライドには番号が振られず、2枚目のスライドから「1，2，3…」と番号が振られていくようになる。

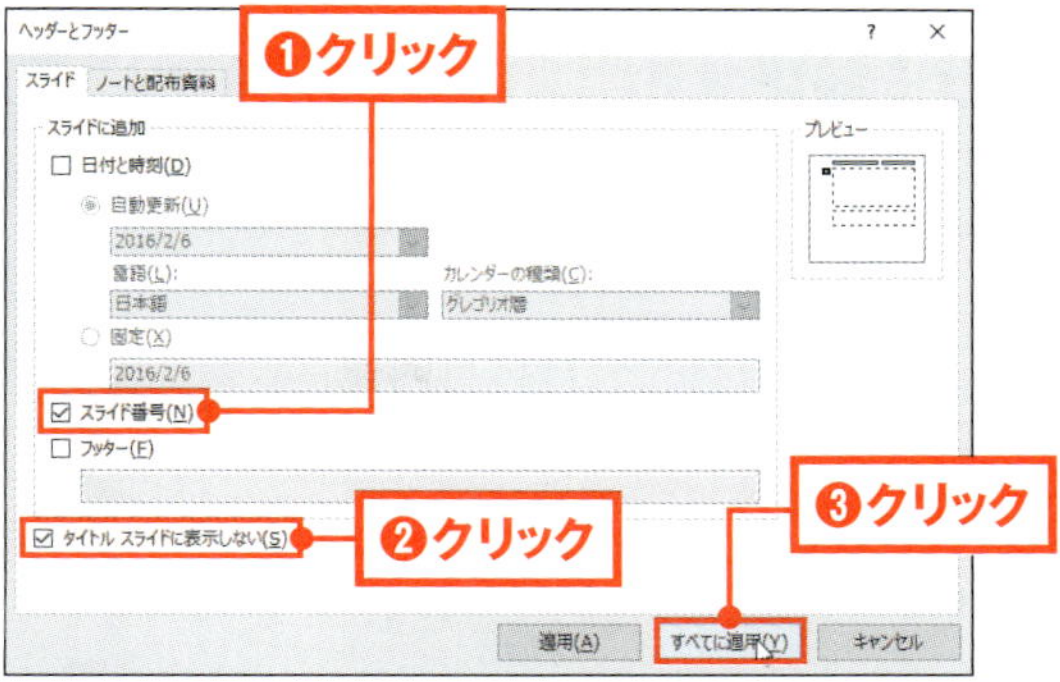

1 29ページの方法で、「挿入」タブの「スライド番号」をクリックする。「ヘッダーとフッター」画面で「スライド番号」をクリックし、チェックを入れる❶。「タイトルスライドに表示しない」をクリックし、チェックを入れる❷。「すべてに適用」をクリックする❸。

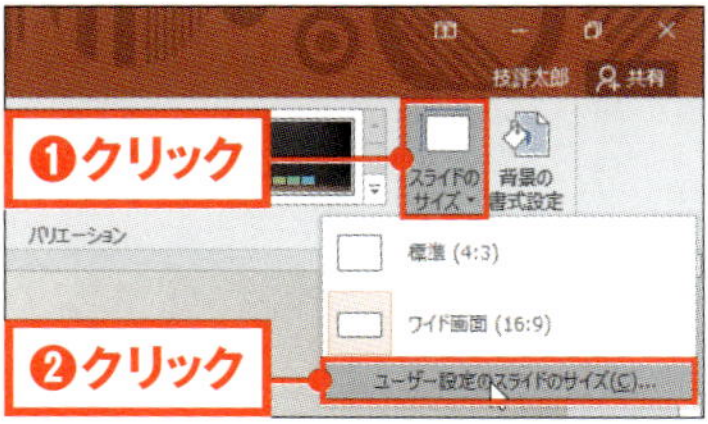

2 「デザイン」タブの「スライドのサイズ」(パワーポイント2010では「ページ設定」)をクリックする❶。「ユーザー設定のスライドのサイズ」をクリックする❷。

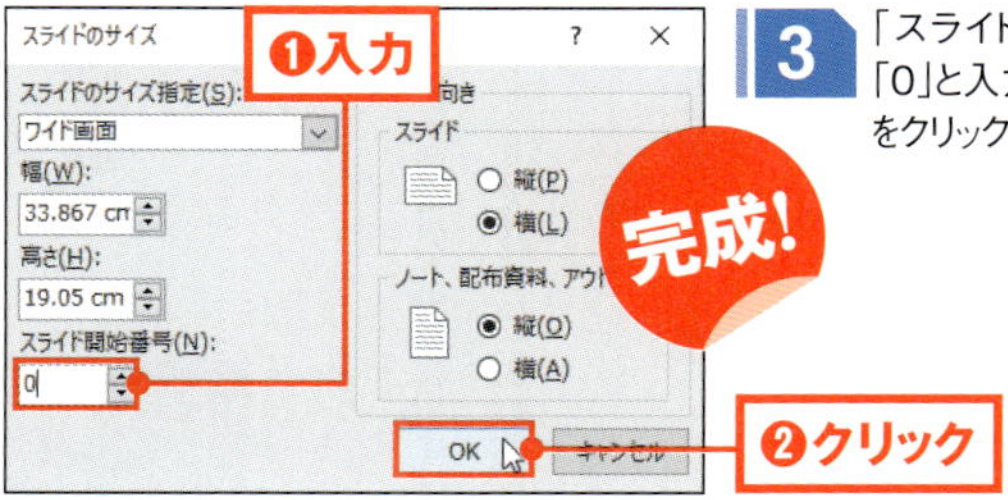

3 「スライド開始番号」に「0」と入力する❶。「OK」をクリックする❷。

スライド

009

スライドに会社のロゴを入れる

［上級］

ここがポイント!

スライドマスターにロゴを配置する

スライドにロゴマークを表示する

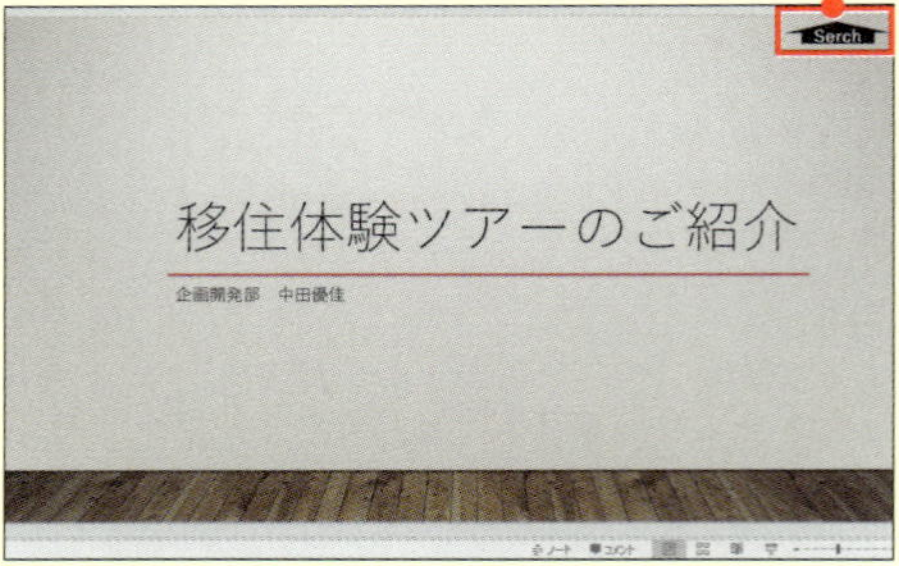

スライドに、**会社のロゴマーク**を入れたい。そんなときは、スライド1枚1枚にロゴを入れていく必要はない。スライドマスターにロゴを配置すれば、スライド全体のデザインをまとめて変更することができる。**スライドマスター**は、スライドの文字やデザインをまとめて管理するための機能だ。スライドマスター表示に切り替え、一番上に表示されているスライドマスターのスライドを選択する。あとは、画像を選択して配置すれば完成だ。

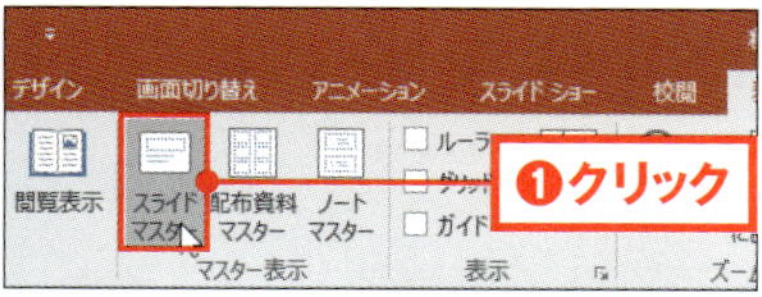

1 「表示」タブの「スライドマスター」をクリックする❶。

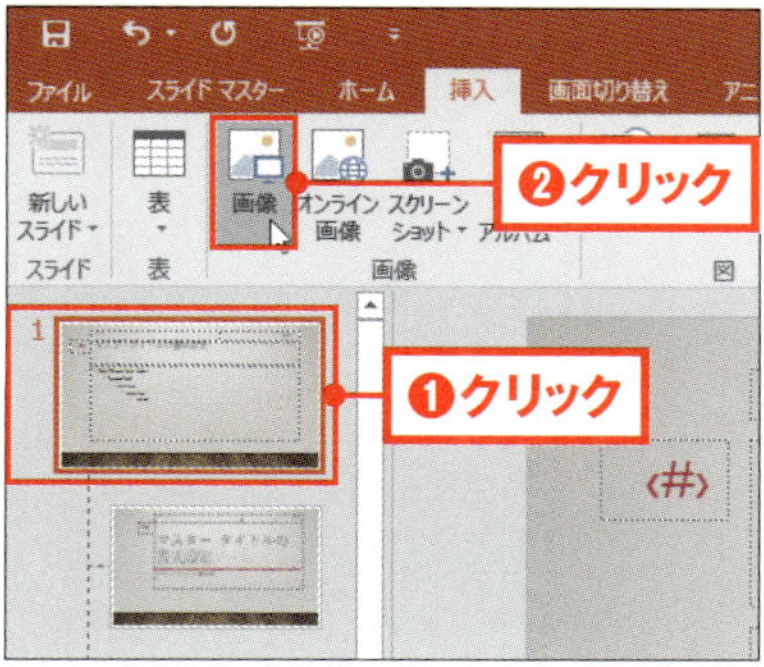

2 スライドマスター表示に切り替わる。一番上のスライドマスターのスライドをクリックする❶。「挿入」タブの「画像」をクリックする❷。

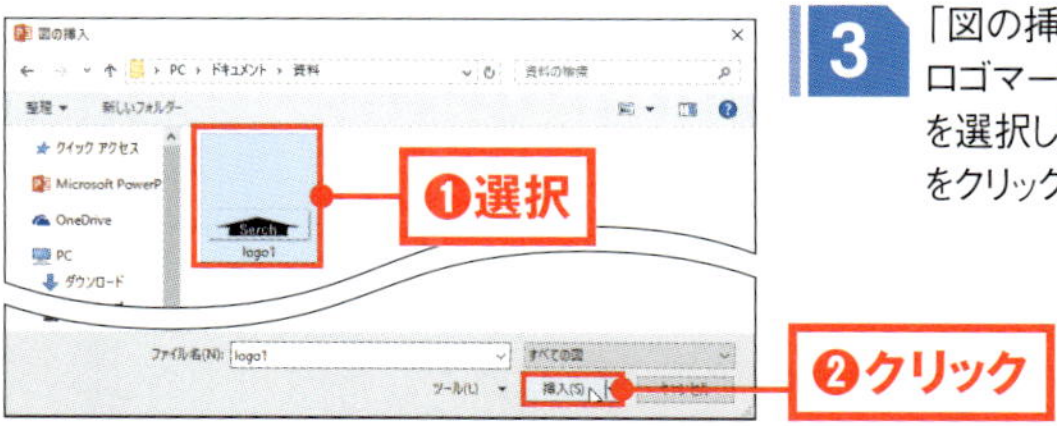

3 「図の挿入」画面で、ロゴマークのファイルを選択し❶、「挿入」をクリックする❷。

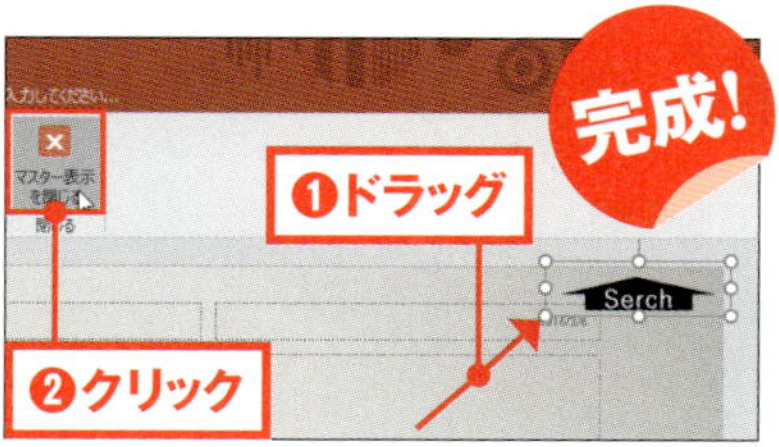

4 ロゴが表示されたら、ドラッグして配置を決める❶。「スライドマスター」タブの「マスター表示を閉じる」をクリックすると❷、標準の画面表示に戻る。

ファイルをすばやく保存する

［初級］

ここがポイント！ Ctrl＋S キーを押す

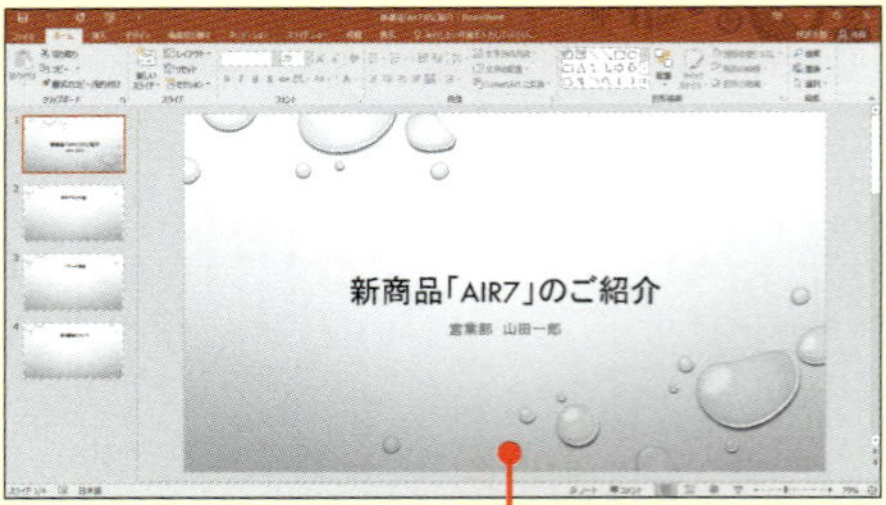

ファイルをすばやく上書き保存する

ファイルの編集中は、こまめにファイルを上書き保存する癖をつけておきたい。しかし、いちいちマウスで「上書き保存」のボタンをクリックするのは面倒だ。そんなときにおすすめなのが、**「Ctrl」＋「S」キーで上書き保存**する方法だ。保存（SAVE）の「S」と覚えておこう。これなら、文字の入力中でもキーから指を離さず、すばやく上書き保存できる。なお、**名前を付けてファイルを保存する場合は、「F12」キー**を押す。

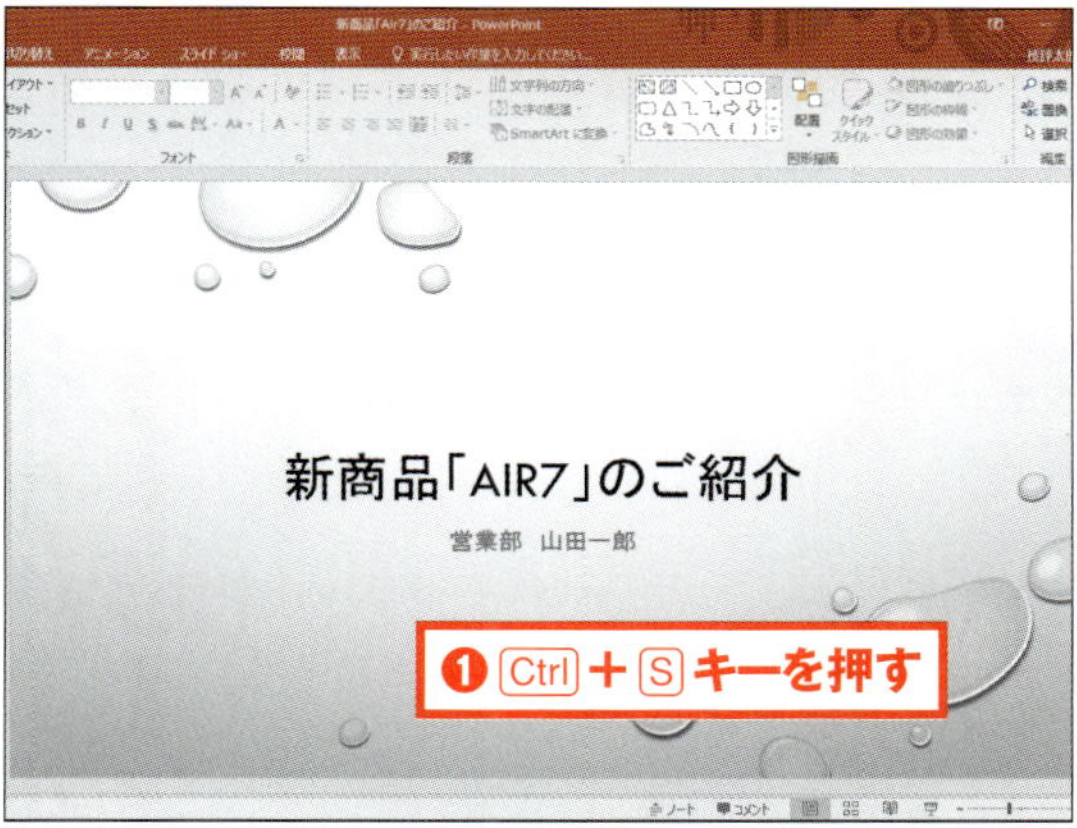

1 ファイルの編集中にCtrl+Sキーを押す❶。すると、ファイルが上書き保存される。

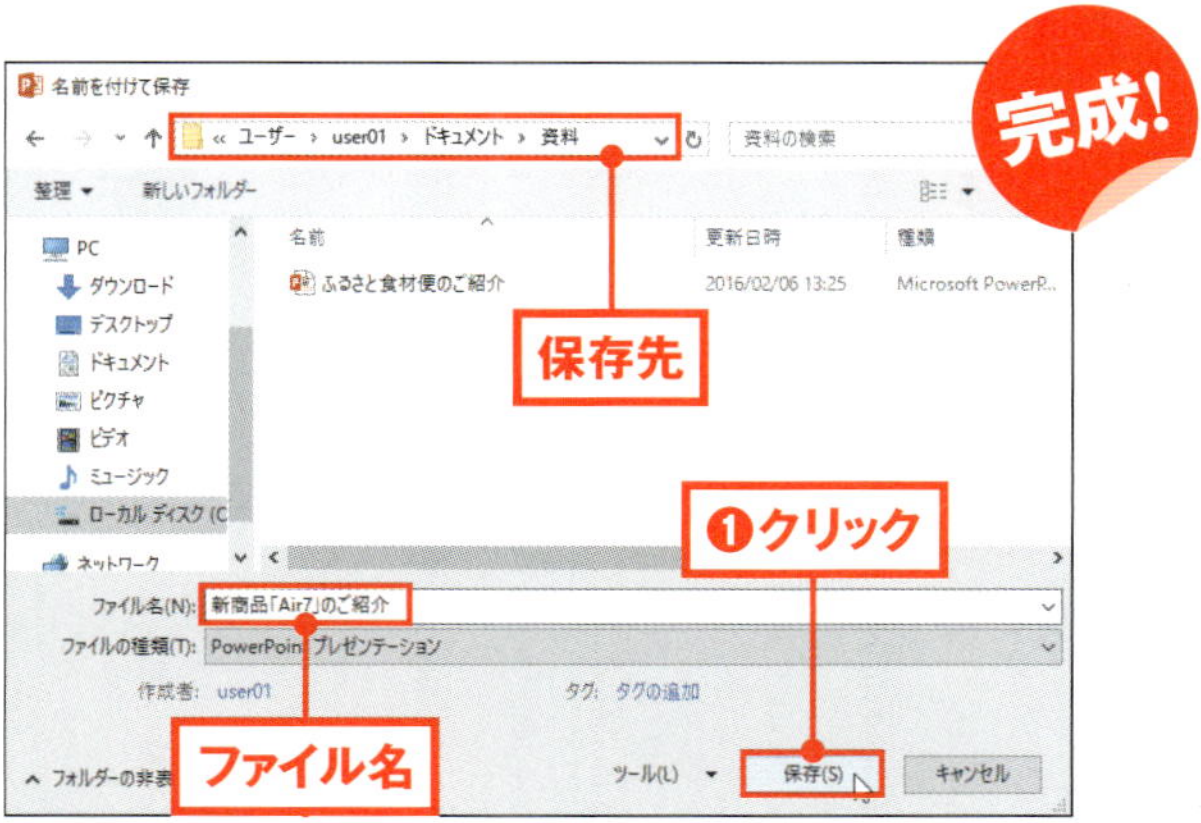

2 ファイルを一度も保存していない場合は、「名前を付けて保存」画面が表示される。保存先やファイル名を指定して、「保存」をクリックする❶。

スライド

011

タスクバーからパワーポイントを起動する

［中級］

ここがポイント！ タスクバーにピン留めする

パワーポイントを頻繁に使用する場合、毎回スタートメニューから「PowerPoint」のアイコンを探すのは面倒だ。デスクトップ画面のタスクバーから、パワーポイントをかんたんに起動できるようにしておこう。パワーポイントを起動し、プログラムアイコンを**タスクバーにピン留め**する。これで、パワーポイントがタスクバーに登録され、いつでもワンクリックで起動できるようになる。

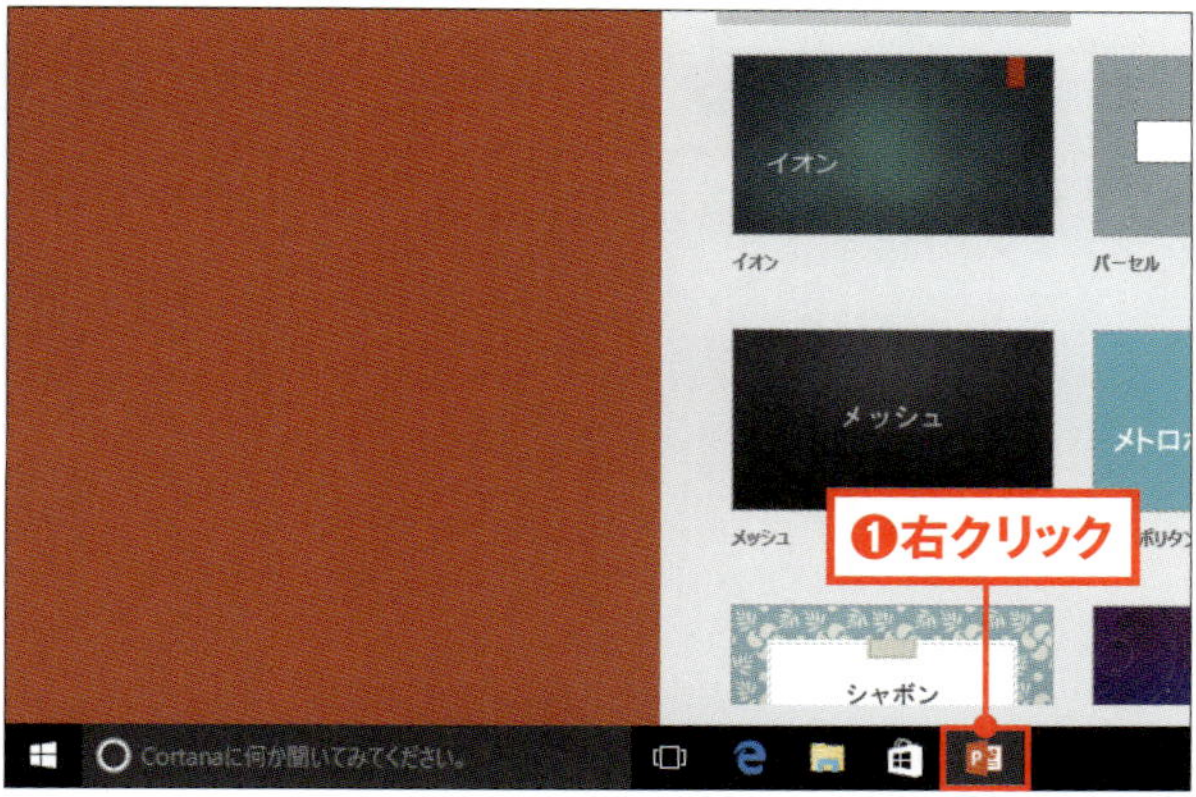

1 パワーポイントを起動しておく。タスクバーのパワーポイントのアイコンを右クリックする❶。

2 表示されるメニューの「タスクバーにピン留め」をクリックする❶。これで、パワーポイントのアイコンがタスクバーに登録される。

よく使うファイルをタスクバーに登録する

［中級］

ここがポイント！ タスクバーの一覧にピン留めする

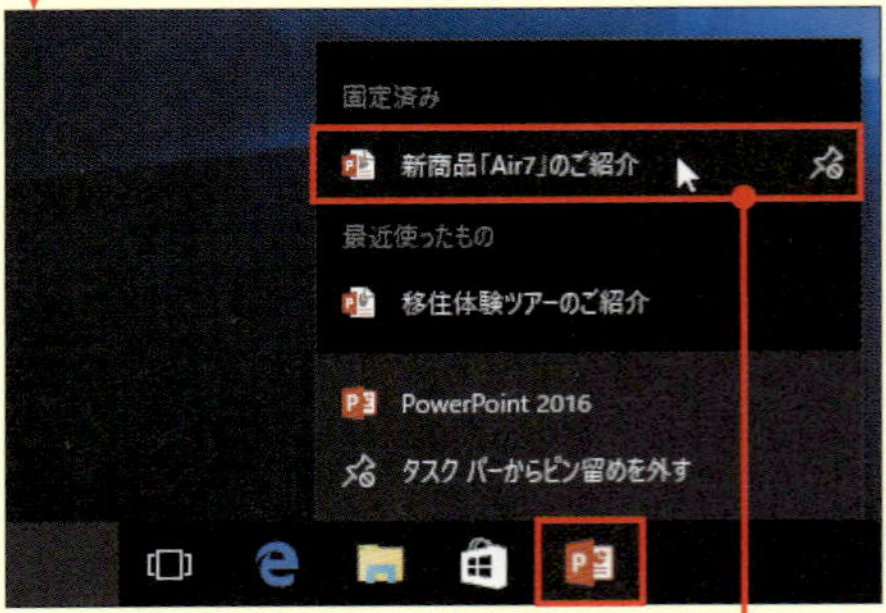

タスクバーの一覧からファイルを開く

よく使うファイルは、タスクバーから開けるようにしておきたい。いちいちフォルダーを開いてファイルのアイコンを探し、ダブルクリックする…といった手間が不要になる。登録の方法はかんたんだ。タスクバーのパワーポイントのアイコンを右クリックし、目的の**ファイルをピン留め**すればよい。これで、**プログラムアイコンを右クリック**すると表示される一覧の中に、登録したファイルが必ず表示される。仕事の「めんどくさい」が解消される便利ワザだ。

1 36ページの方法で、パワーポイントをタスクバーに登録しておく。タスクバーのパワーポイントのアイコンを右クリックする❶。

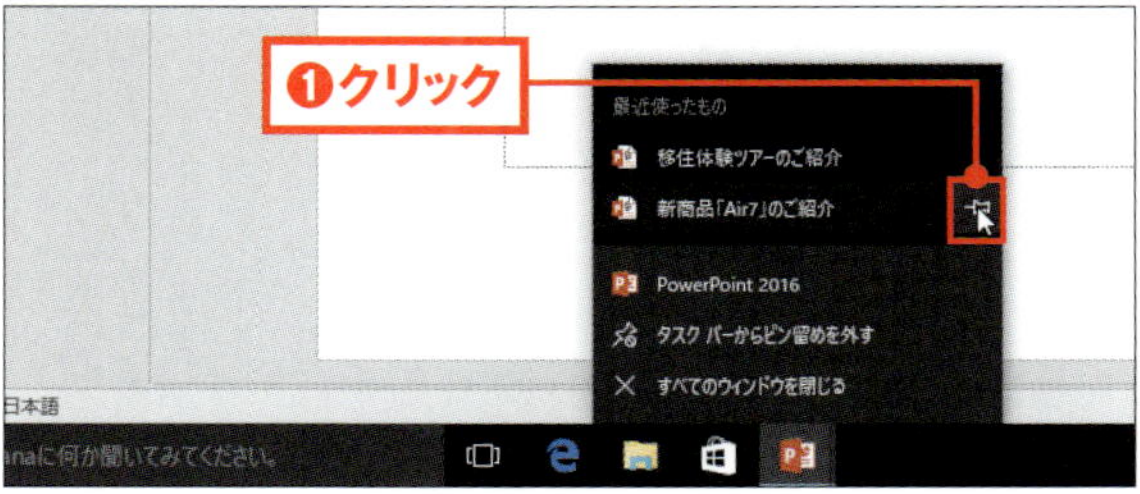

2 最近使ったファイルの一覧が表示される。一覧に固定したいファイルの横の「一覧にピン留めする」をクリックする❶。

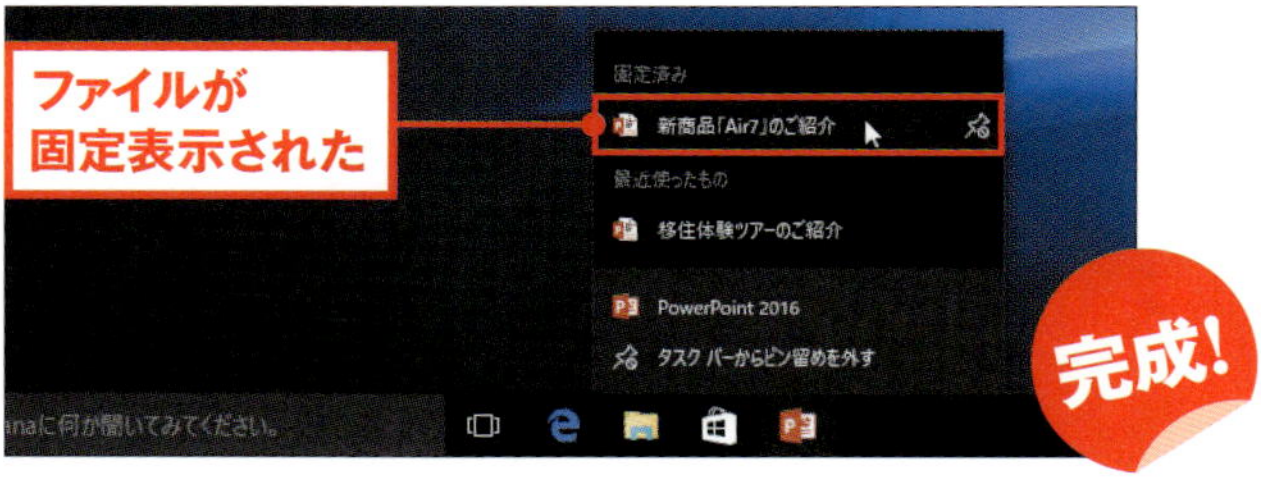

3 ファイルが一覧に固定表示される。次回以降、ここからファイルを開くことができる。

スライド

013

よく使う機能を登録する

[上級]

ここがポイント! **クイックアクセスツールバーにボタンを追加する**

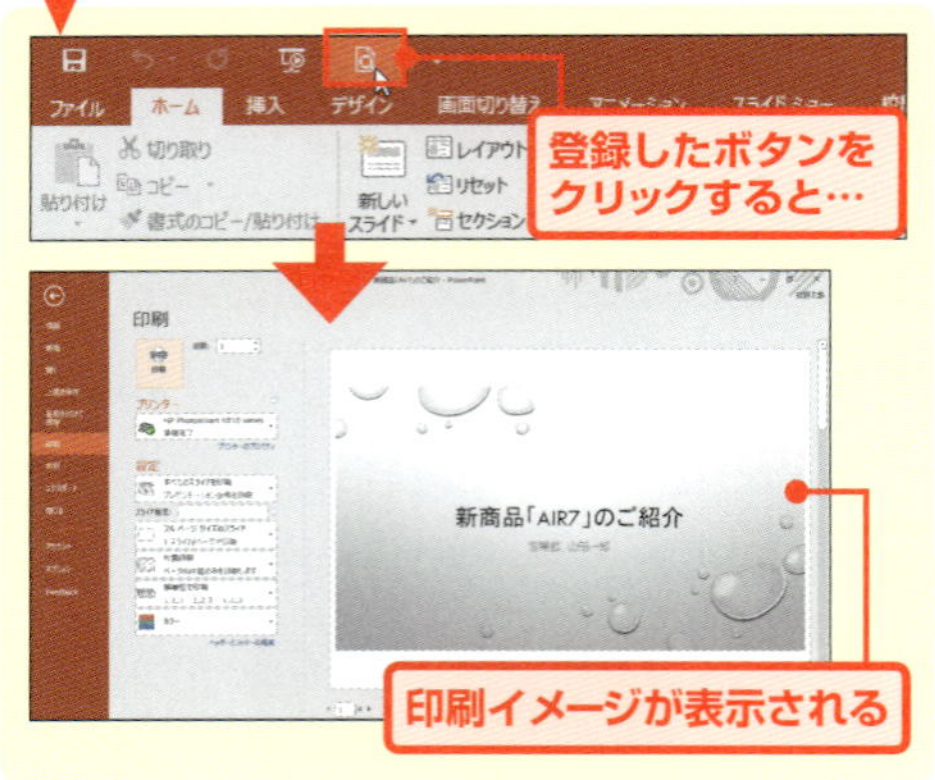

パワーポイントのよく使う機能を瞬時に呼び出すには、**クイックアクセスツールバー**を使うとよい。クイックアクセスツールバーに**よく使うボタンを登録**しておけば、どのリボンが表示されていても、ワンクリックでいつでも機能を実行することができる。不要になったボタンを削除するには、クイックアクセスツールバーのボタンを右クリックして、「クイックアクセスツールバーから削除」を選べばよい。

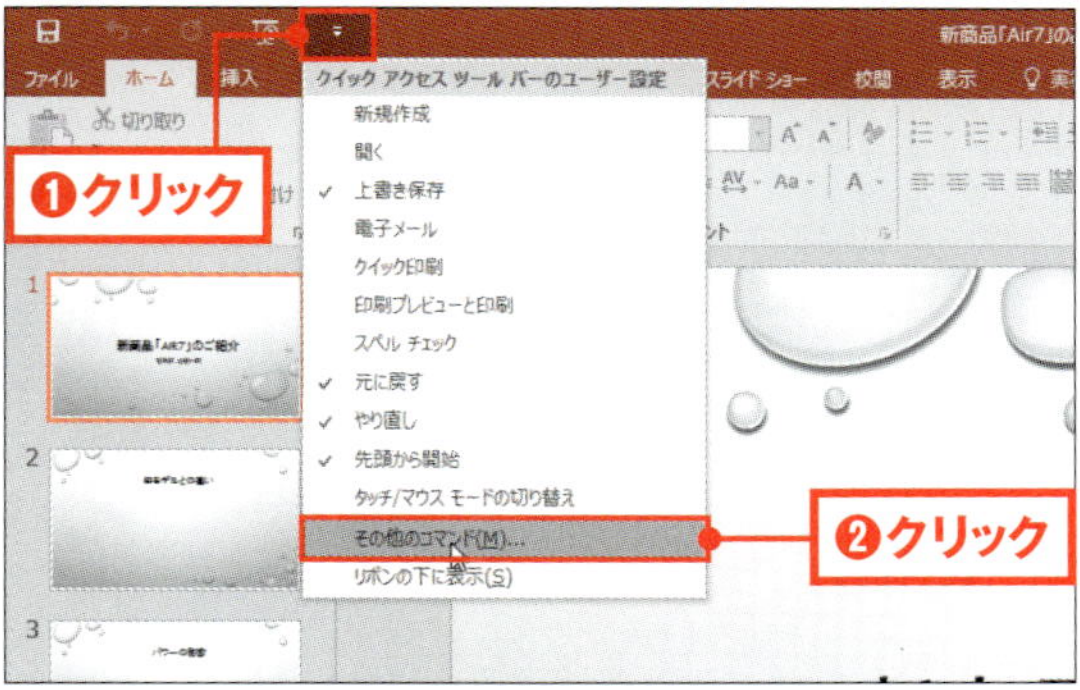

1 「クイックアクセスツールバーのユーザー設定」をクリックし❶、「その他のコマンド」をクリックする❷。

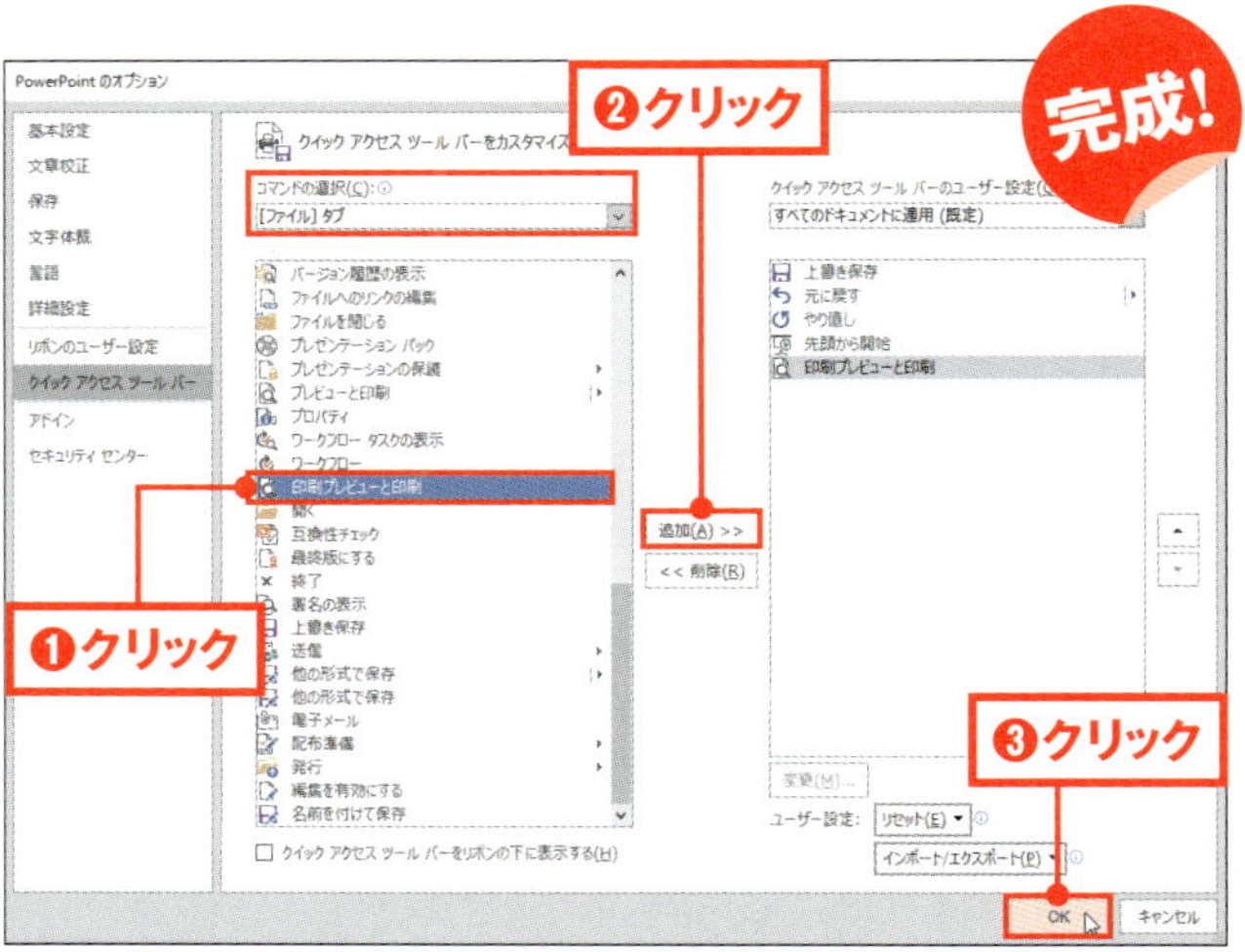

2 追加したいボタンをクリックし❶、「追加」をクリックする❷。「OK」をクリックすると❸、クイックアクセスツールバーにボタンが追加される。

間違えた操作を元に戻す

ここがポイント！ 「元に戻す」ボタンをクリックする

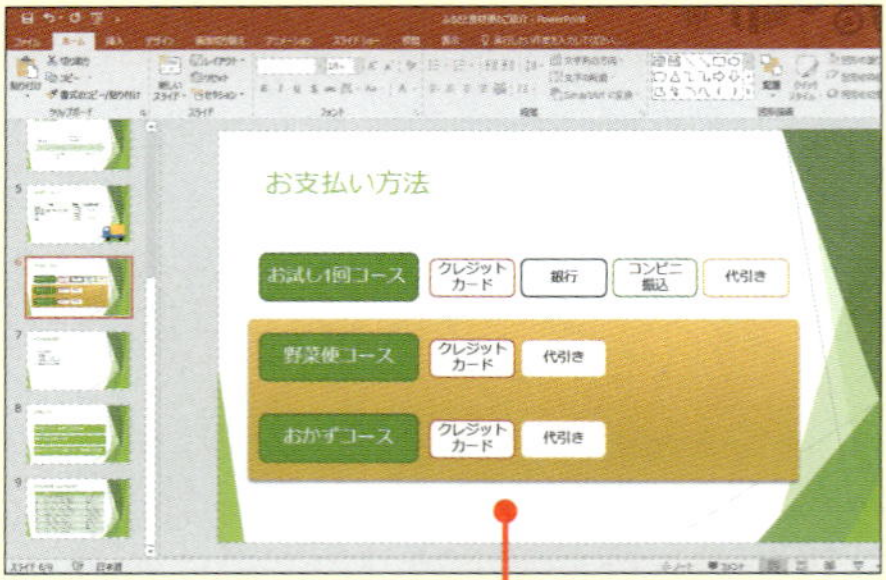

間違って削除したスライドを元に戻したい

スライドの編集中には、スライドを削除してしまう、図形を移動してしまうなど、操作を間違えるのはよくあることだ。そんなときは、クイックアクセスツールバーの**「元に戻す」ボタン**を利用しよう。直前に行った操作をキャンセルして、元の状態に戻すことができる。また同様の操作が、**「Ctrl」＋「Z」キー**を押すことでも実現できる。文字入力の途中など、キーに手を置いている場合はこちらの方が早い。

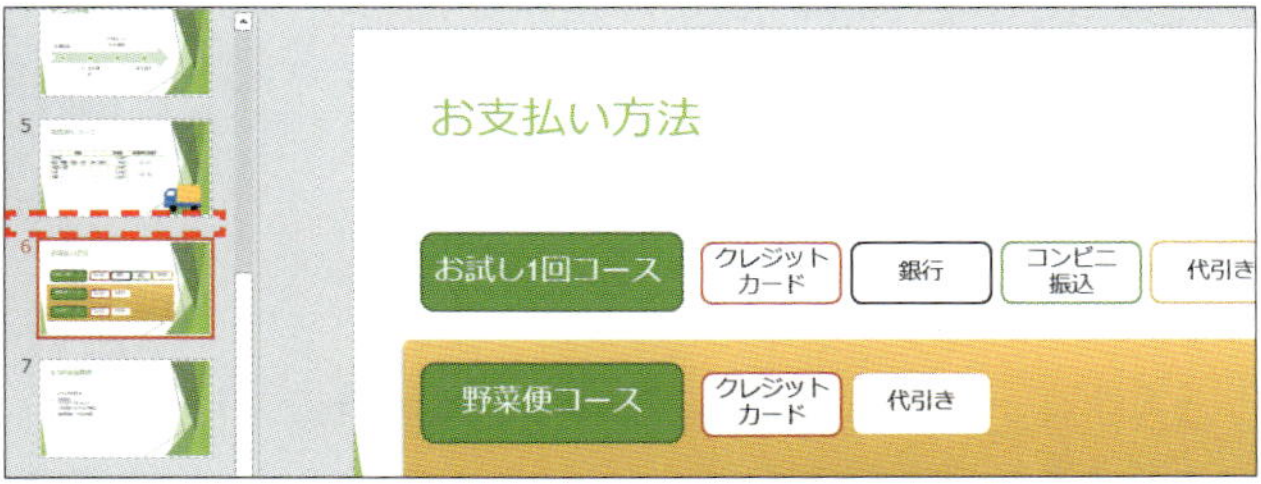

1 スライドをクリックし、Deleteキーを押して削除してしまったとする。

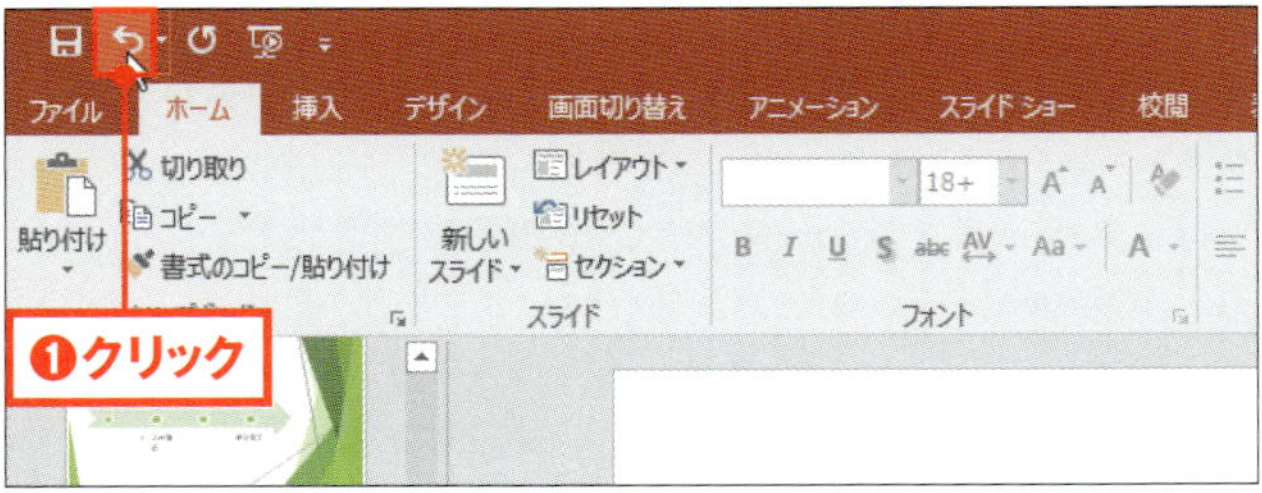

2 クイックアクセスツールバーの「元に戻す」をクリックする❶。Ctrl+Zキーを押してもよい。

3 削除されたスライドが元に戻った。

COLUMN

コラム 1

スライドマスターを活用する

スライドマスターは、すべてのスライドのデザインをまとめて管理するための機能だ。32ページで紹介したように、スライドマスターに加えた編集内容は、すべてのスライドの内容に反映される。たとえば、フォントやフォントサイズ、ページ番号やフッターの表示位置、プレースホルダーの書式などは、スライドマスターに登録しておくことで一括管理できる。ただし、タイトルが大きく表示されるスライドなど、一部のレイアウトでは、スライドマスターに加えた変更が反映されない場合もあるので注意したい。

スライドマスター表示では、各スライドの一番上にスライドマスターのスライドが表示される。スライドマスターのスライドに加えた変更内容が、その下の各スライドレイアウトに反映されるしくみだ。

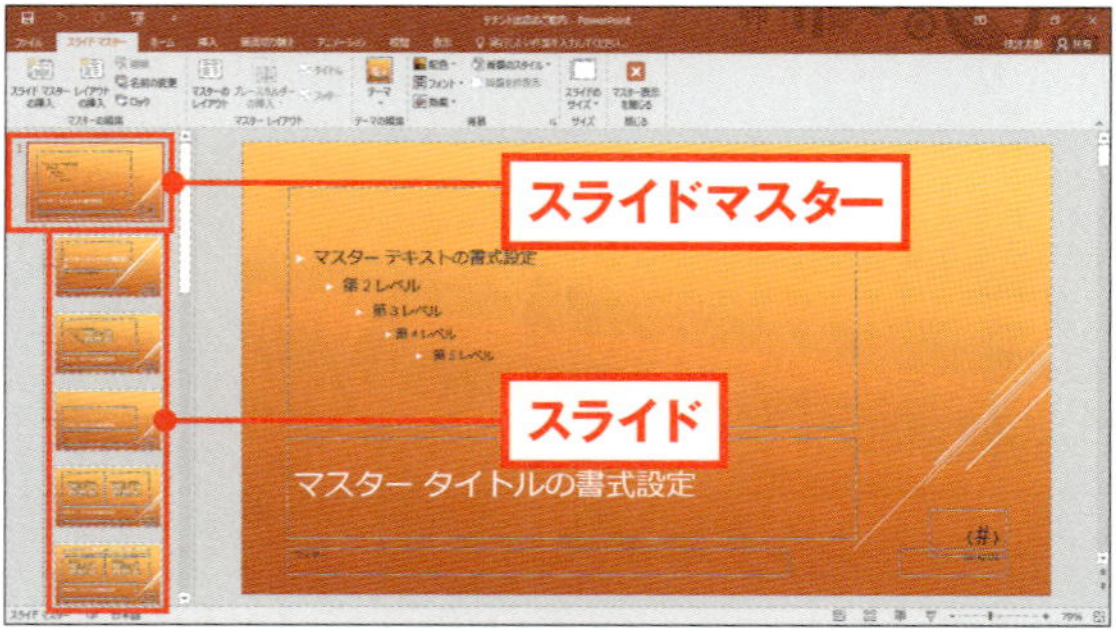

第2章

入力・書式

文字入力&
編集の
便利ワザ

015

箇条書きを入力する

ここがポイント！ プレースホルダーをクリックする

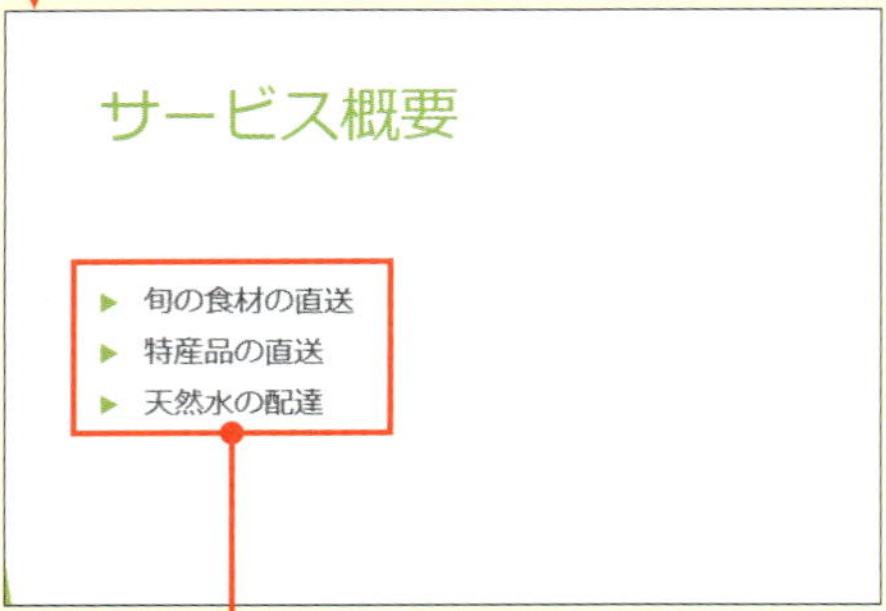
サービス概要
旬の食材の直送
特産品の直送
天然水の配達

スライド内に箇条書きを入力する

通常、スライドに入れる文章は**箇条書き**で入力する。それには、プレースホルダー内をクリックして入力すればよい。箇条書きの2行目以降は、「Enter」キーを押して改行しながら入力していく。その際、箇条書きの各項目は、なるべく少ない文字数でまとめたい。どうしても1つの項目が複数行にまたがってしまう場合は、**「Shift」+「Enter」キー**を押す。すると、行頭に記号を表示させずに改行できる。

［初級］

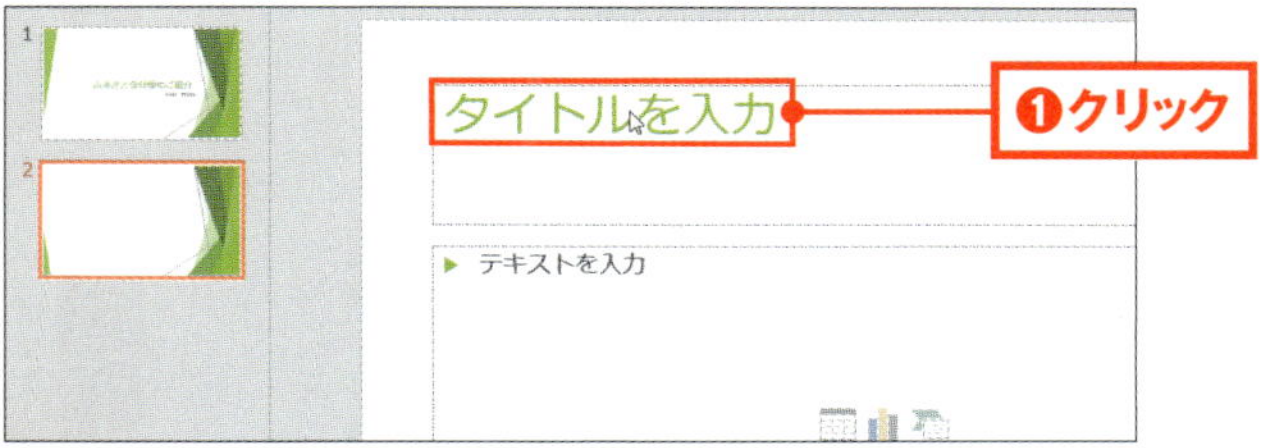

1 20ページの方法で、「タイトルとコンテンツ」のスライドを追加しておく。プレースホルダーの「タイトルを入力」をクリックする❶。

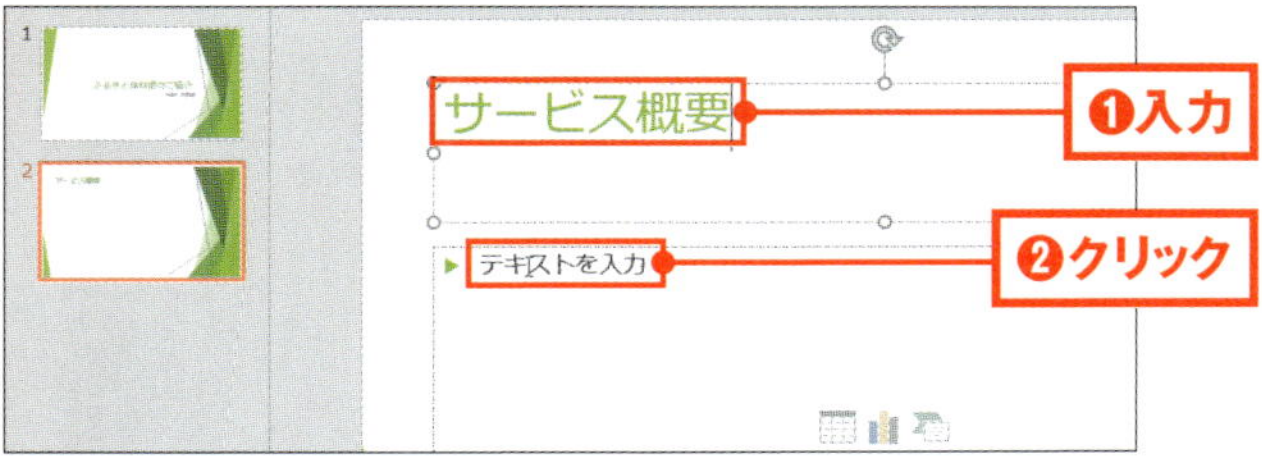

2 文字カーソルが表示されるので、タイトルを入力する❶。プレースホルダーの「テキストを入力」をクリックする❷。

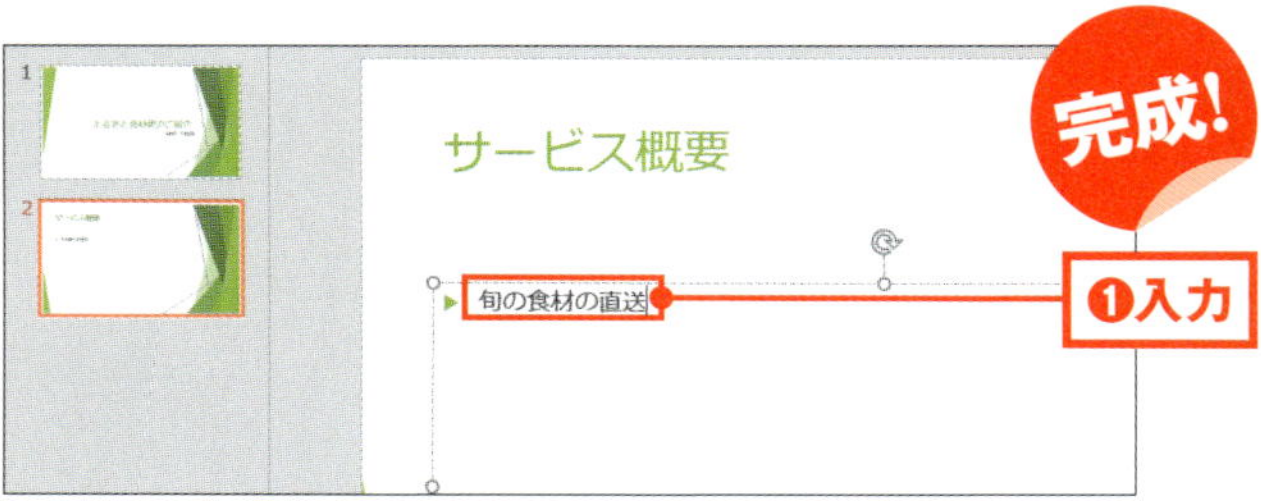

3 箇条書きを入力する❶。Enterキーで改行しながら、項目を入力する。プレースホルダーの外側をクリックすると、プレースホルダーの選択が解除される。

箇条書きの階層を指定する

［ 初級 ］

ここがポイント! Tab キーで箇条書きの階層を変更する

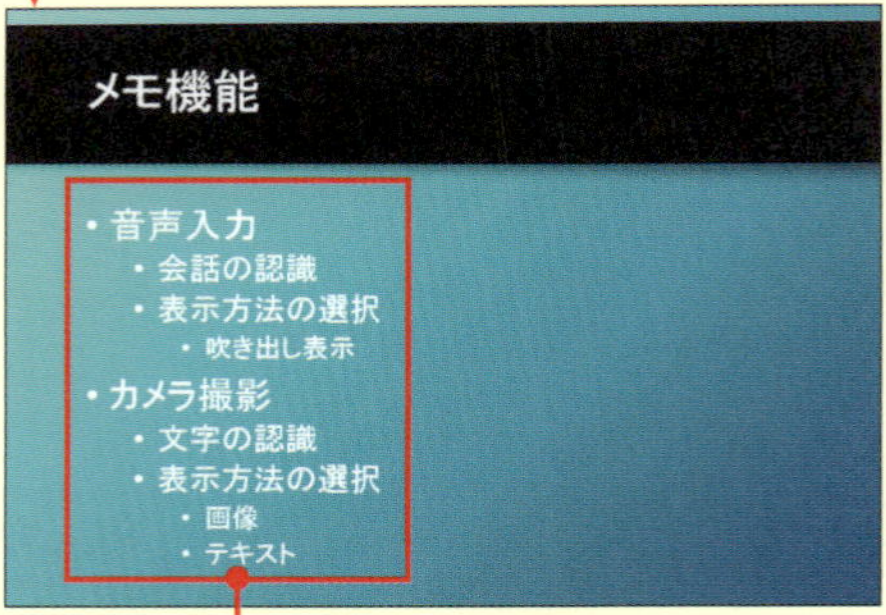
メモ機能
・音声入力
・会話の認識
・表示方法の選択
・吹き出し表示
・カメラ撮影
・文字の認識
・表示方法の選択
・画像
・テキスト

箇条書きの項目に階層をつける

箇条書きに**階層**をつけると、それぞれの相関関係がわかりやすくなる。箇条書きに階層を作るには、文字入力の途中で「Tab」キーを押すのがかんたんな方法だ。項目の入力後に「Enter」キーを押すと、前と同じレベルの項目が次の行に表示される。ここで**「Tab」キー**を押すと、階層が一段下がる。**「Shift」＋「Tab」キー**を押すと、反対に階層が一段上がる。この2つの方法で階層を上げ下げして、箇条書きを入力していこう。

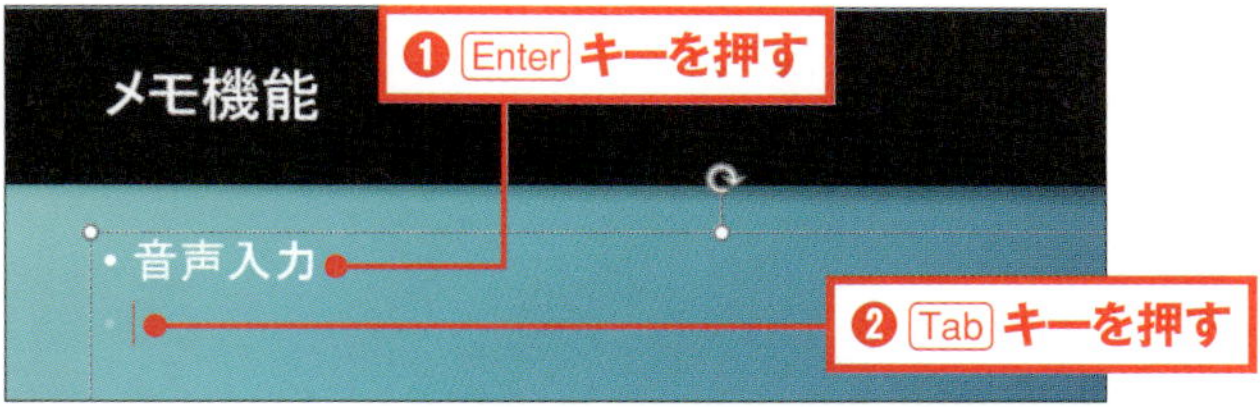

1 項目を入力してEnterキーを押す❶。行頭に文字カーソルが表示されたら、Tabキーを押す❷。すると、項目の階層が下がる。あとは、Enterキーで改行しながら同じレベルの項目を入力する。

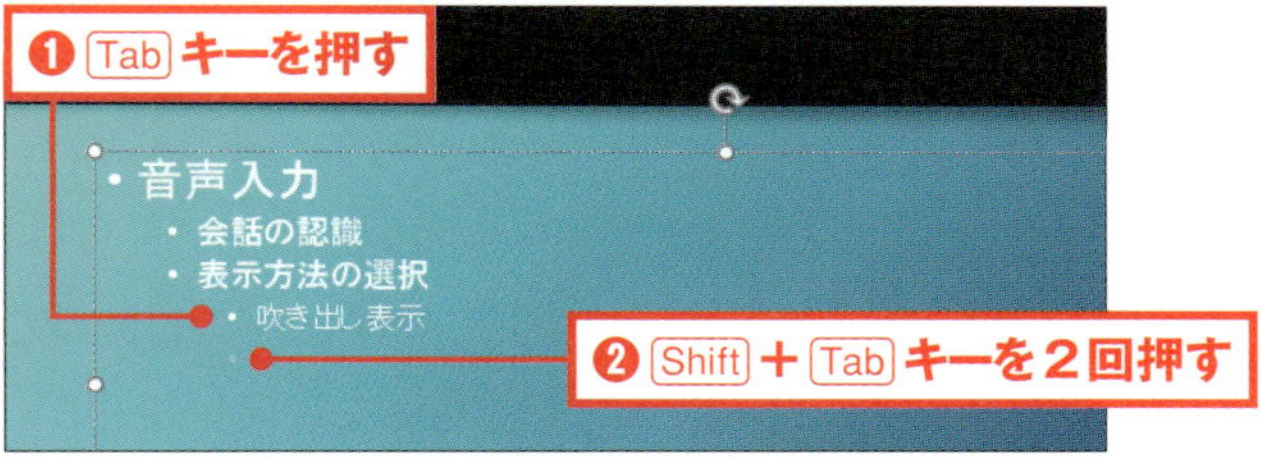

2 階層をさらに下げるには、もう一度Tabキーを押し❶、項目を入力する。この位置でShift＋Tabキーを2回押すと❷、最初の階層に戻る。

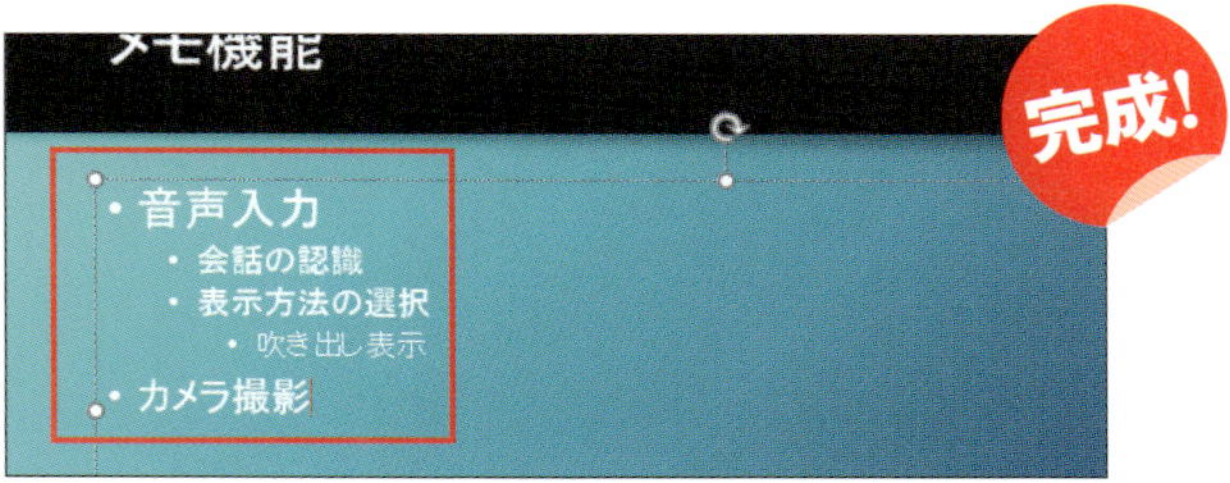

3 あとは、Tabキーで階層を下げたり、Shift＋Tabキーで階層を上げたりしながら文字を入力していく。

箇条書きの階層をあとから変更する

［ 初級 ］

ここがポイント!

行頭の記号をドラッグする

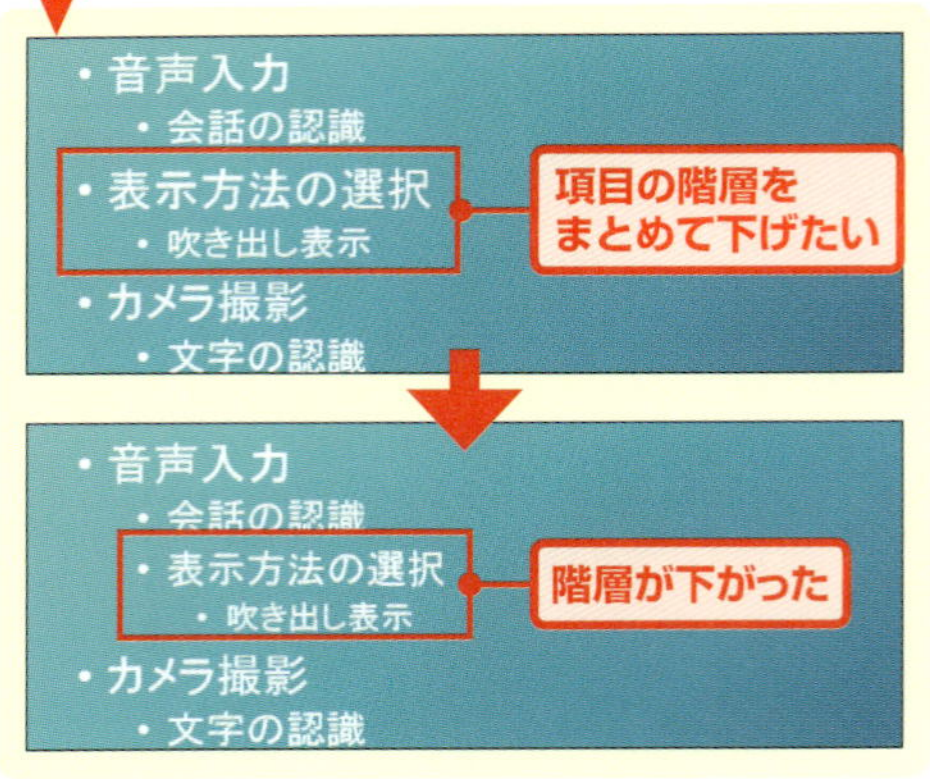
・音声入力
・会話の認識
・表示方法の選択
・吹き出し表示
・カメラ撮影
・文字の認識
項目の階層をまとめて下げたい
・音声入力
・会話の認識
・表示方法の選択
・吹き出し表示
・カメラ撮影
・文字の認識
階層が下がった

箇条書きの項目の階層をあとから変更したい。その場合は、**行頭文字をドラッグ**する方法がおすすめだ。操作のポイントは、ドラッグ中に表示される線を目安にすること。文字の先頭位置になるところに線を合わせると、指定したい階層にかんたんに設定できる。この方法を使うと、階層の違いを保持したまま、複数の項目の階層をまとめて変更できる。あとから階層を変更したい場合に便利な方法なので、覚えておこう。

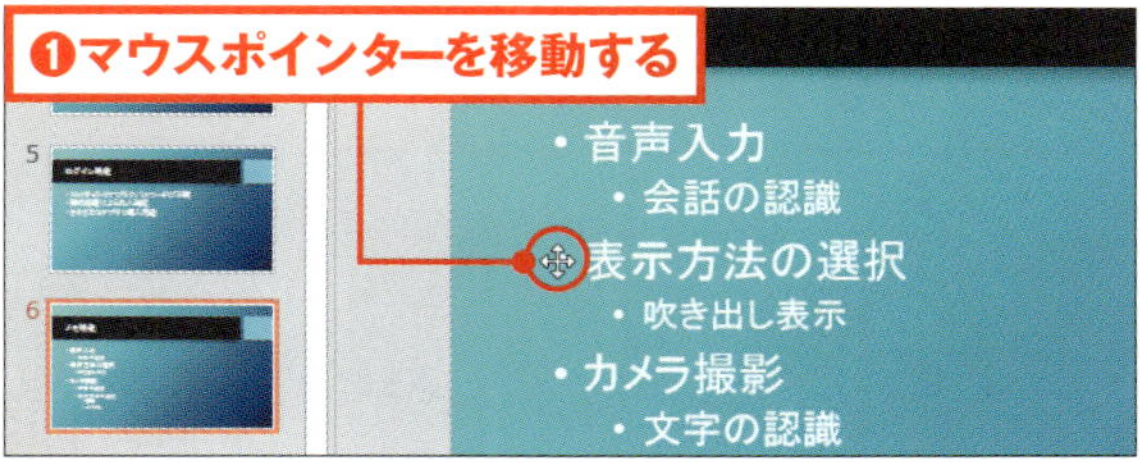

1 階層を下げたい項目の行頭に、マウスポインターを移動する❶。

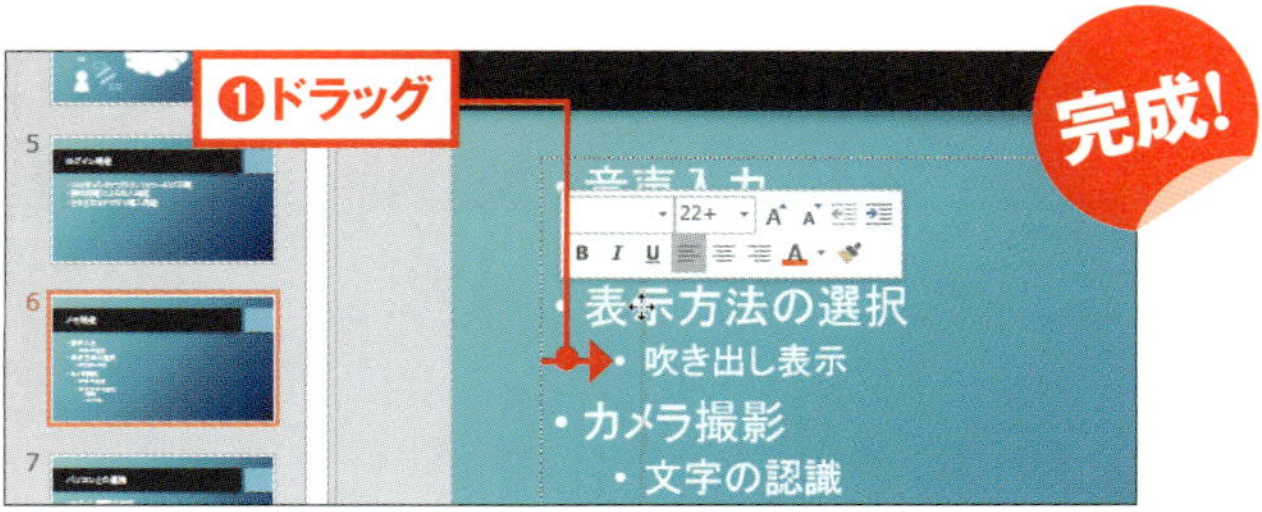

2 行頭の記号を右方向にドラッグする❶。すると、下の項目と一緒に階層が下がる。階層を上げる場合は、左方向にドラッグする。

★One Point !★

選択している項目だけ階層を変更するには、段落内をクリックして「ホーム」タブの「インデントを増やす」「インデントを減らす」をクリックする。項目単位で階層を調整したい場合は、この方法を使おう。

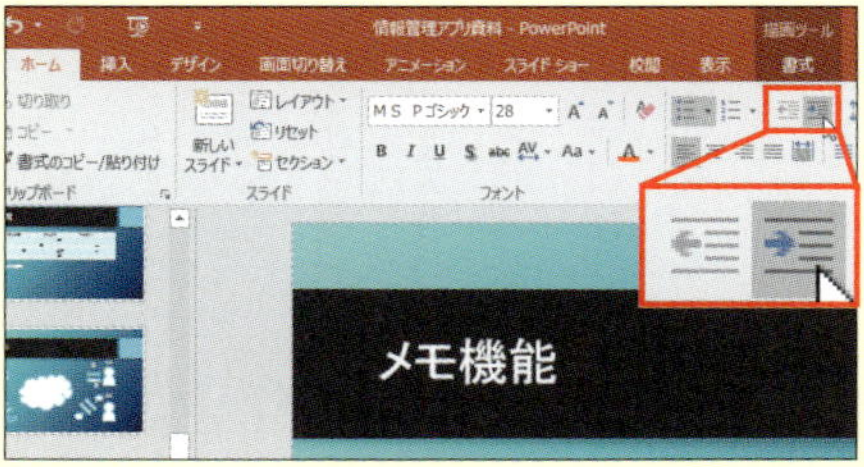

018

箇条書きの項目をすばやく入れ替える

[初級]

ここがポイント! 行頭の記号をドラッグする

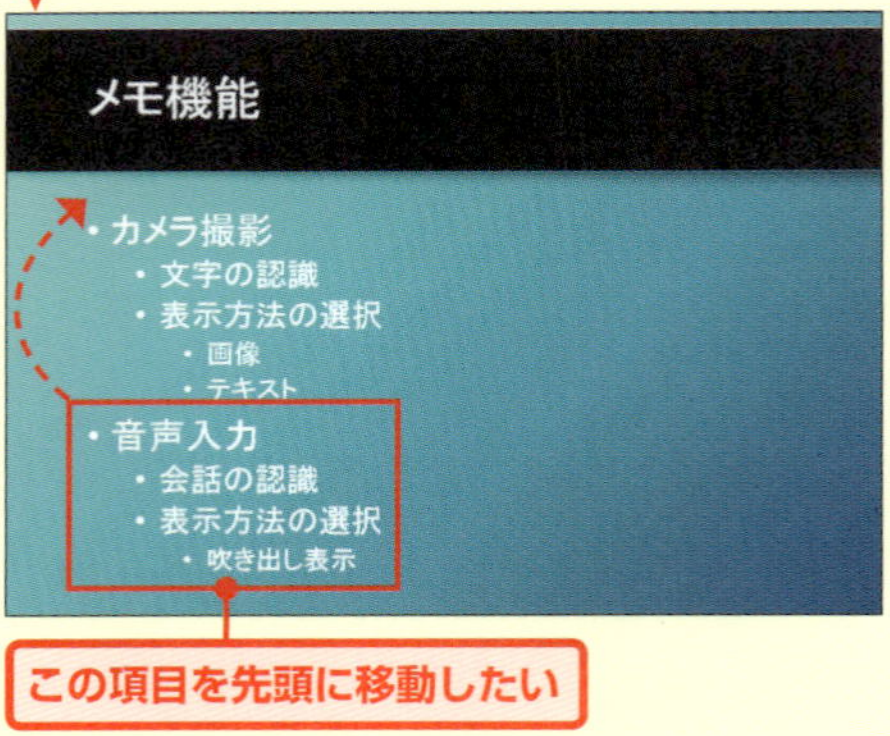
メモ機能
・カメラ撮影
・文字の認識
・表示方法の選択
・画像
・テキスト
・音声入力
・会話の認識
・表示方法の選択
・吹き出し表示
この項目を先頭に移動したい

箇条書きの入力を終えたあと、項目の順番を入れ替えたいという場合がある。そんなとき、いちいち文字をコピーしたり貼り付けたりする必要はない。**項目の先頭を移動先までドラッグ&ドロップ**するだけ、とかんたんだ。ドラッグ中に表示される線を目安に、移動先を指定しよう。項目に下の階層の項目が含まれている場合も問題ない。上のレベルの行頭の記号をドラッグすれば、下の項目も一緒に移動するしくみだ。

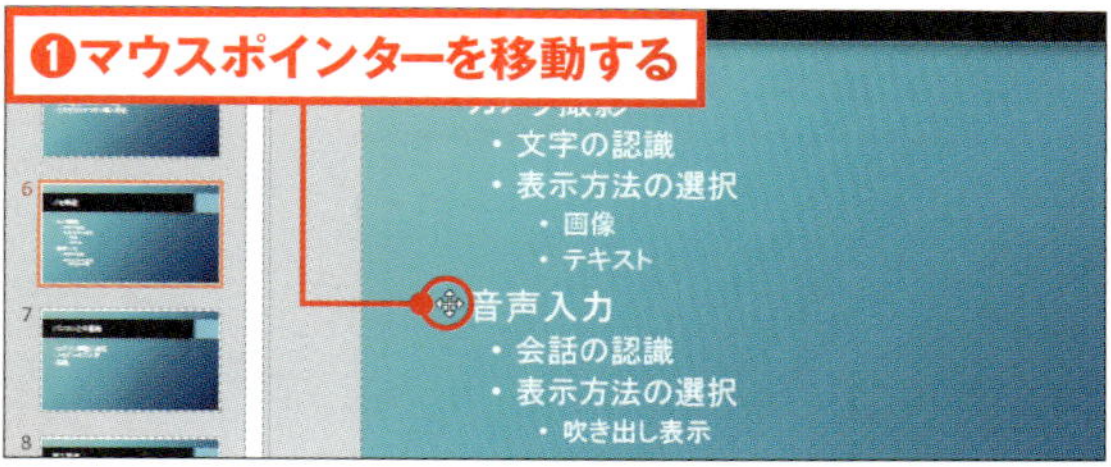
❶マウスポインターを移動する
・文字の認識
・表示方法の選択
・画像
・テキスト
音声入力
・会話の認識
・表示方法の選択
・吹き出し表示

1 項目の先頭にマウスポインターを移動する❶。

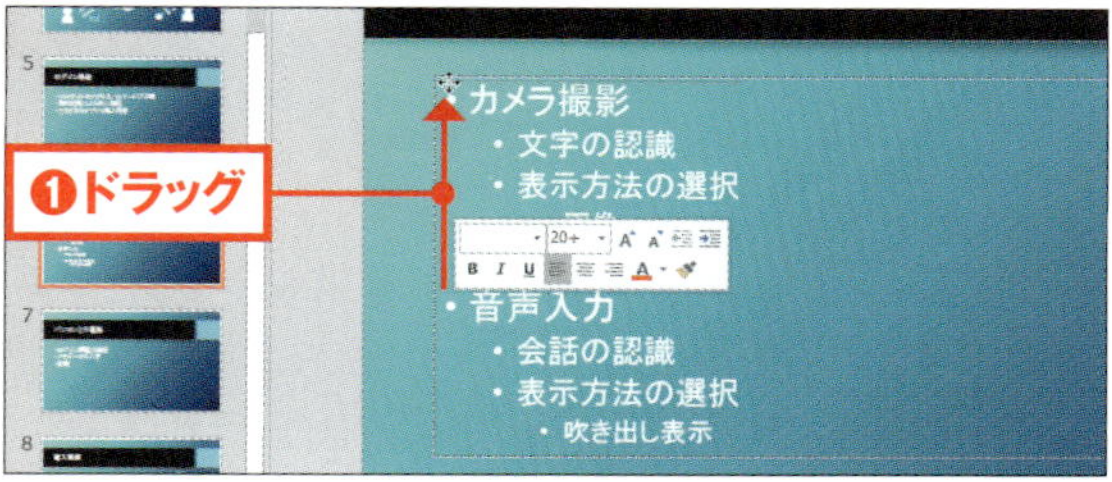
❶ドラッグ
カメラ撮影
・文字の認識
・表示方法の選択
・音声入力
・会話の認識
・表示方法の選択
・吹き出し表示

2 移動先に向けてドラッグする❶。

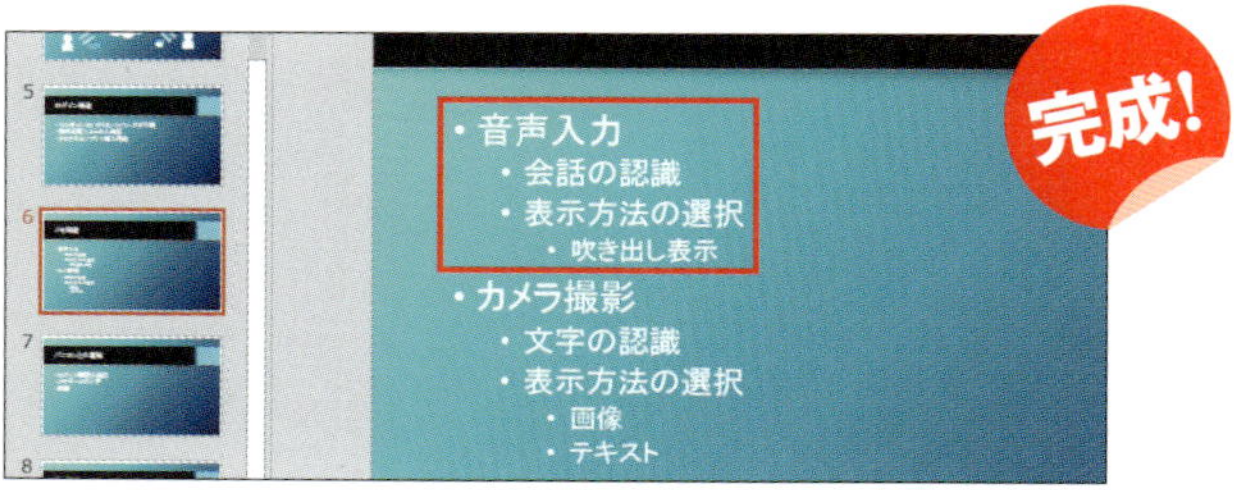
完成!
・音声入力
・会話の認識
・表示方法の選択
・吹き出し表示
・カメラ撮影
・文字の認識
・表示方法の選択
・画像
・テキスト

3 下の階層も含めて、項目が入れ替わった。

箇条書きの行頭に目立つ記号を入れる

［中級］

ここがポイント！ 箇条書きの一覧から記号を選択する

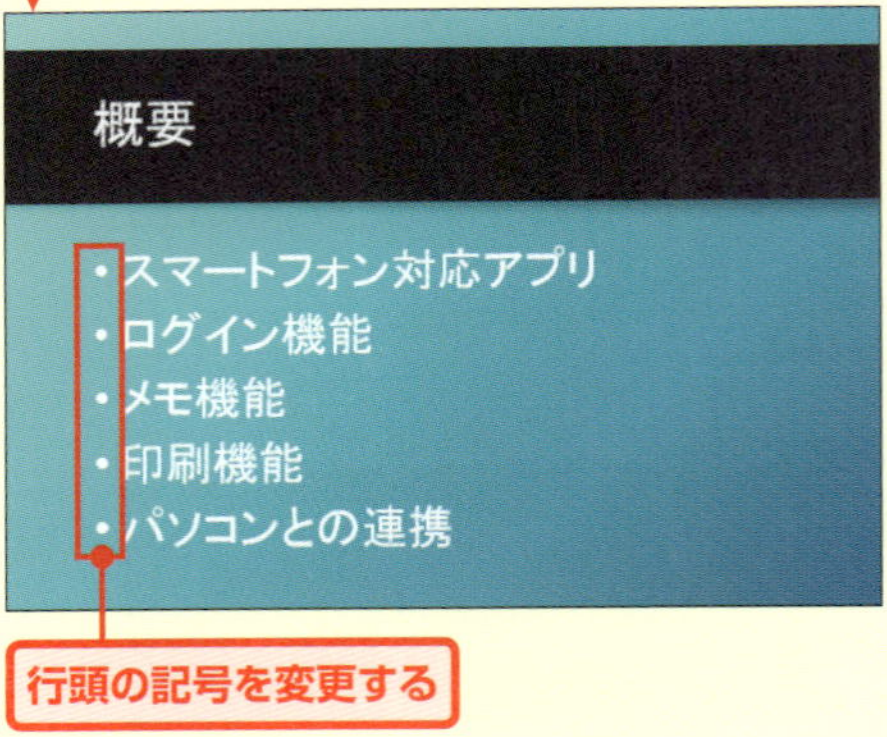
概要
・スマートフォン対応アプリ
・ログイン機能
・メモ機能
・印刷機能
・パソコンとの連携
行頭の記号を変更する

箇条書き項目の行頭に表示される記号は、選択しているテーマによってデザインが異なる。記号が小さくて見づらい場合や階層ごとに記号を変更したい場合は、記号の種類を変更して目立たせよう。すべての項目の記号を変更するには、プレースホルダーを選択して記号を選択すればよい。項目ごとに記号を設定したい場合は、項目の中に文字カーソルがある状態で記号を選択すると、その項目の記号だけが変更される。

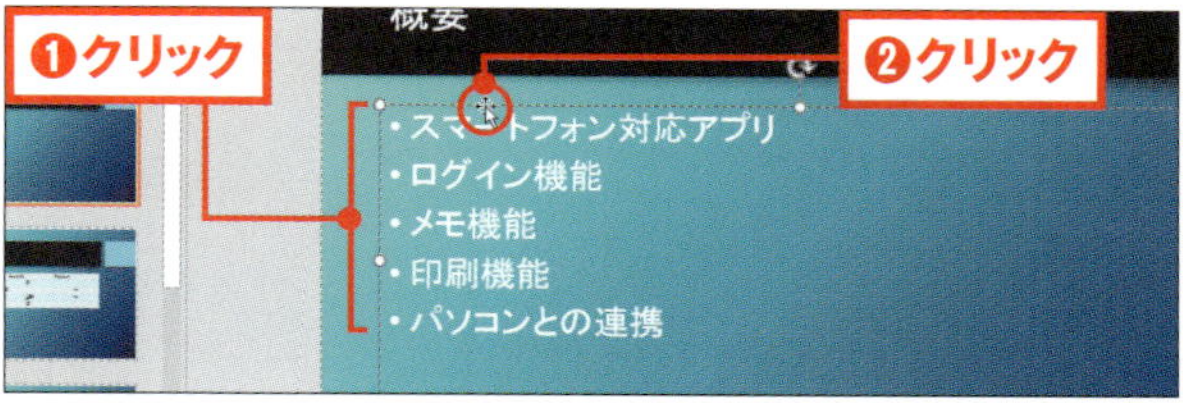

1 いずれかの項目をクリックする❶。プレースホルダーの外側の破線をクリックする❷。破線が実線に変われば、プレースホルダーが選択されている。

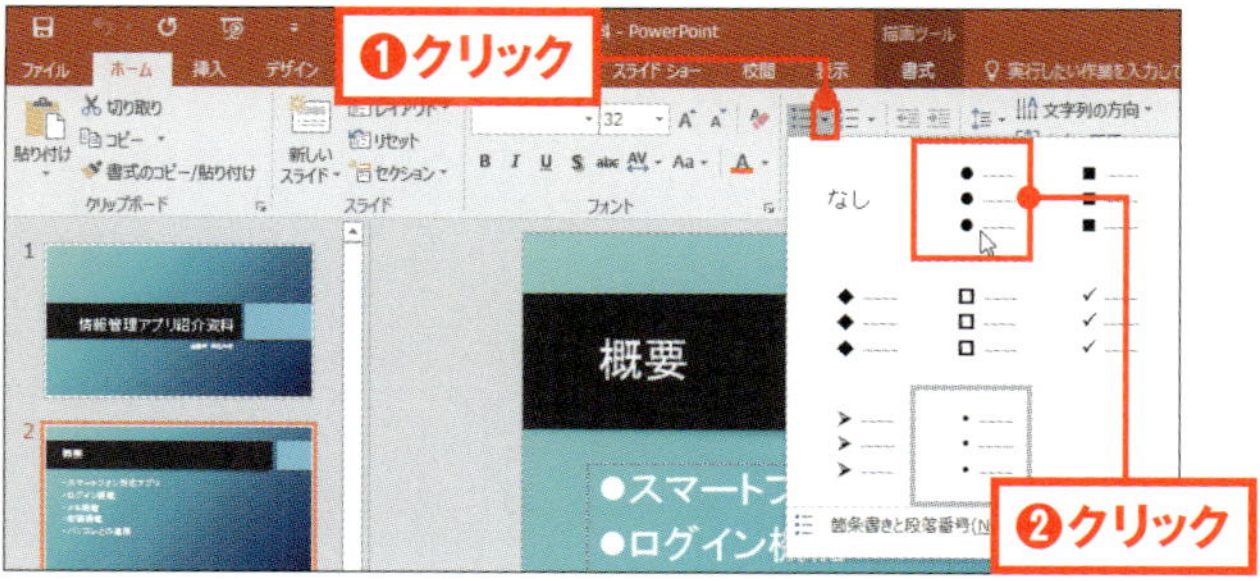

2 「ホーム」タブで、「箇条書き」の横の「▼」をクリックする❶。箇条書きの記号の一覧が表示されるので、記号を選びクリックする❷。

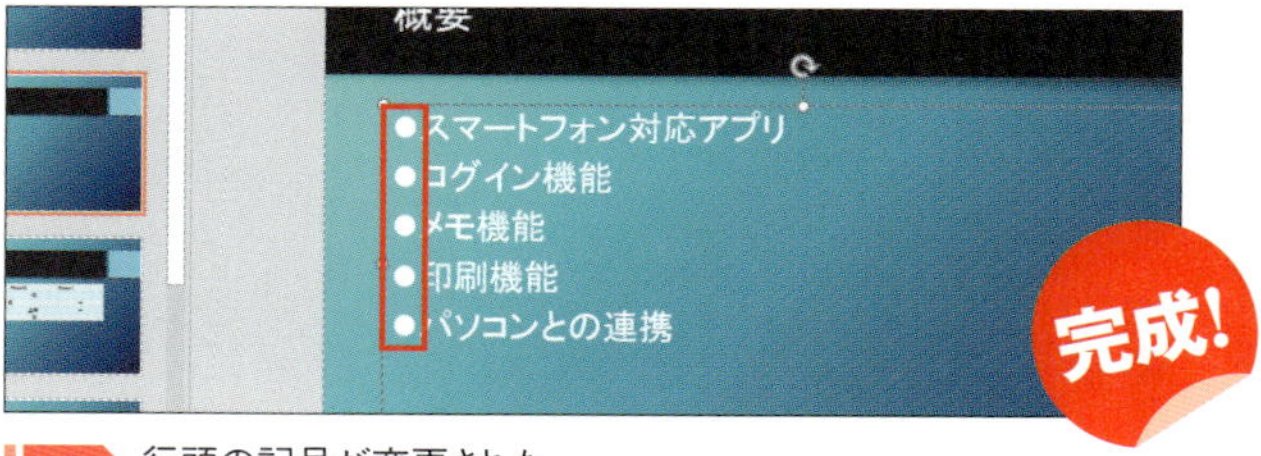

3 行頭の記号が変更された。

020

箇条書きの行頭に番号を入れる

［初級］

ここがポイント! 段落番号の一覧から数字を選択する

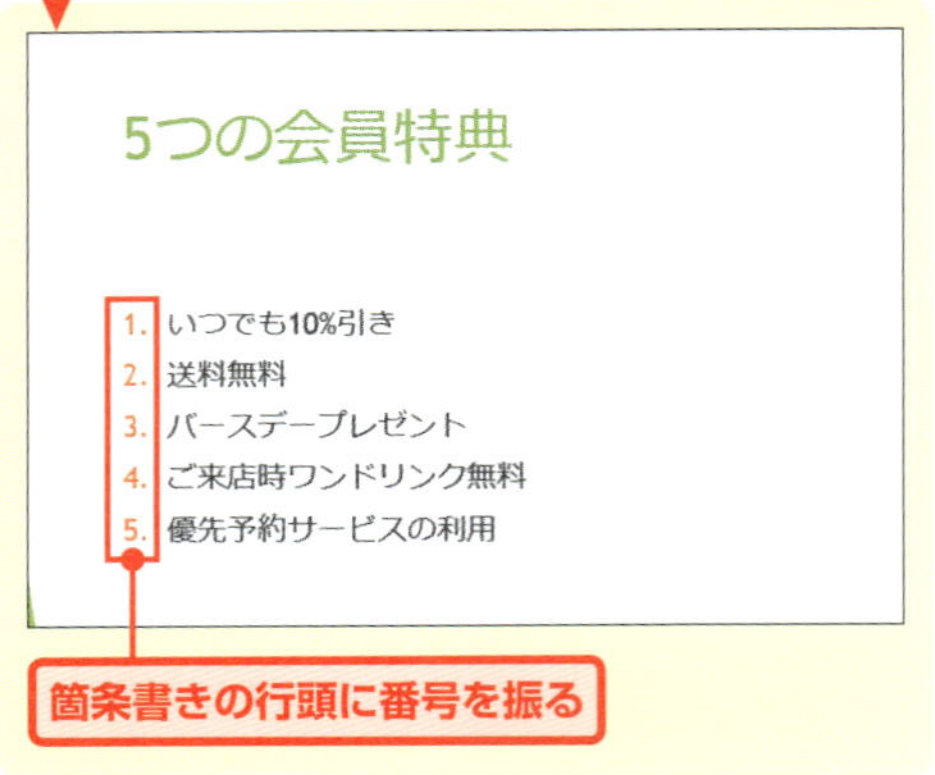
5つの会員特典
1. いつでも10%引き
2. 送料無料
3. バースデープレゼント
4. ご来店時ワンドリンク無料
5. 優先予約サービスの利用
箇条書きの行頭に番号を振る

スライドの箇条書きで、項目間の順番や数を強調したい場合は、**行頭に番号を振る**とよい。番号の種類は、「①②③…」「a. b. c. …」などの中から選択できる。プレースホルダーを選択してすべての項目に段落番号をつけると、項目の順番を入れ替えても、パワーポイントが自動的に番号を振り直してくれる。メニューの「箇条書きと段落番号」を選択すると、番号のサイズや色、開始番号を設定できる。

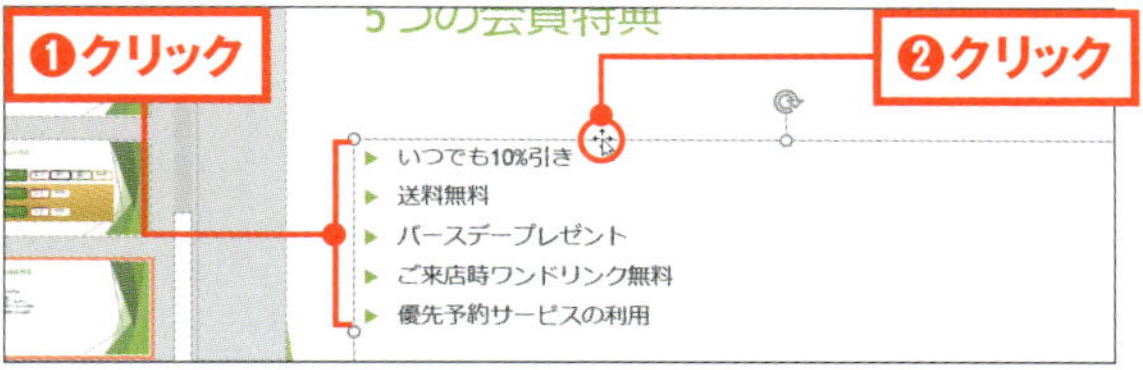

1 いずれかの項目をクリックする❶。プレースホルダーの外側の破線をクリックする❷。破線が実線に変われば、プレースホルダーが選択されている。

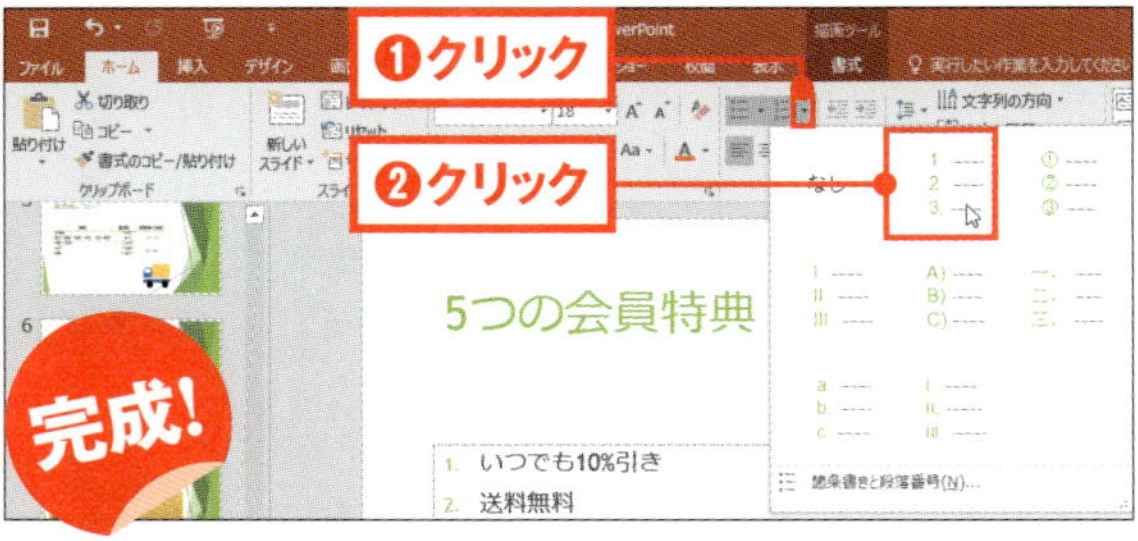

2 「ホーム」タブで、「段落番号」の横の「▼」をクリックする❶。段落番号の一覧が表示されるので、番号を選びクリックする❷。

★One Point !★

手順 **2** の画面で「箇条書きと段落番号」をクリックすると、「箇条書きと段落番号」画面が表示される。ここで、番号のサイズや色、開始番号を変更できる。

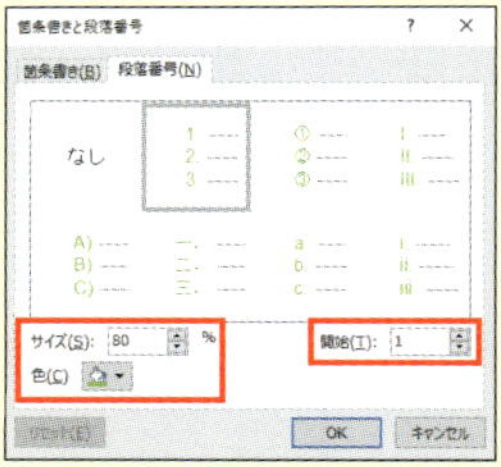

文字のサイズを調整する

[初級]

ここがポイント!

「フォントサイズの拡大」ボタンを使う

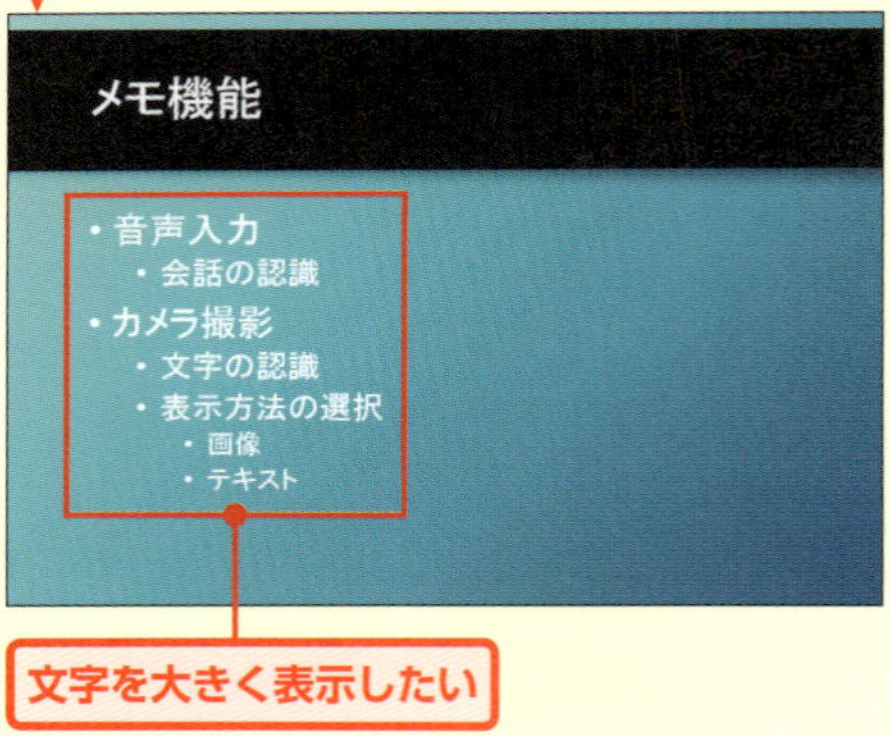
メモ機能
・音声入力
・会話の認識
・カメラ撮影
・文字の認識
・表示方法の選択
・画像
・テキスト
文字を大きく表示したい

スライドの文字が小さいと、読みづらいことはもちろん、自信のない弱々しい印象を与えてしまう。その場合は、**「フォントサイズの拡大」ボタン**で文字のサイズを大きくしよう。なお、箇条書き項目に階層を設定していると、階層ごとに文字の大きさが異なる場合がある。その場合も「フォントサイズの拡大」ボタンを使う方法なら、階層ごとの文字の大きさの違いを保持したまま文字の大きさを変更できる。

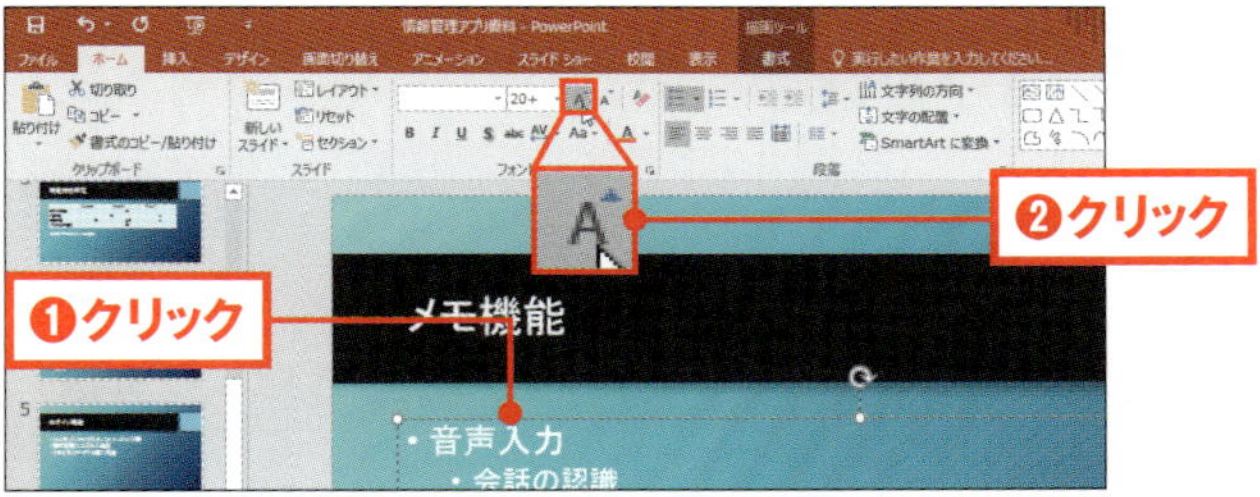
❶クリック
❷クリック
メモ機能
・音声入力

1 プレースホルダーの外枠をクリックする❶。「ホーム」タブの「フォントサイズの拡大」をクリックする❷。文字を小さくする場合は、「フォントサイズの縮小」をクリックする。

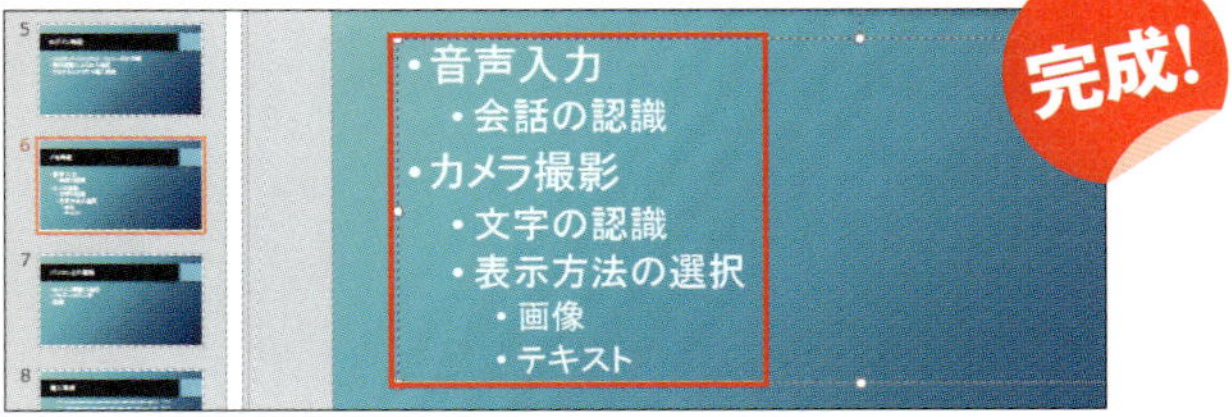
完成!
・音声入力
・会話の認識
・カメラ撮影
・文字の認識
・表示方法の選択
・画像
・テキスト

2 「フォントサイズの拡大」をクリックするたびに、文字が大きくなる。

★One Point !★

箇条書きの項目ごとに文字サイズを指定したい場合は、別の方法がある。文字をドラッグして選択し、「ホーム」タブの「フォントサイズ」でサイズを指定すればよい。

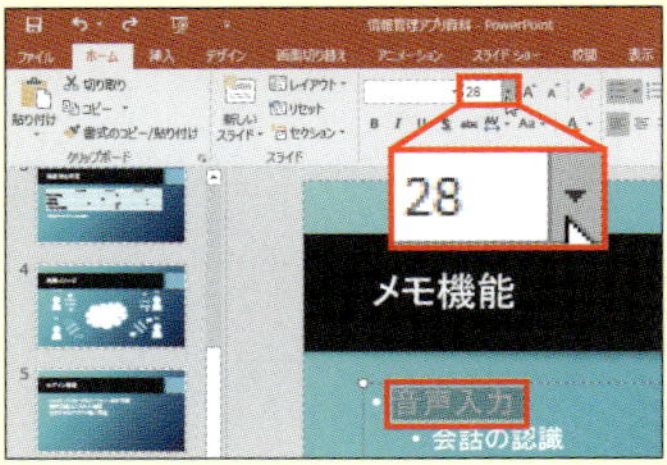
28
メモ機能
・音声入力
・会話の認識

文字に飾りをつけて目立たせる

［初級］

ここがポイント！ 文字を選択して飾りを選ぶ

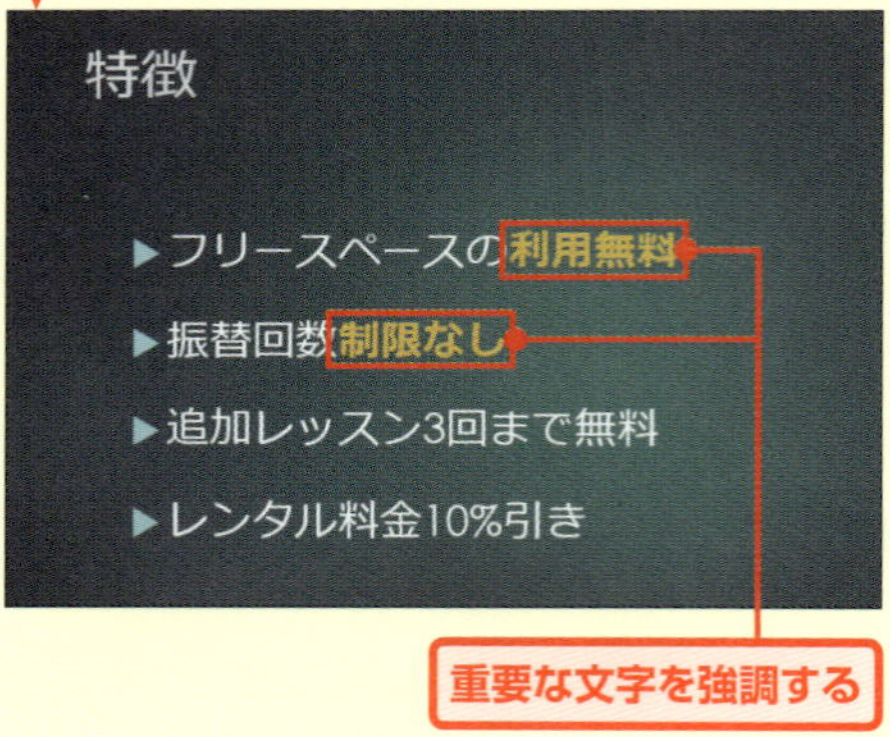
特徴
フリースペースの利用無料
振替回数制限なし
追加レッスン3回まで無料
レンタル料金10%引き
重要な文字を強調する

特に相手に伝えたい重要なキーワードなど、一部の**文字を強調**するには、文字を**太字**にしたり**色**をつけたりして目立たせよう。文字に飾りをつけるには、文字を選択し、「ホーム」タブのボタンで飾りの内容を指定する。複数のキーワードを強調する場合は、「Ｃｔｒｌ」キーを押しながら複数の文字をドラッグして選択すればよい。この状態で飾りを選択すれば、複数の文字に同じ飾りをまとめて設定できる。

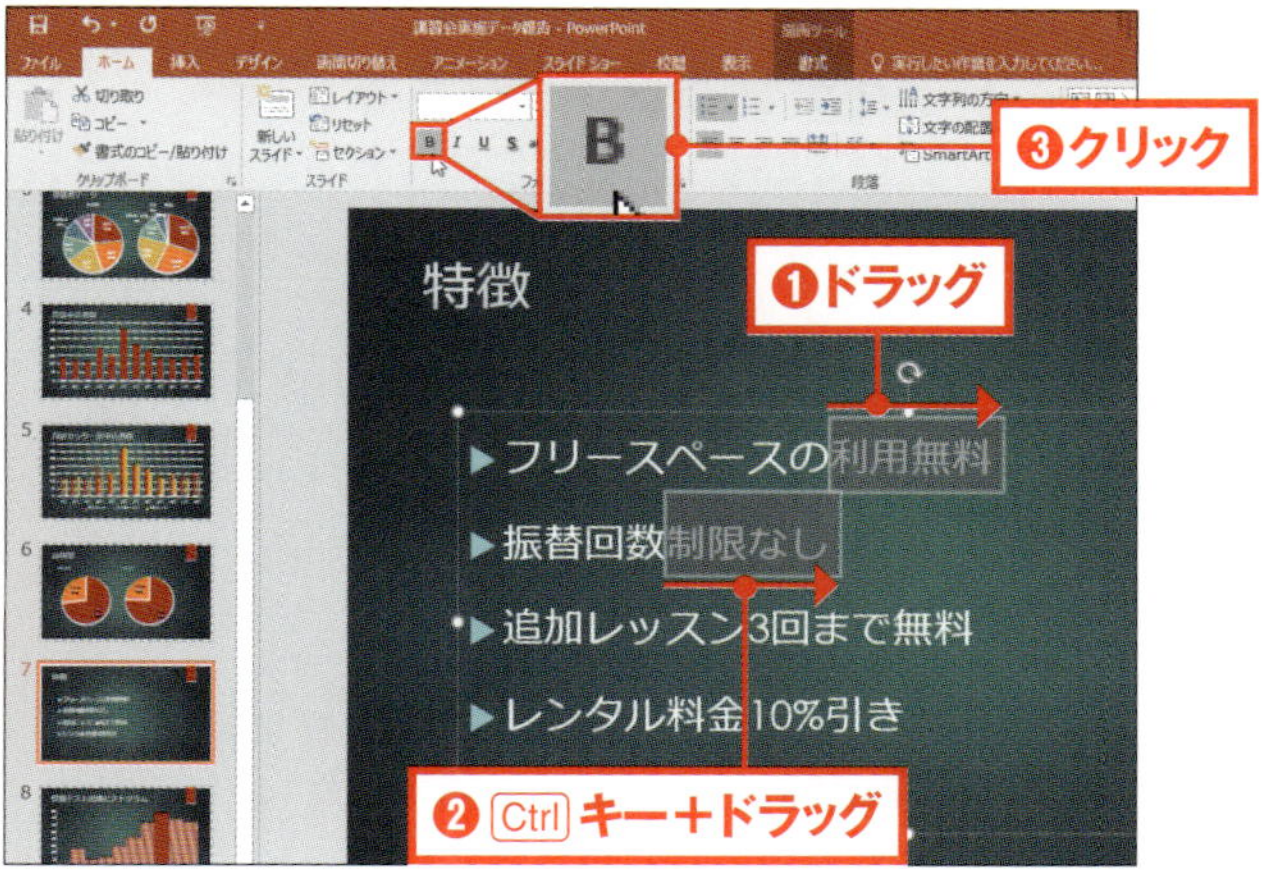
❸クリック
特徴
❶ドラッグ
▶フリースペースの利用無料
▶振替回数制限なし
▶追加レッスン3回まで無料
▶レンタル料金10%引き
❷ Ctrl キー+ドラッグ

1 強調したい文字をドラッグする❶。離れたところにある文字は、Ctrl キーを押しながらドラッグする❷。「ホーム」タブの「太字」をクリックする❸。すると、文字が太字になる。

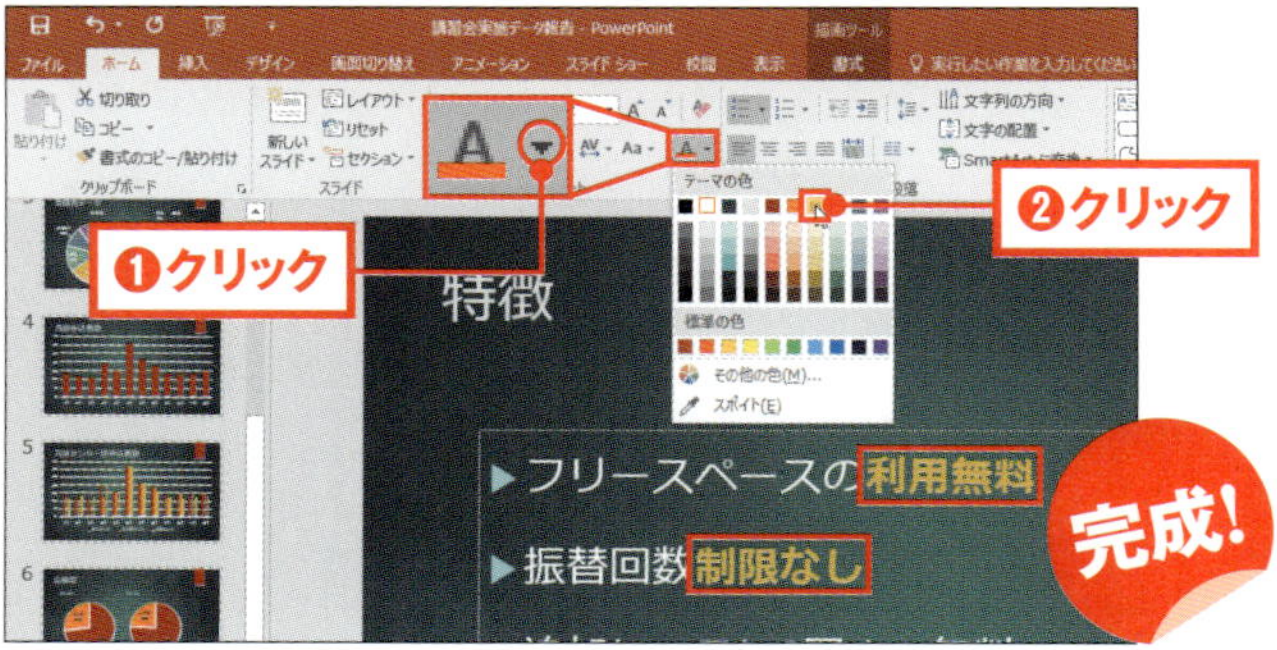
❶クリック
❷クリック
特徴
▶フリースペースの利用無料
▶振替回数制限なし
完成!

2 文字が選択された状態で、「ホーム」タブの「文字の色」の横の「▼」をクリックする❶。色の一覧が表示されたら色を選び、クリックする❷。選択していた文字の色が変わる。

文字の書式を連続して貼り付ける

［ 中級 ］

ここがポイント！ 「書式のコピー／貼り付け」ボタンをダブルクリックする

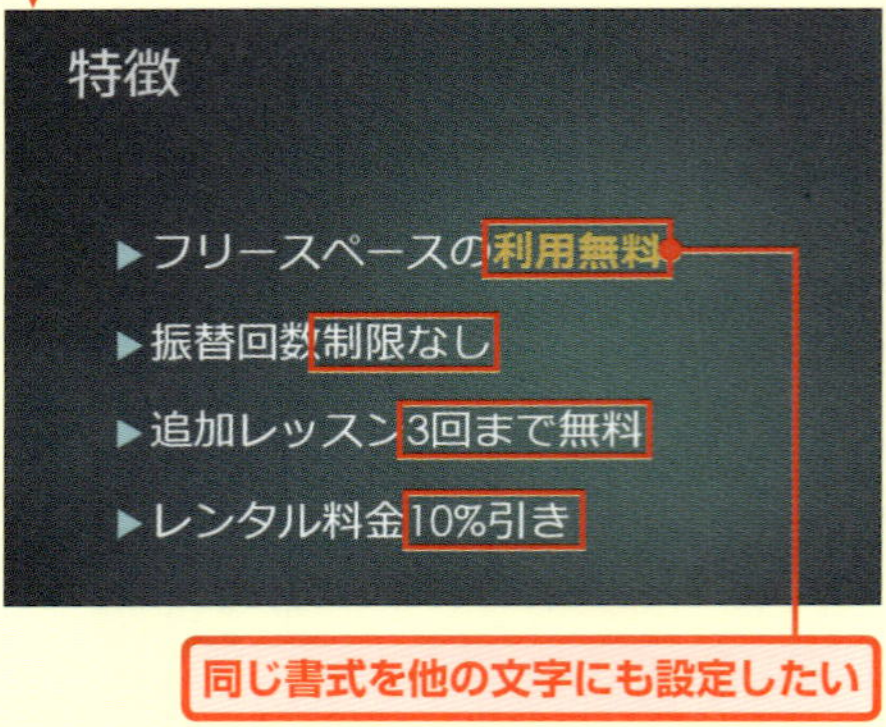
特徴
▶フリースペースの利用無料
▶振替回数制限なし
▶追加レッスン3回まで無料
▶レンタル料金10%引き
同じ書式を他の文字にも設定したい

すでに設定している書式を別の文字にも設定したい場合、別の文字に対して、いちいち設定をやり直す必要はない。書式が設定された文字を選択し、**「書式のコピー／貼り付け」ボタン**をダブルクリックする。マウスポインターが「刷毛」の形になるので、この状態で他の文字をドラッグする。これで、複数の文字に連続して書式を設定できる。書式の設定を終了するには、「Ｅｓｃ」キーを押せばよい。

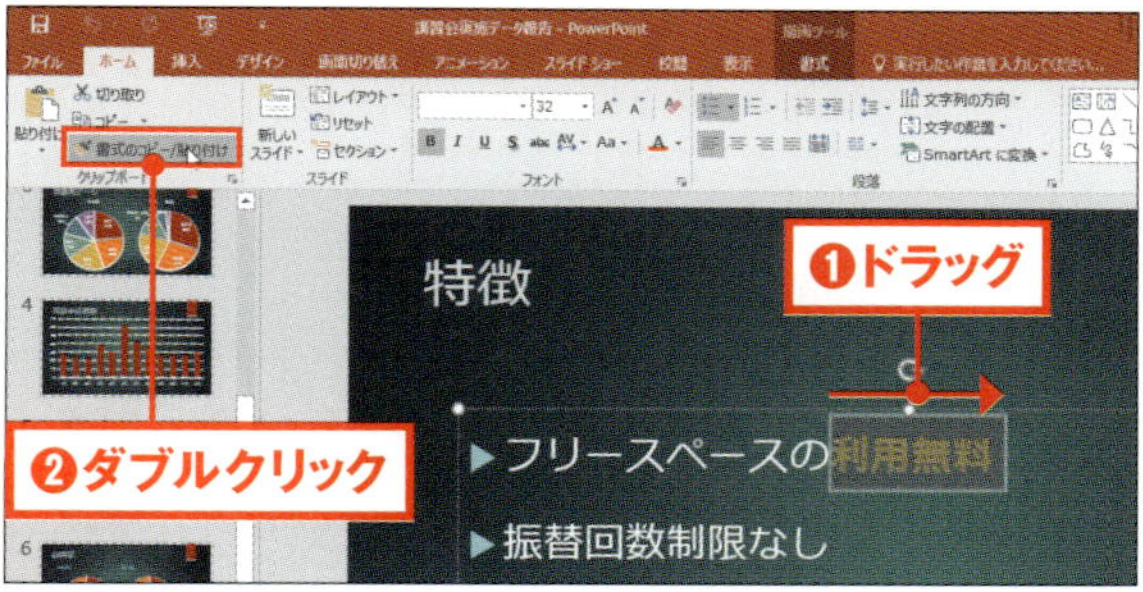
特徴
❶ドラッグ
▶フリースペースの利用無料
▶振替回数制限なし
❷ダブルクリック

1 書式が設定された文字をドラッグする❶。「ホーム」タブの「書式のコピー／貼り付け」をダブルクリックする❷。

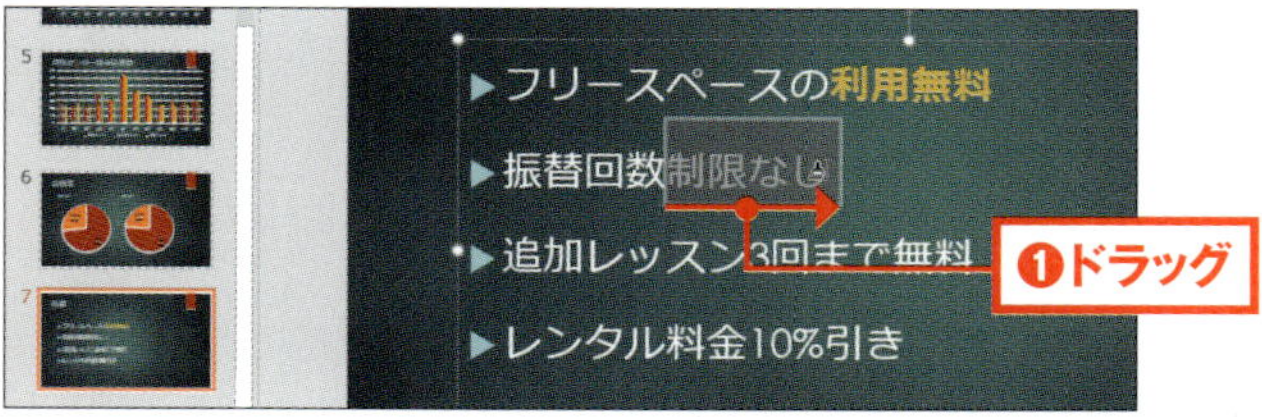
▶フリースペースの利用無料
▶振替回数制限なし
▶追加レッスン3回まで無料
▶レンタル料金10%引き
❶ドラッグ

2 マウスポインターが「刷毛」の形になるので、書式を適用したい文字をドラッグする❶。すると、手順 **1** でコピーした書式が設定される。

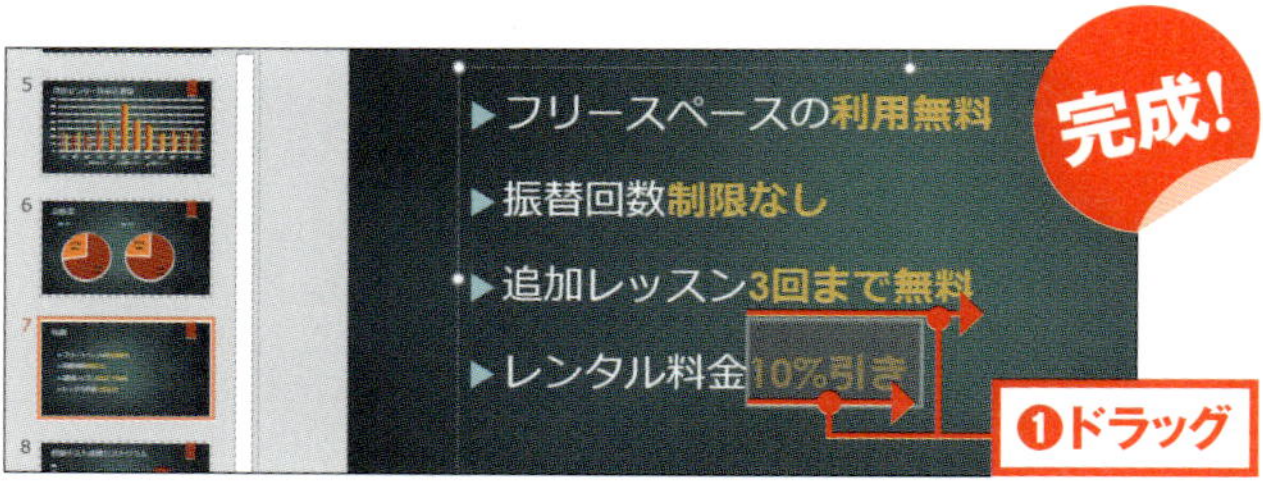
▶フリースペースの利用無料
▶振替回数制限なし
▶追加レッスン3回まで無料
▶レンタル料金10%引き
完成!
❶ドラッグ

3 続いて、書式を設定したい文字をドラッグする❶。書式コピーの状態を解除するには、Escキーを押す。

項目の間隔を調整する

［中級］

ここがポイント！　「行間」を設定する

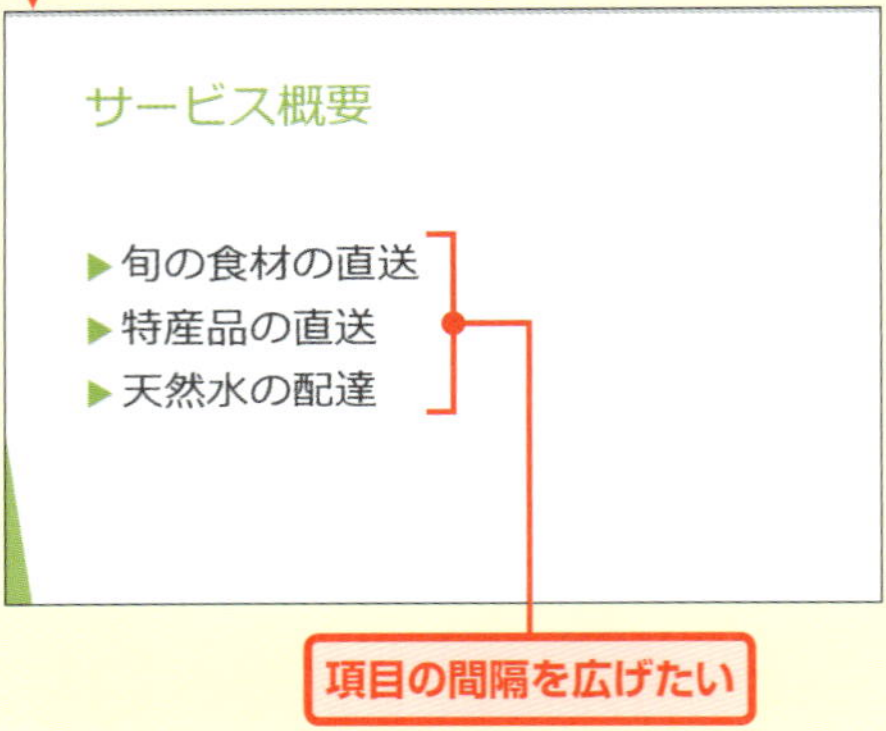
サービス概要
▶旬の食材の直送
▶特産品の直送
▶天然水の配達
項目の間隔を広げたい

箇条書きの項目数が少ないと、スライド下の空欄が目立ってしまう。適度に行間を空けて、バランスよく配置したいものだ。**項目の行間**は、「行間」で数値を選ぶことで設定できる。設定したい行間の数値にマウスポインターを移動すると、行間設定後のイメージがスライドに表示される。イメージを見ながら操作すれば、設定は一度ですむはずだ。「行間」のメニューで「行間のオプション」を選択すると、より細かい設定が可能だ。

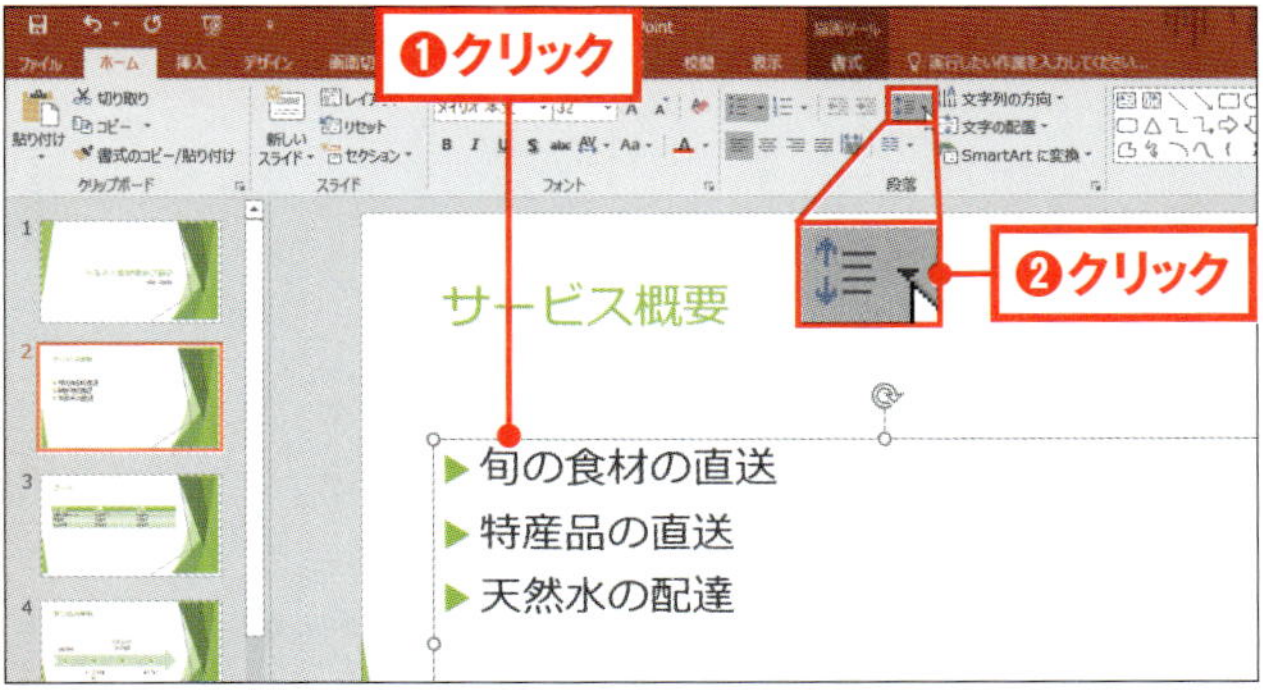

1 プレースホルダーの外枠をクリックする❶。「ホーム」タブの「行間」をクリックする❷。

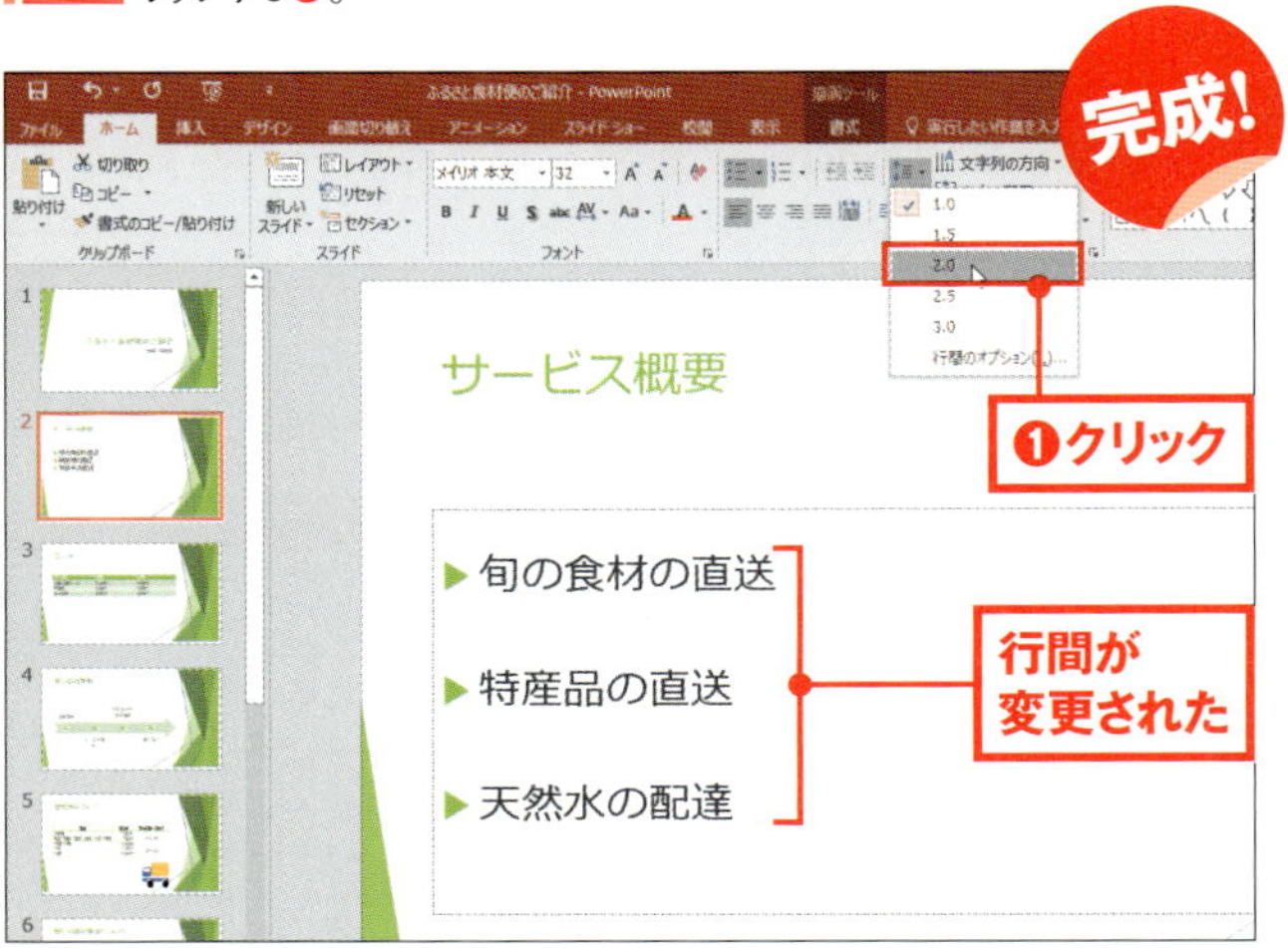

2 行間の一覧が表示されるので、数値を選びクリックする❶。より細かい設定は、この画面で「行間のオプション」をクリックすると表示される「段落」画面で指定できる。

COLUMN

コラム 2

ワード文書を パワーポイントに読み込む方法

ワードで作成した資料をもとに、パワーポイントでプレゼン資料を作成したい。そんなときは、パワーポイントからワードのファイルを取り込んでスライドを作成できる。

操作のポイントは、あらかじめワードで見出しの設定をしておくことだ。ワードの「見出し1」がスライドタイトルになり、それ以下の「見出し2」「見出し3」…は箇条書きの項目として、階層を維持したまま読み込まれるしくみになっている。

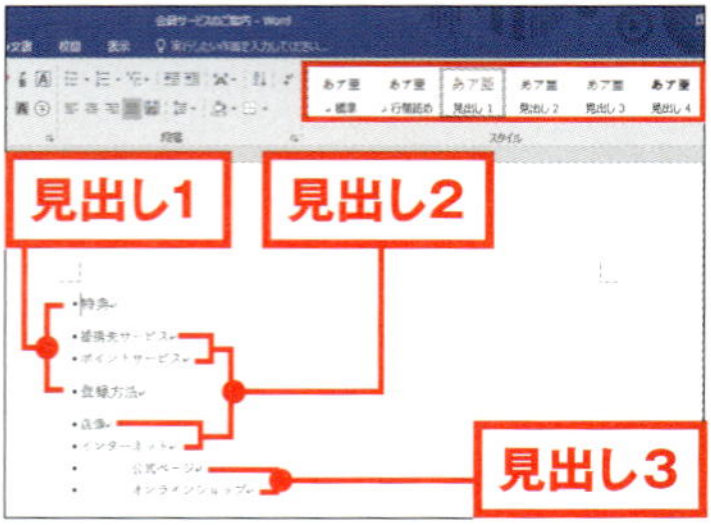

ワードで、「ホーム」タブの「スタイル」から見出しのレベルを選択し、スタイルを設定しておく。

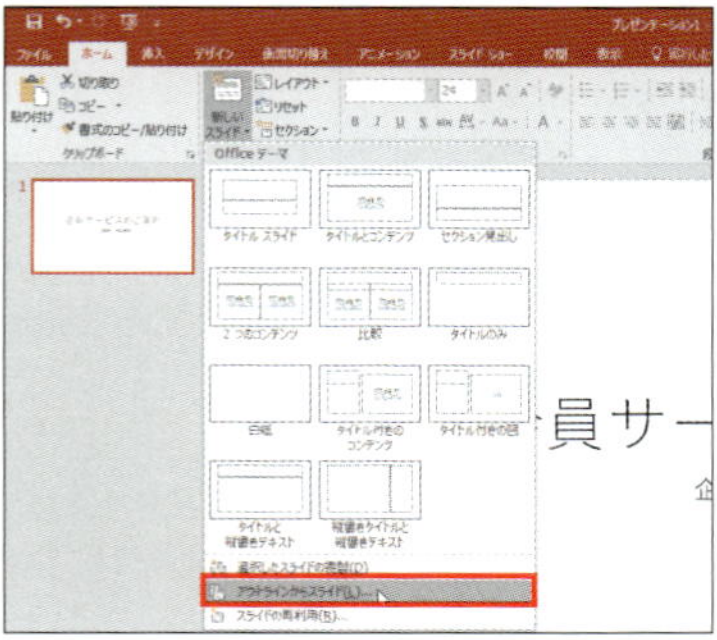

パワーポイントで、「ホーム」タブの「新しいスライド」の下の「▼」をクリックし、「アウトラインからスライド」をクリックする。表示される画面でワード文書を選択して「開く」をクリックする。すると、ワード文書の内容が読み込まれ、選択しているスライドの後ろにスライドとして追加される。

第3章

図形・写真

図形＆写真の作成ワザ

図形を作成する

ここがポイント! 描きたい図形を選択してドラッグする

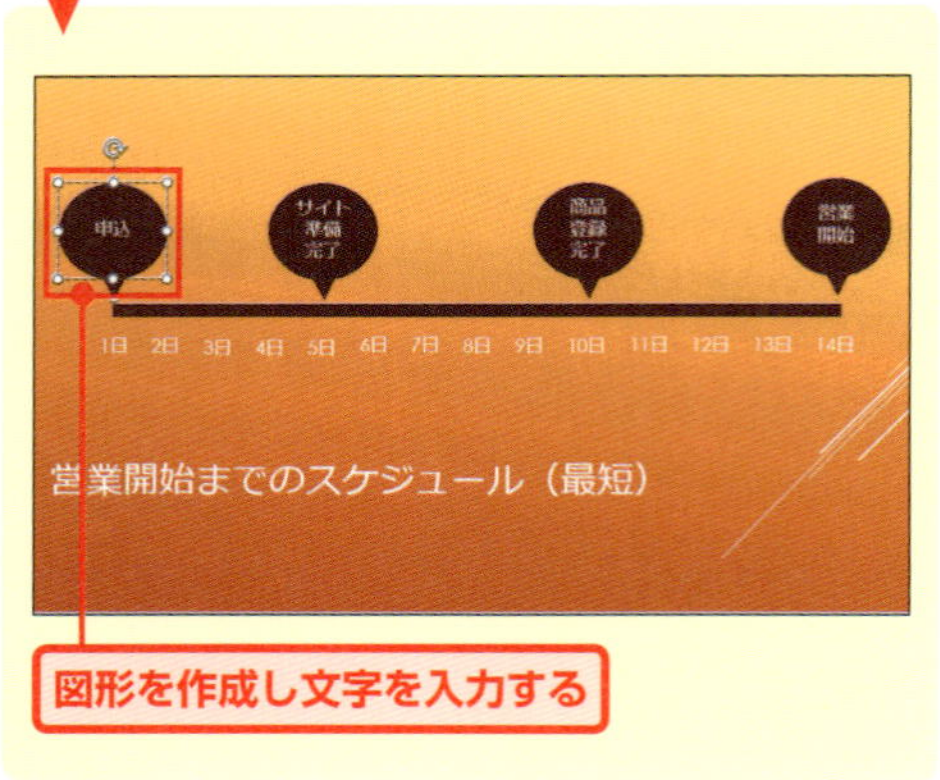

［初級］

パワーポイントでは、内容を図解して説明することも頻繁にある。かんたんな図であれば、単独の図形、もしくはその組み合わせで誰でも作成できる。**「挿入」タブの「図形」**から描きたい図形を選択し、スライドの上でドラッグすればよい。図形に文字を入れるのも、図形が選択された状態で文字を入力するだけとかんたんだ。**周囲のハンドル○をドラッグすると、大きさを変更**できる。**外枠部分をドラッグすると、図形を移動**できる。

1 「挿入」タブの「図形」をクリックする❶。図形の一覧が表示されるので、描きたい図形の形をクリックする❷。

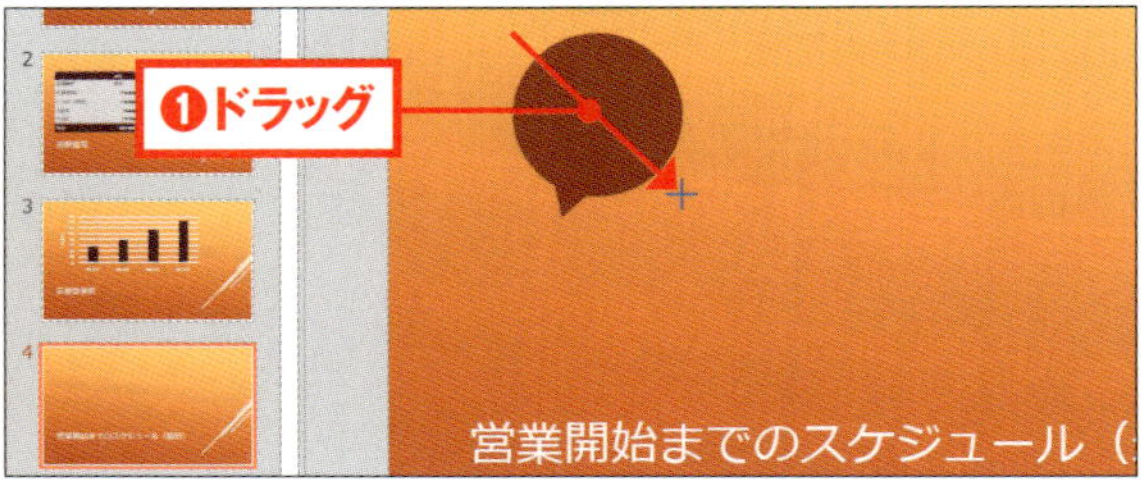

2 図形を描きたい場所で、斜め方向にドラッグする❶。

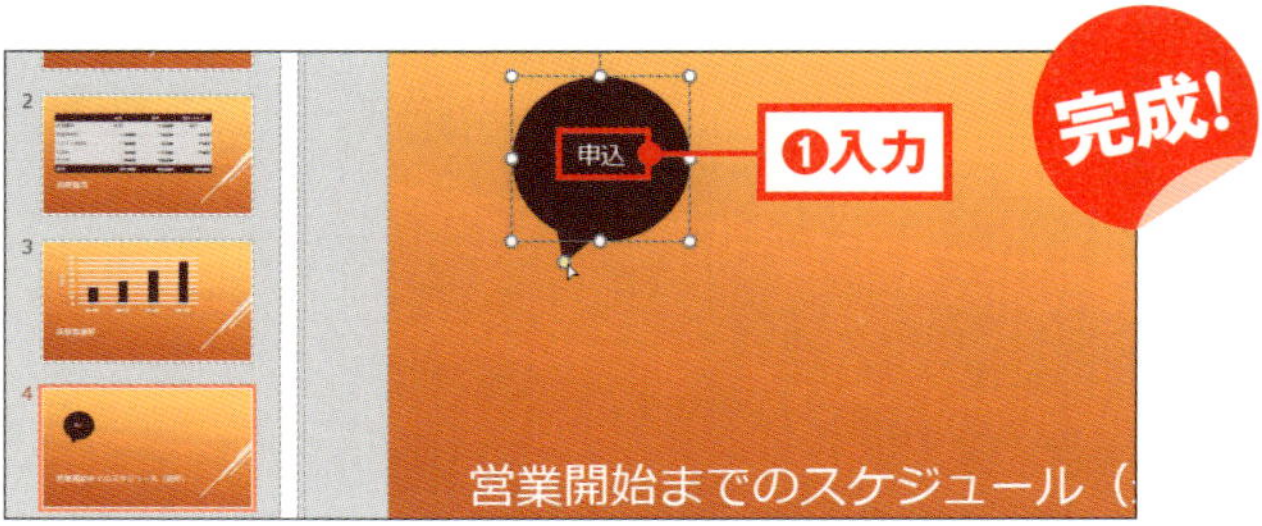

3 図形が作成された。図形が選択された状態で、キーボードから文字を入力できる❶。

図形の色や枠線を変更する

初級

ここがポイント!

「図形のスタイル」を設定する

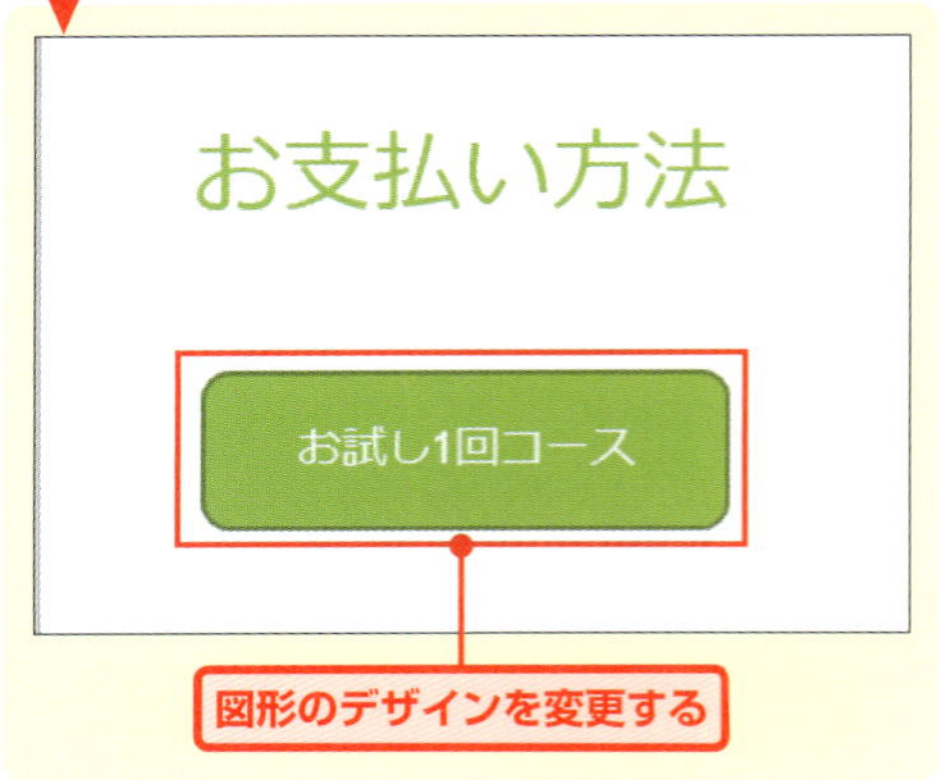

作成した図形は、既定の色や枠線があらかじめ設定されている。そのままではすべて同じ色や枠線になってしまい、違いがわかりづらい。必要に応じて、**色や枠線のデザイン**を変更しよう。図形のデザインを変更するには、パワーポイントに用意されている**スタイル**を選択する方法がおすすめだ。図形や枠線の色などの書式をまとめて変更できる。色や枠線を個別に指定する場合は、「書式」タブのボタンで変更できる。

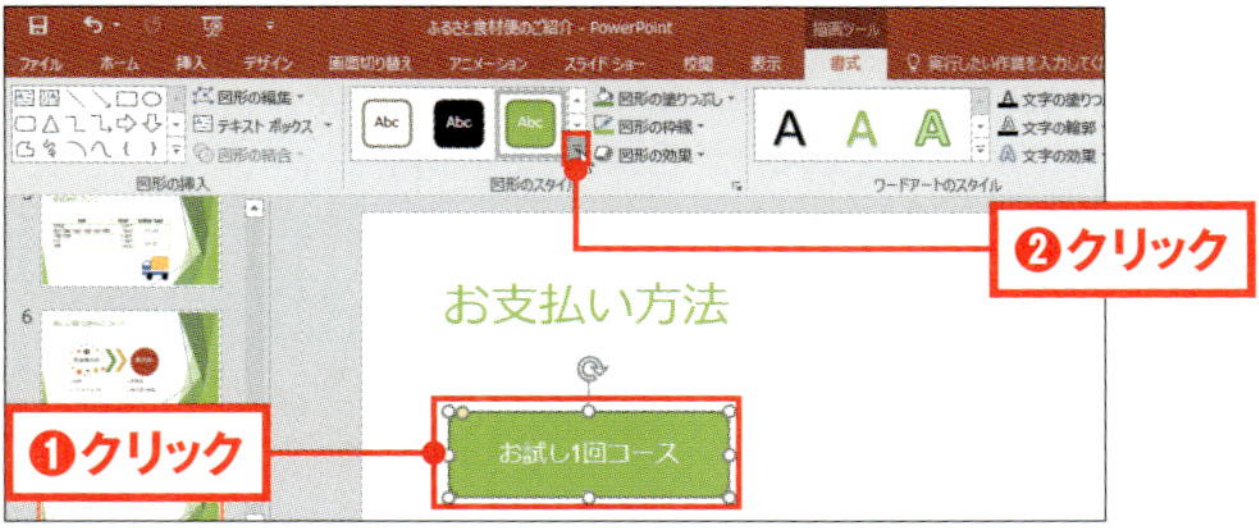

1 図形をクリックして選択し❶、「書式」タブの「図形のスタイル」の「その他」をクリックする❷。色や枠線を個別に指定する場合は、「書式」タブの「図形の塗りつぶし」や「図形の枠線」ボタンから指定する。

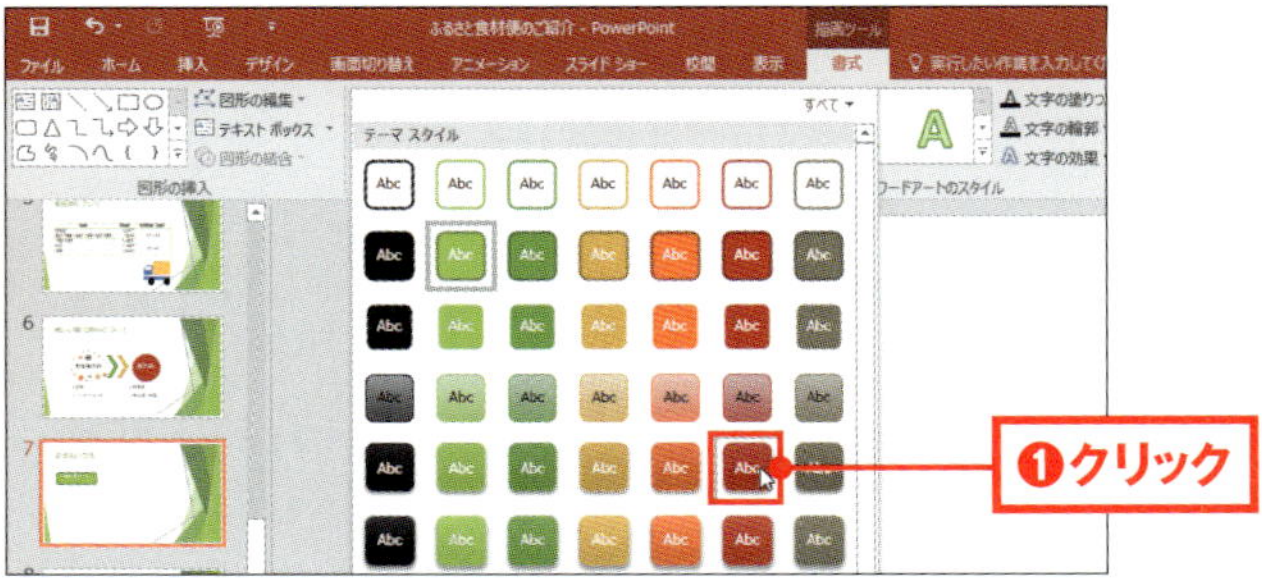

2 スタイルの一覧が表示されるので、スタイルを選んでクリックする❶。

3 図形のデザインが変更された。

027

図形を複製して使い回す

ここがポイント!

Ctrl キーを押しながら図形をドラッグする

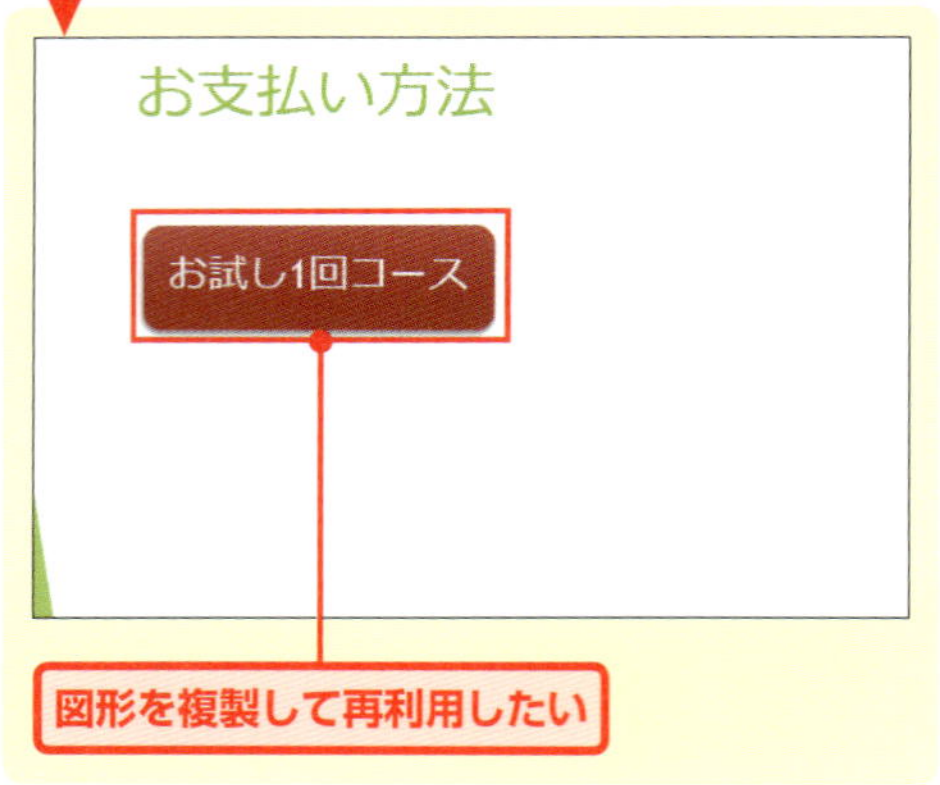

パワーポイントの図形は、流れ図や組織図など、同じ図形を繰り返し用いることが多い。それらの図形を一つ一つ作成するのは面倒なので、**既存の図形をコピー**して使い回そう。図形を描いたり、書式を整えたりといった手間を省いて、すぐに図形を作成できる。図形をコピーするには、**「Ctrl」キーを押しながら図形をドラッグ**すればよい。ドラッグ中に表示される線を目安に操作すれば、他の図形に揃えてコピーできる。

［ 初級 ］

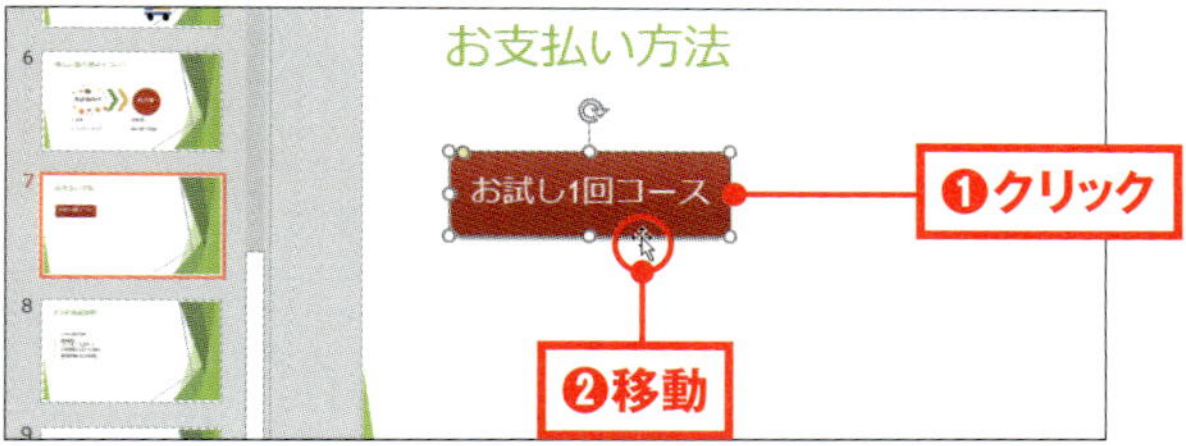

1 図形をクリックして選択する❶。図形の外枠部分にマウスポインターを移動する❷。

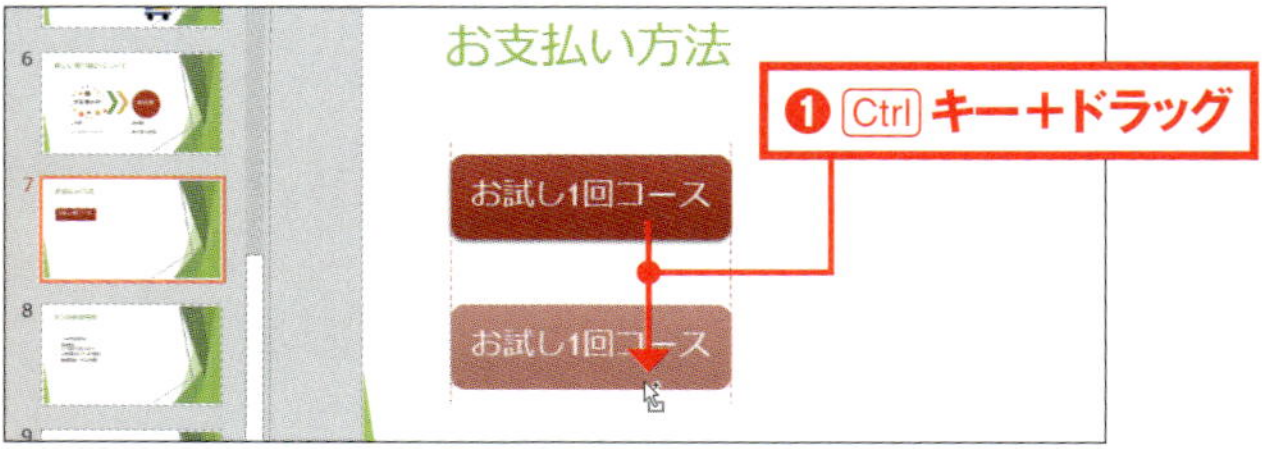

2 Ctrl キーを押しながら、コピー先にドラッグする❶。すると、図形がコピーされる。

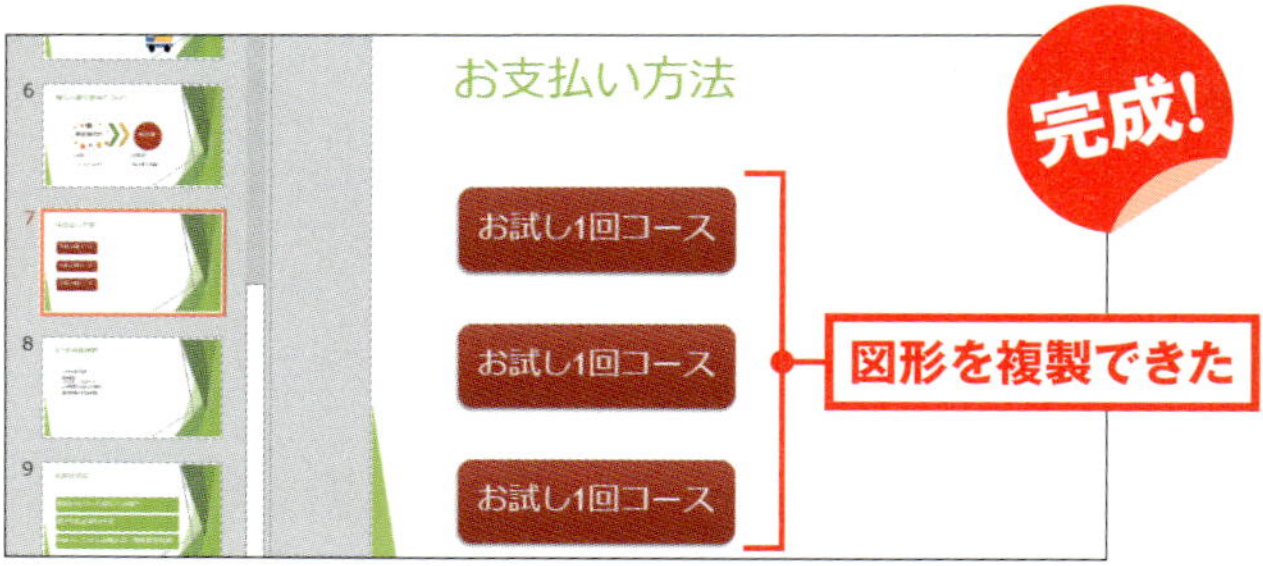

3 同様の方法でコピーを繰り返せば、複数の図形を手軽に作成できる。あとは、必要に応じて文字内容や色を変更すればよい。

028

図形の書式をコピーして貼り付ける

ここがポイント！ 「書式のコピー／貼り付け」ボタンを利用する

この図形の書式を他の図形にも適用したい

1つの図形の書式を他の図形にも適用し、デザインを揃えたいというのはよくあることだ。そんなとき、一つ一つの図形に同じ設定を繰り返すのは非効率だ。**「書式のコピー／貼り付け」ボタン**を使えば、**書式情報だけをコピー**して貼り付けられる。ここでおすすめなのが、「書式のコピー／貼り付け」ボタンをダブルクリックするワザだ。貼り付け先の図形をクリックしていくだけで、複数の図形に書式を連続してコピーできる。

［中級］

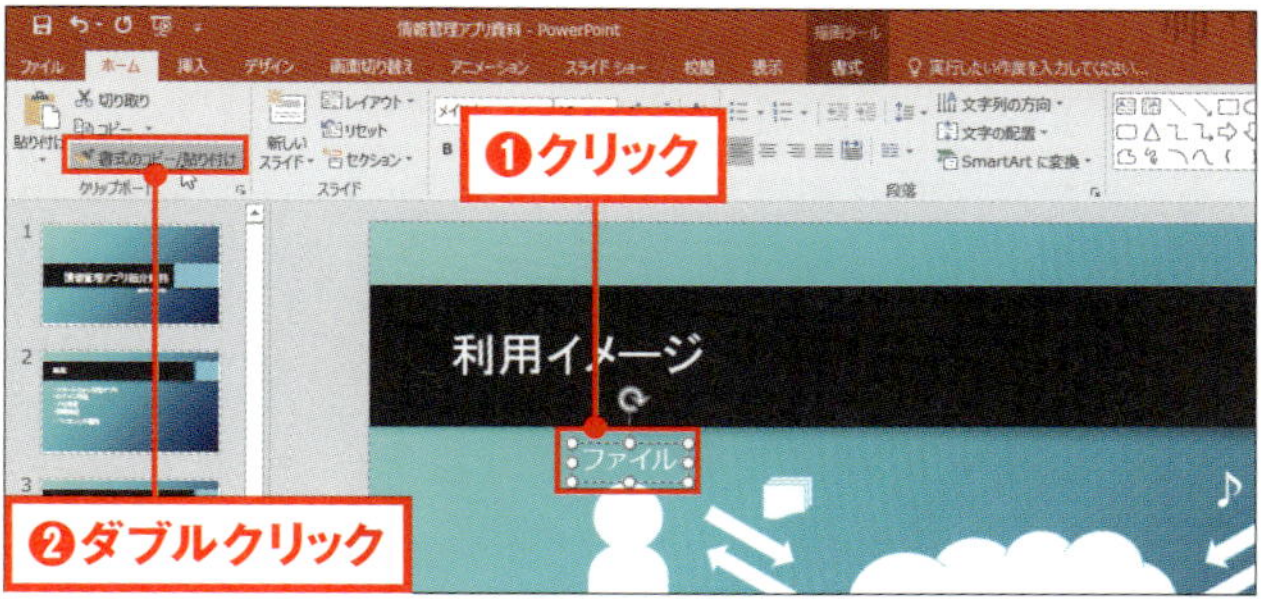

1 書式をコピーする図形をクリックする❶。「ホーム」タブの「書式のコピー／貼り付け」をダブルクリックする❷。

2 書式を貼り付けたい図形をクリックする❶。すると、図形の書式が変更される。

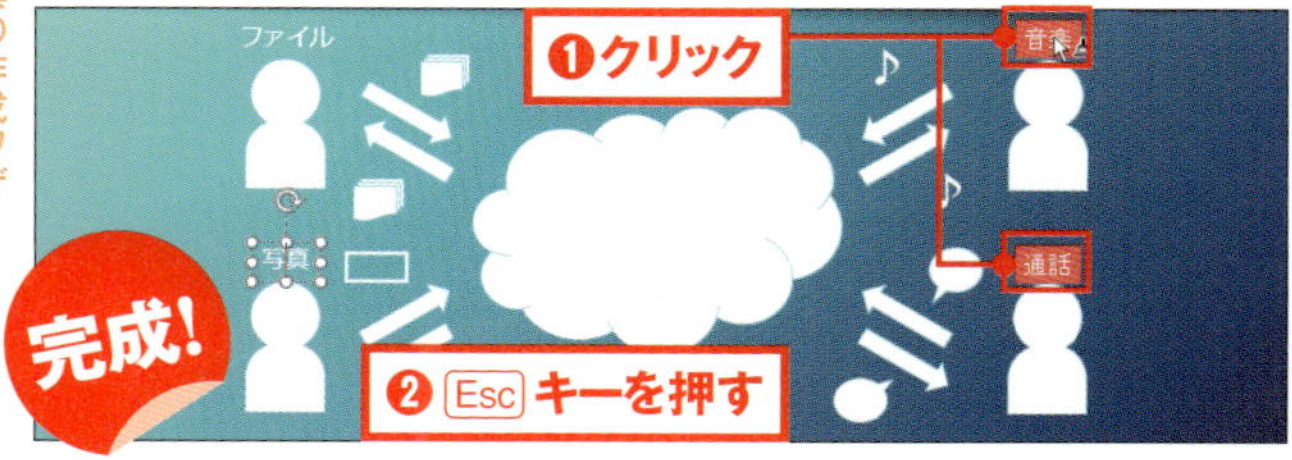

3 書式をコピーしたい図形を次々とクリックしていく❶。書式の貼り付けが完了したら、Escキーを押す❷。

図形の配置を整える

ここがポイント! **揃える位置を指定する**

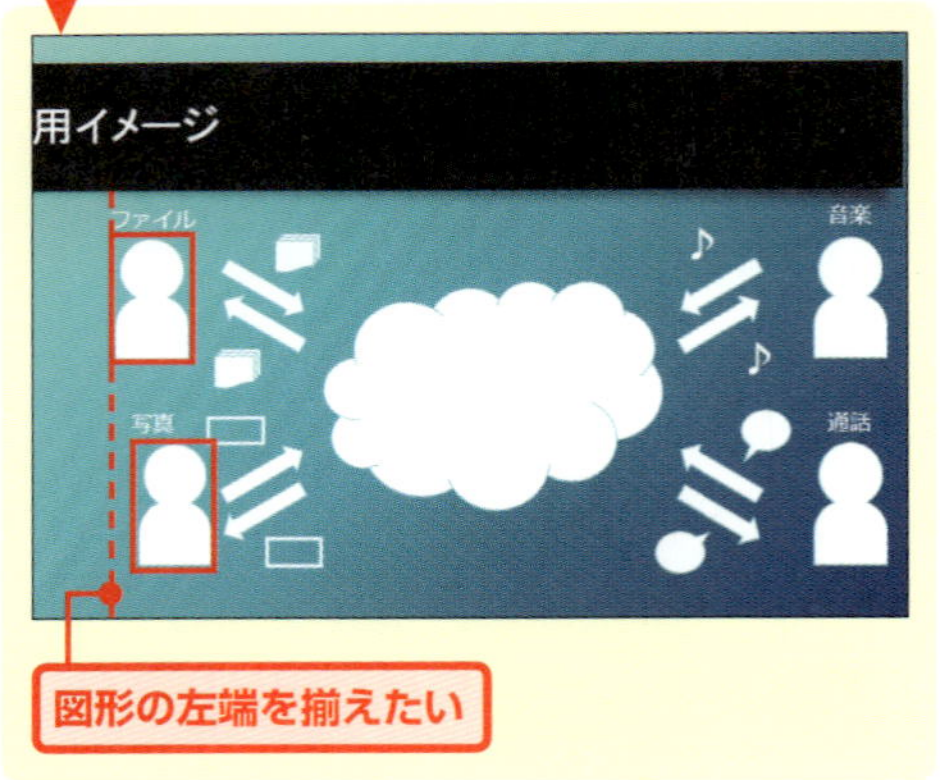

[中級]

複数の図形を組み合わせるとき、図形の位置がバラバラでは見栄えが悪い。とはいえ、ドラッグ操作で揃えようとしても、微妙にずれてしまうし、なにより面倒だ。図形の位置を揃えるときは、**複数の図形を選択して、どのように配置するかを指定**しよう。一番左の図形を基準に左端の位置を揃える場合は「左揃え」、縦に並べた図形の中心を合わせる場合は「左右中央揃え」のように指定する。一発で配置が整う便利ワザだ。

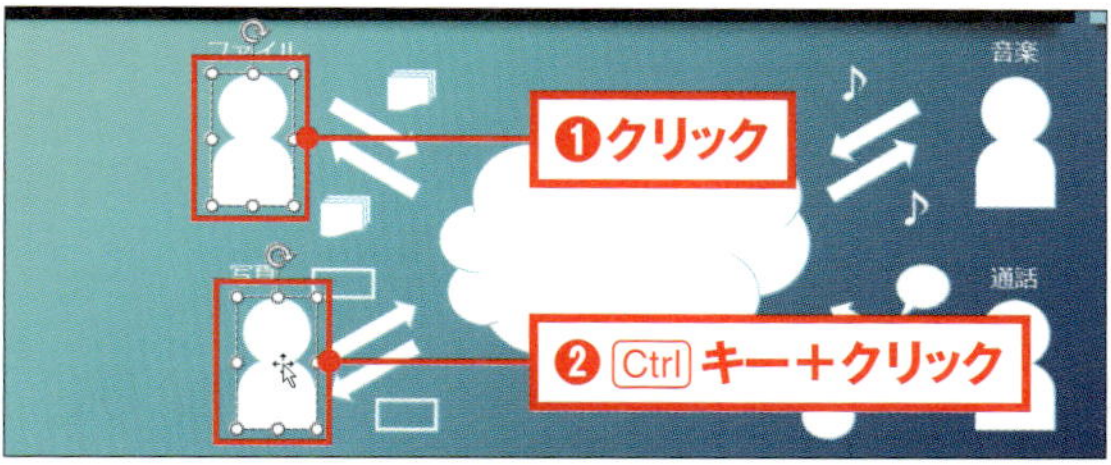

1 図形をクリックする❶。位置を揃えたい図形を、Ctrlキーを押しながらクリックしていく❷。

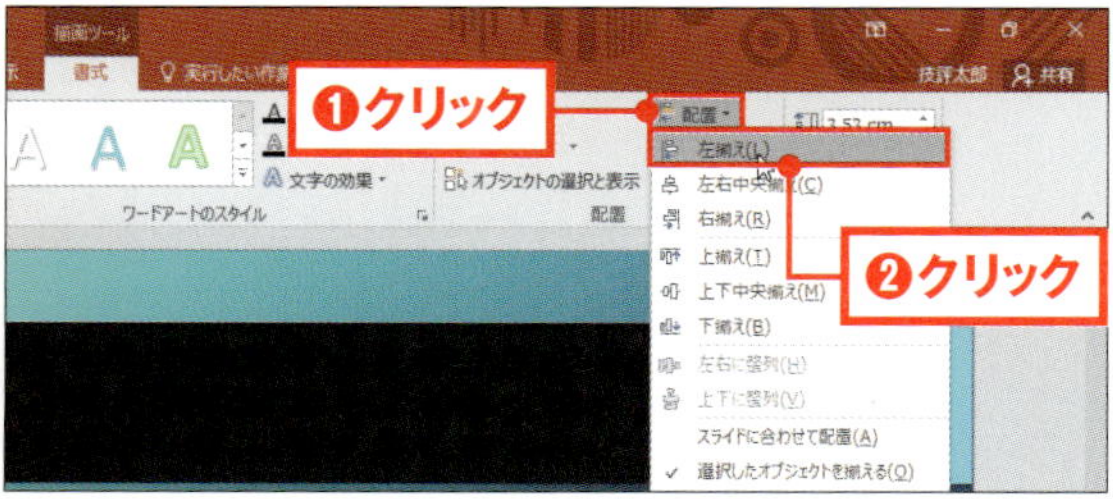

2 「書式」タブの「配置」をクリックし❶、「左揃え」をクリックする❷。

3 選択していた図形が、一番左端の図形に合わせて揃えられた。

030

図形の間隔を均等に揃える

［中級］

ここがポイント！

「上下に整列」「左右に整列」を選択する

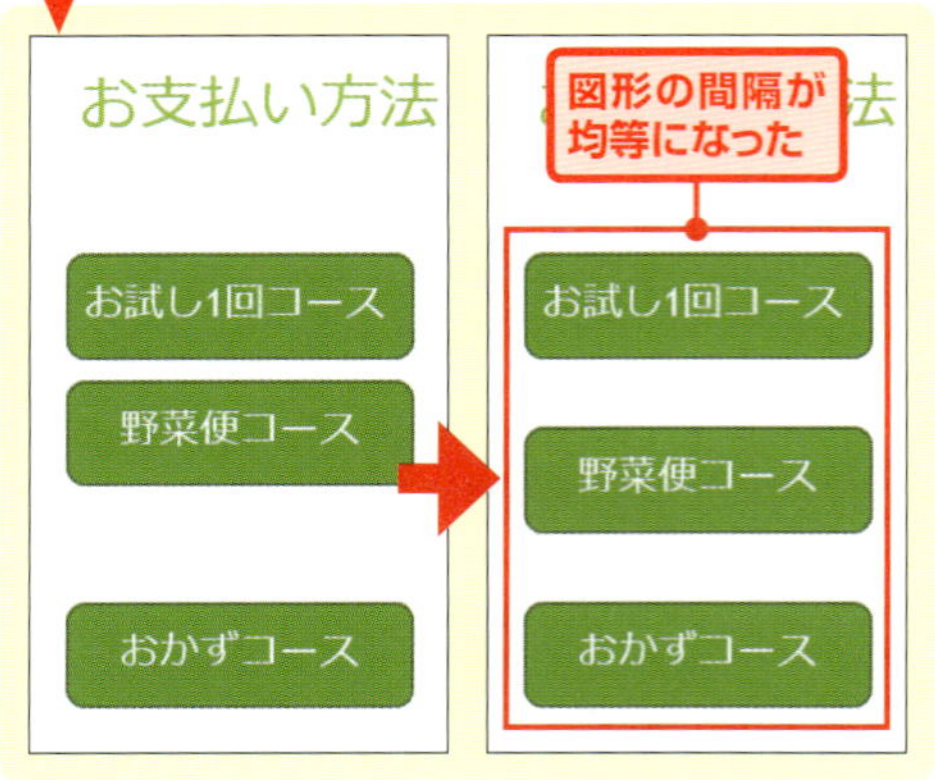

複数の図形を並べて配置するときは、図形の間隔を均等に揃えたい。しかし、図形を1つずつドラッグするのは面倒だし、うまく整えるのはなかなか難しい。図形の間隔を揃えるには、**複数の図形を選択した状態で、整列の方向を指定**しよう。縦に並んだ図形は「上下に整列」、横に並んだ図形は「左右に整列」で、間隔を揃えることができる。上下の場合は一番上と下、左右の場合は一番左と右の図形が基準になる。

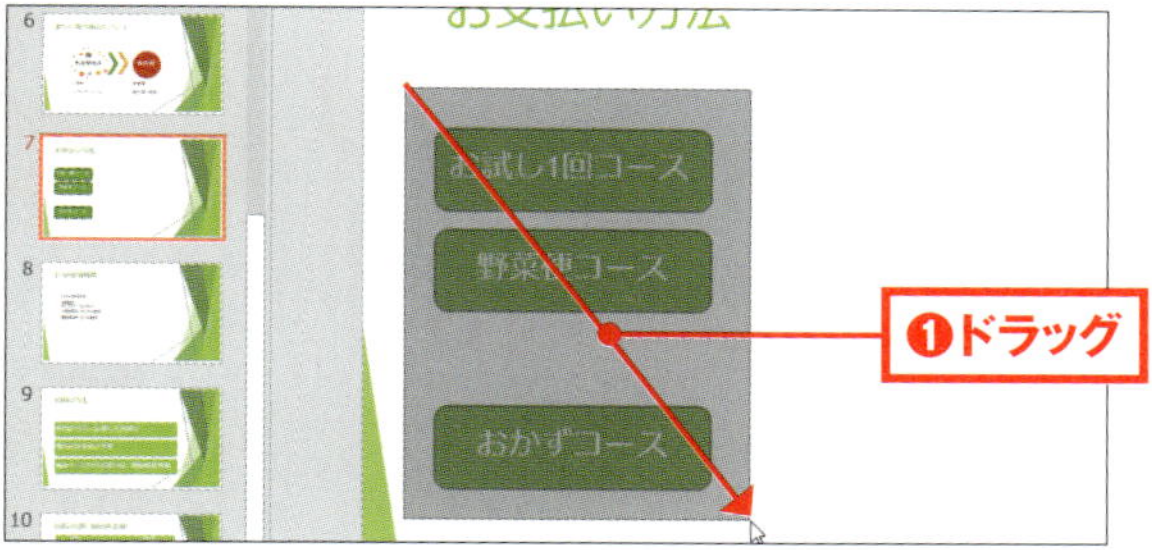

1 間隔を揃えたい図形を選択する。ここでは、図形を囲むようにドラッグして、図形を選択した❶。

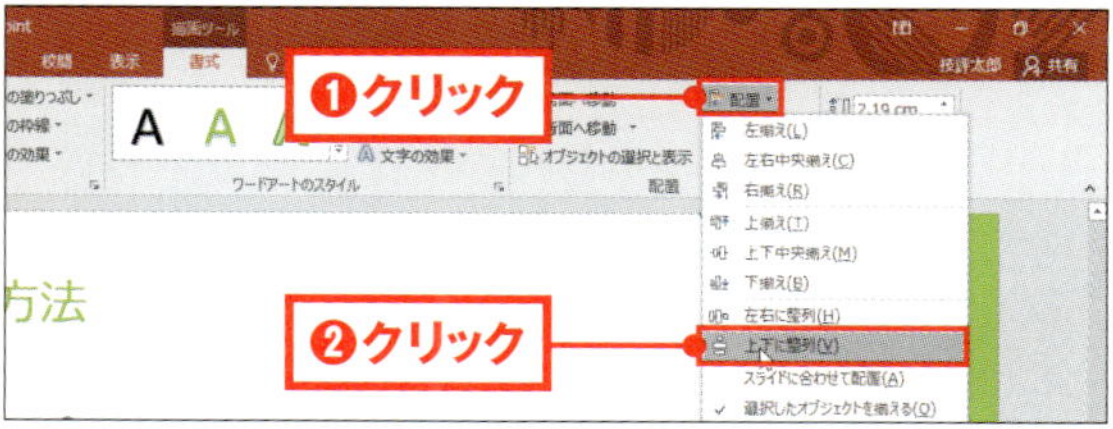

2 「書式」タブの「配置」をクリックし❶、「上下に整列」をクリックする❷。

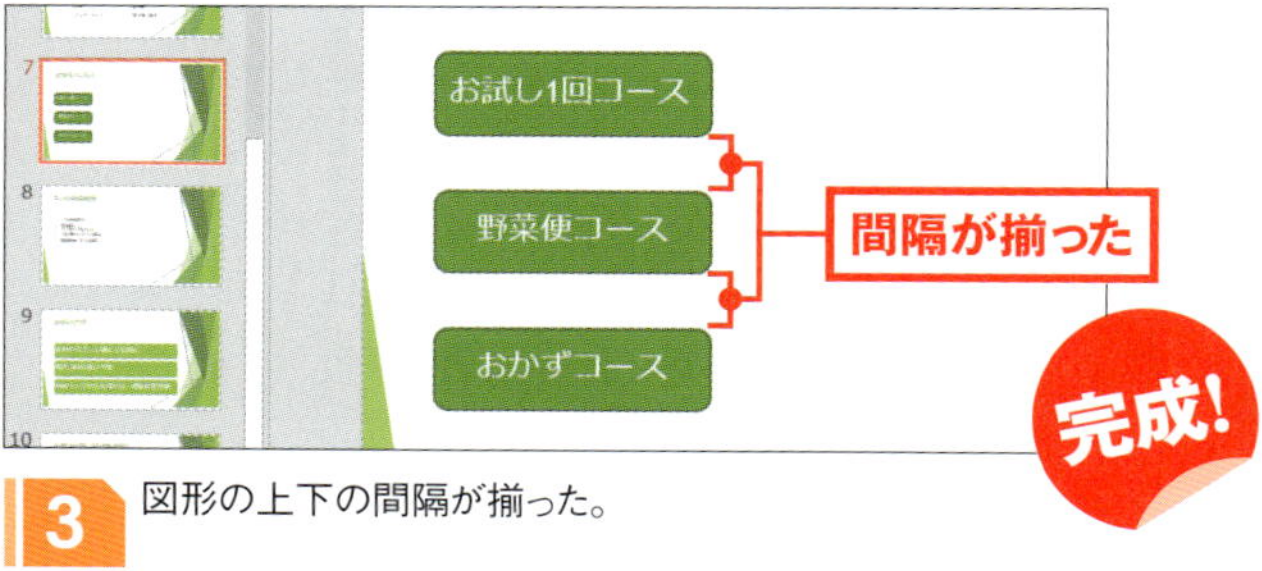

3 図形の上下の間隔が揃った。

図形の重ね順を変更する

［初級］

ここがポイント！

「背面へ移動」「前面へ移動」を選択する

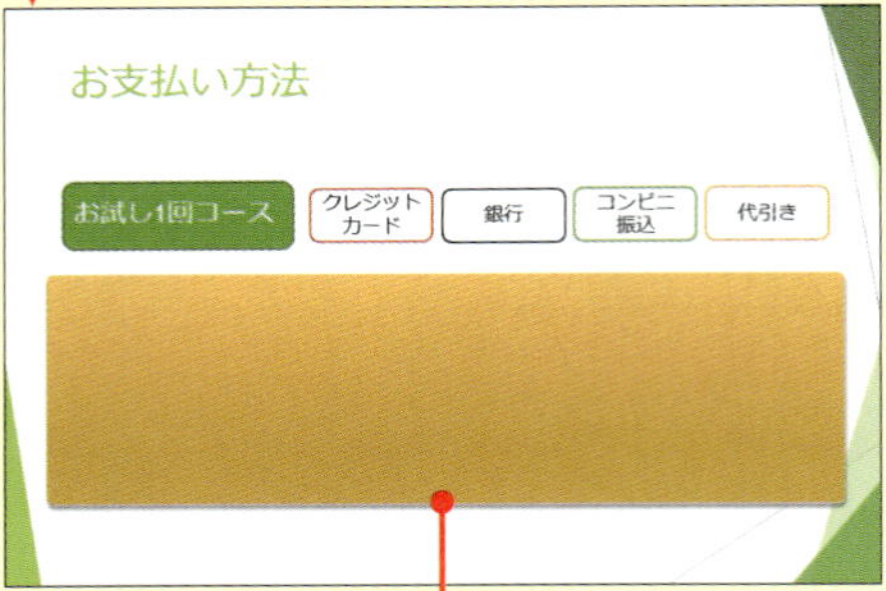

図形の下に隠れた画像を前面に表示したい

図形の上に図形を描くと、あとから書いた図形が、既存の図形の上に重なって表示される。小さな図形の上により大きな図形を描くと、元の図形が完全に隠れてしまうこともある。このような場合は、**図形の重ね順を変更**すればよい。図形を1つ下に移動するには**「背面へ移動」**、1つ上に移動するには**「前面へ移動」**を選ぶ。一番下に移動するには「最背面へ移動」、一番上に移動するには「最前面へ移動」を選択する。

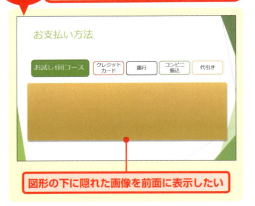

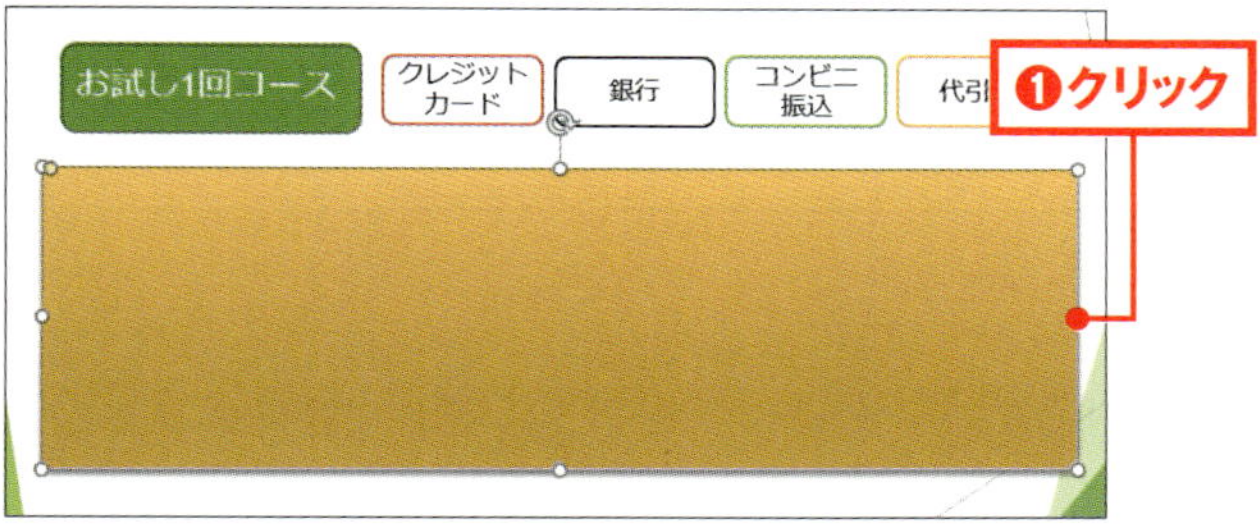

1 重ね順を変更したい図形をクリックし、選択する❶。

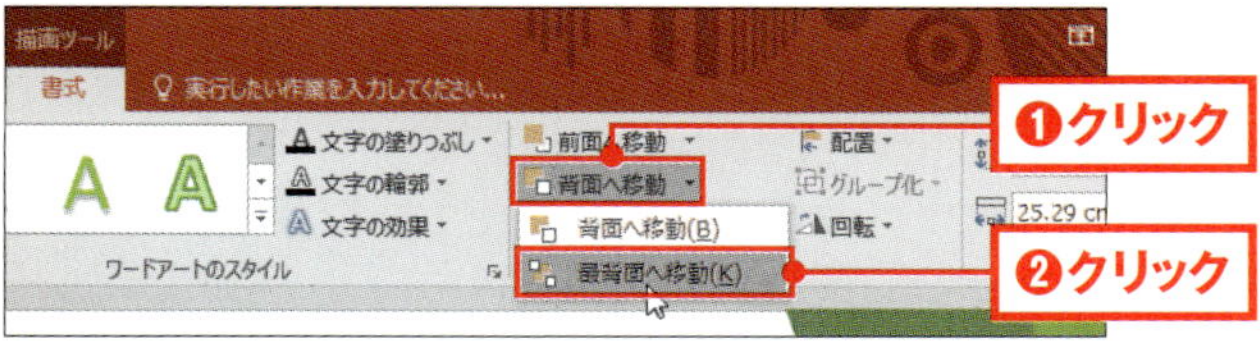

2 「書式」タブの「背面へ移動」をクリックし❶、「最背面へ移動」をクリックする❷。

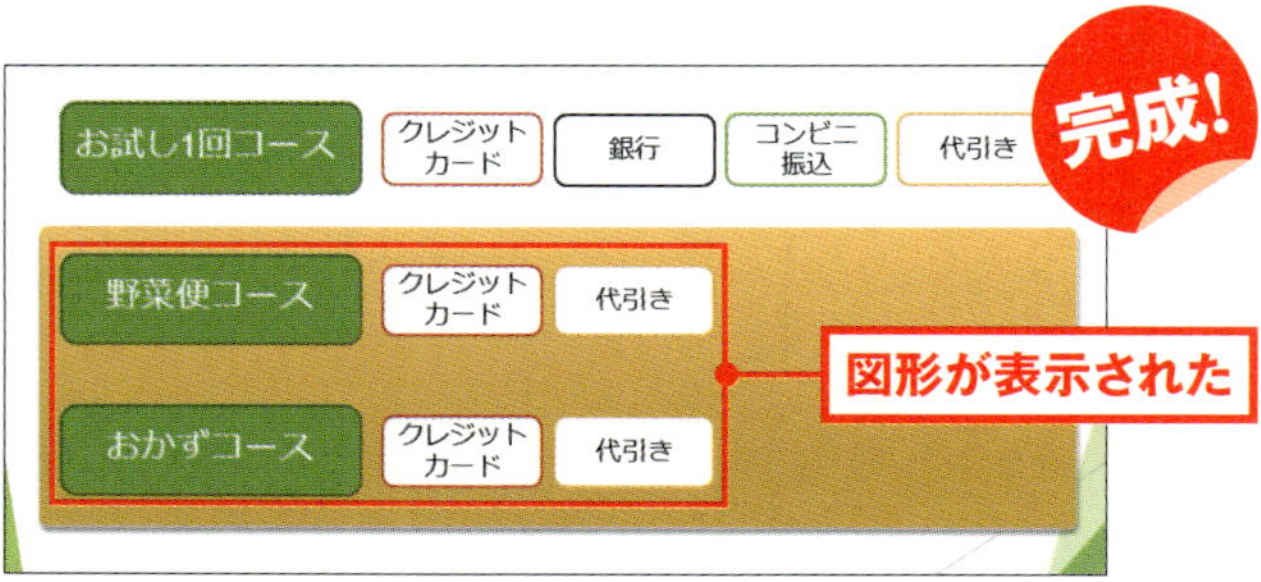

3 図形が最背面に移動し、裏に隠れていた図形が表示される。

032

図形をまとめて扱えるようにする

［中級］

ここがポイント！

図形を選択してグループ化する

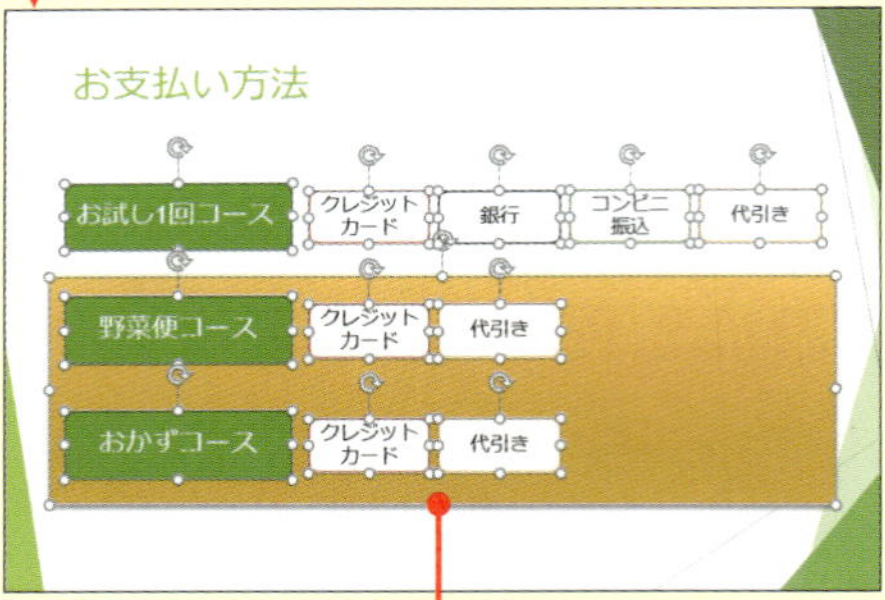

複数の図形をまとめて扱えるようにする

複数の図形で構成された図は、全体を移動したり書式を変更したりする際、すべての図形を選択する必要がある。しかし、図形がバラバラのままでは、選択漏れが起きるなど、扱いづらい。そこで**図形をグループ化**して、1つの図として扱えるようにしておこう。なお、図形をグループ化したあとでも、個々の図形を選択することができる。グループ化した図を扱うときは、図全体が選択されているか確認しながら操作しよう。

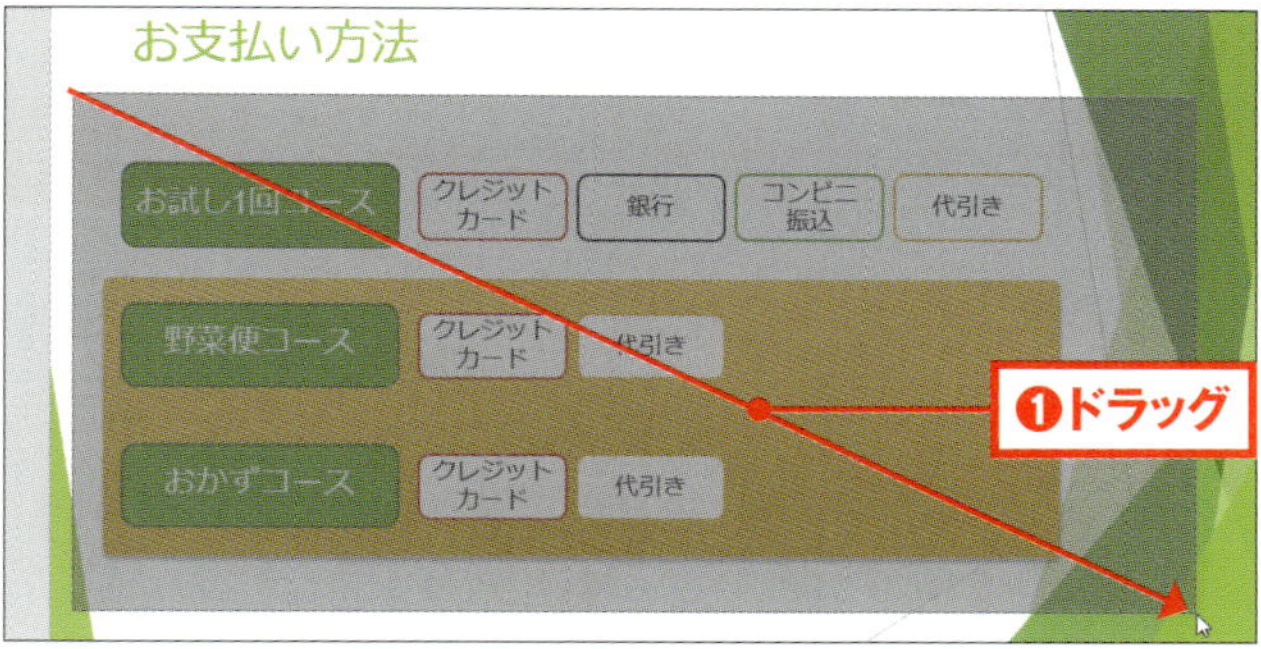

1 図形を囲むようにドラッグして❶、まとめて扱いたい図形を選択する。

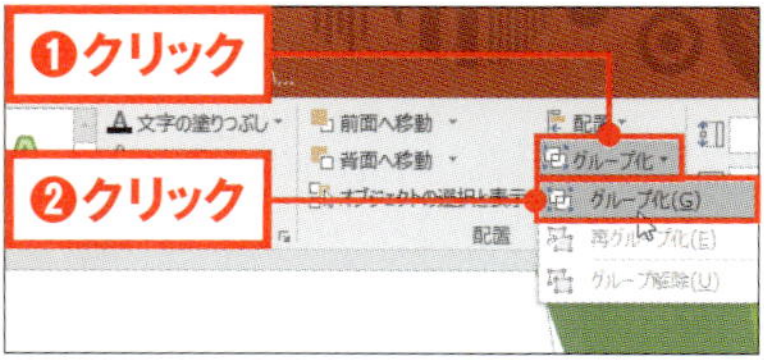

2 「書式」タブの「グループ化」をクリックし❶、「グループ化」をクリックする❷。

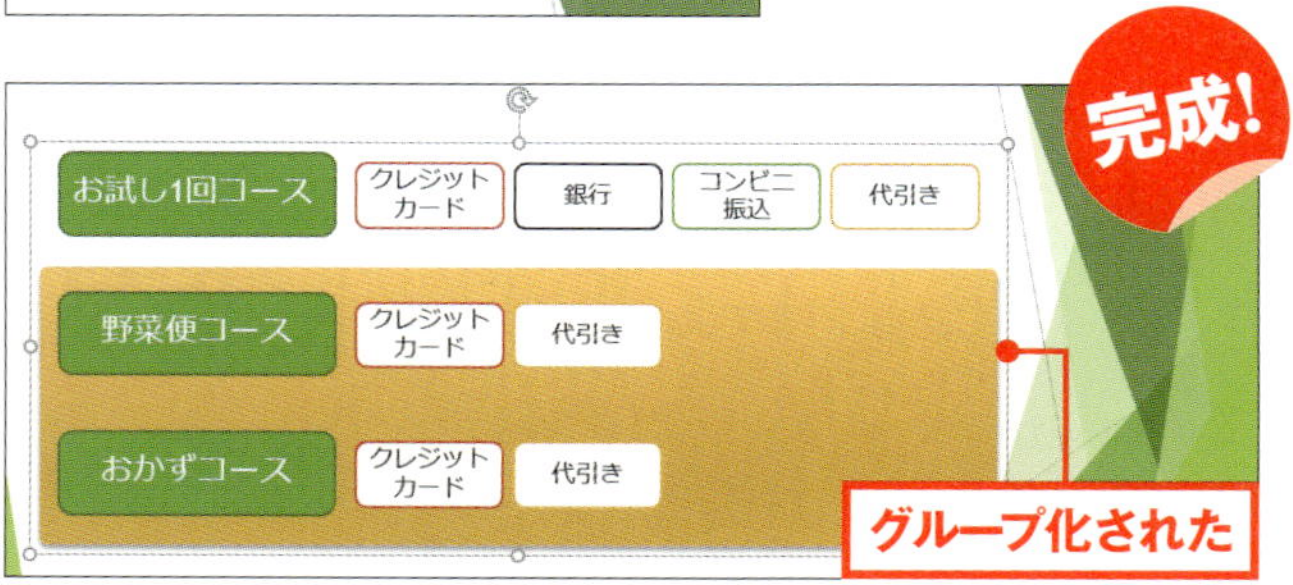

3 複数の図形がグループ化されて、1つにまとまった。グループ化を解除するには、グループ化された図形を選択して、「書式」タブの「グループ化」→「グループ解除」をクリックする。

SmartArtを作成する

[初級]

ここがポイント!
SmartArtで図の種類を選択する

SmartArtで図を作成した

手順や関係を伝えるには、文章ではなく、図で説明するとわかりやすい。しかし、図形を組み合わせて複雑な図を作成するのは、手間がかかる。そんなときは、さまざまなパターンの図を手軽に作成できる、SmartArtの機能を利用しよう。よく使う図のパターンがあらかじめ登録されているので、その中から選ぶだけとかんたんだ。そのあとは、文字を入力するだけで、見栄えのよい図を瞬時に作成できる。

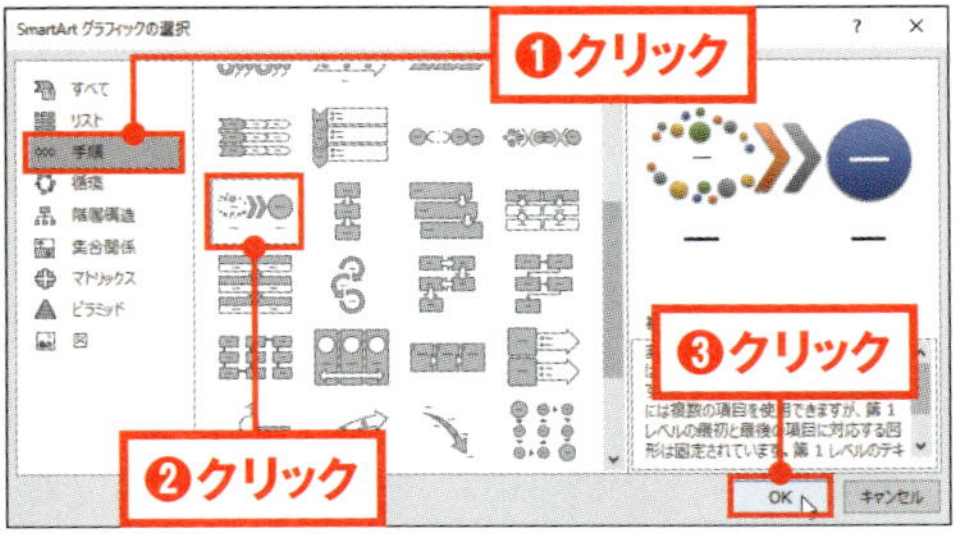

1 「挿入」タブの「SmartArt」をクリックする。「SmartArtグラフィックの選択」画面で、図の種類をクリックする❶。描きたい図をクリックし❷、「OK」をクリックする❸。

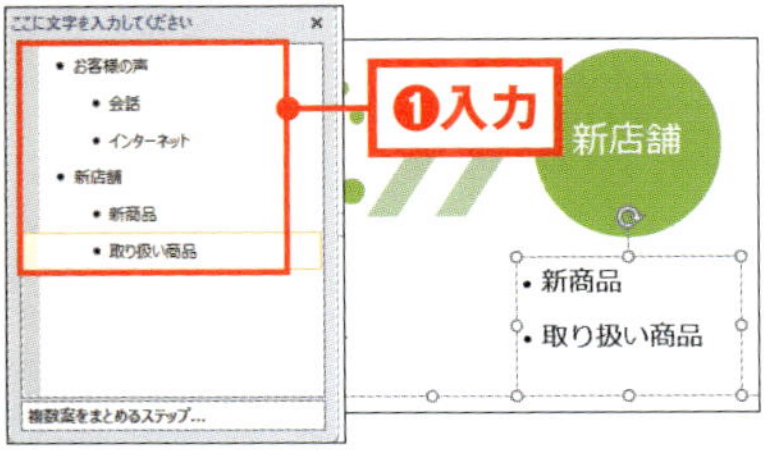

2 図に表示する文字を入力する❶。Tabキーを押すと、箇条書きの項目のレベルが下がる。Shift+Tabキーを押すと、レベルが上がる。

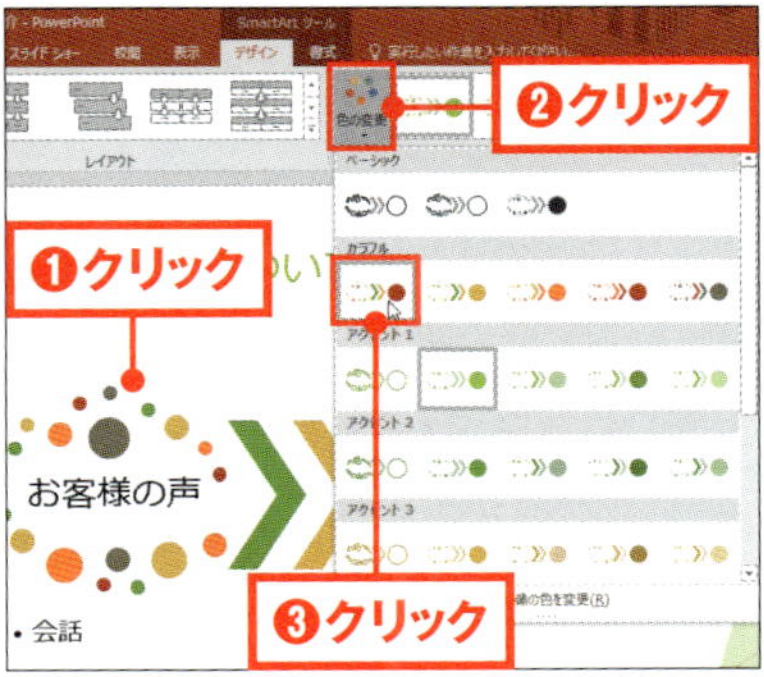

3 SmartArtをクリックして選択し❶、「SmartArtツール」の「デザイン」タブの「色の変更」をクリックし❷、好みの色をクリックする❸。すると、色合いが変更される。

034

SmartArtの図形を切り離して使う

［上級］

ここがポイント！

SmartArtを図形に変換する

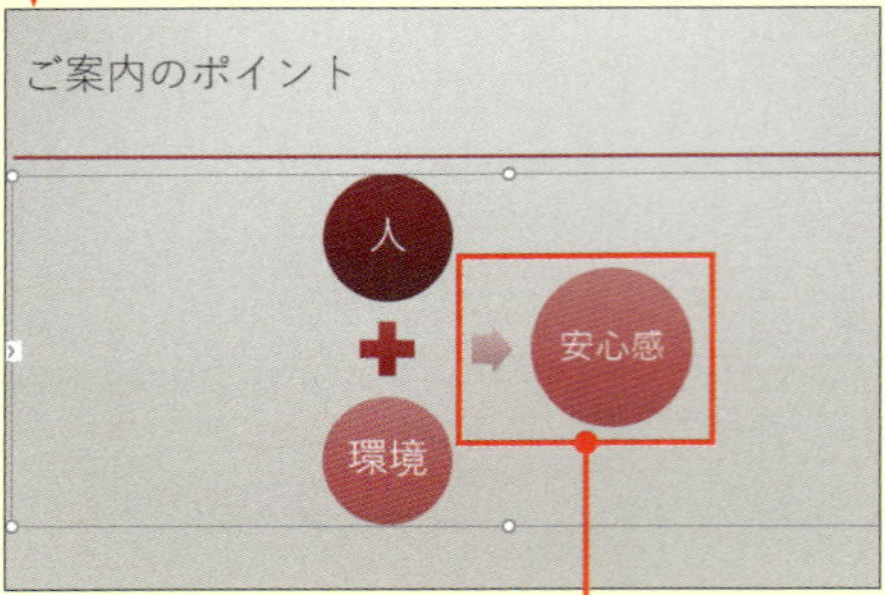

SmartArtの図形を個別に使いたい

一から図形を作るのは面倒だが、SmartArtの中に適切な図が見つからない、という場合もあるだろう。そんなときは、**SmartArtを図形に変換**し、SmartArtの一部だけを使用するのがおすすめだ。図形に変換すると、SmartArtの図形がグループ化された状態になる。このグループ化を解除すれば、個々の図形をバラバラに扱うことができる。SmartArtの質の高い図形を自在に利用できる裏ワザだ。

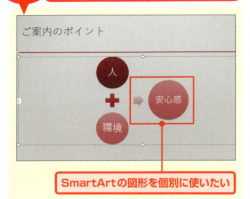

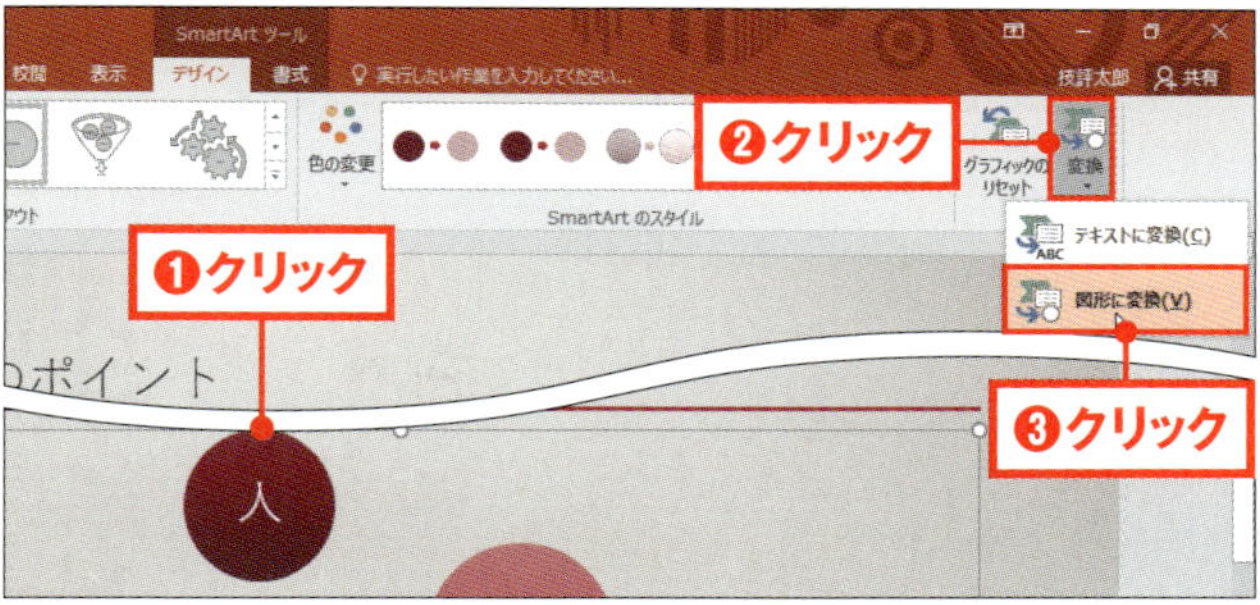

1 SmartArtをクリックする❶。「SmartArtツール」の「デザイン」タブの「変換」をクリックし❷、「図形に変換」をクリックする❸。

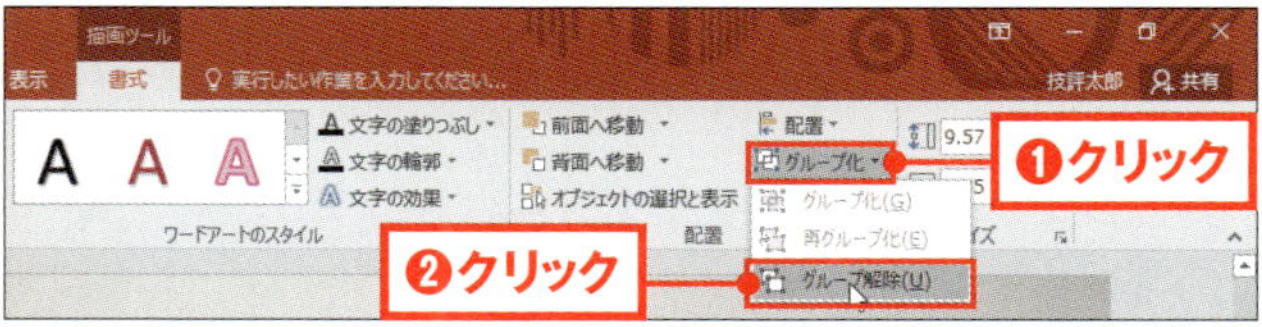

2 SmartArtが図形に変換された。SmartArtが選択された状態で、「書式」タブの「グループ化」をクリックし❶、「グループ解除」をクリックする❷。

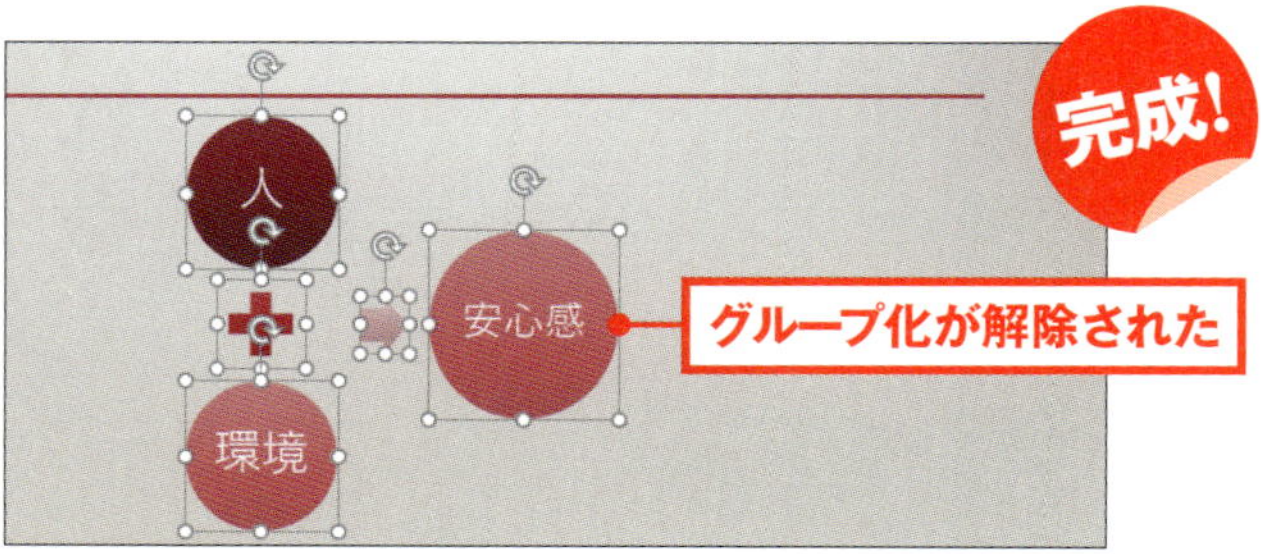

3 図形のグループ化が解除された。これで、個々の図形を選択して個別に扱うことができる。

035

スライドにイラストを入れる

［ 初級 ］

ここがポイント！

「挿入」タブの「画像」をクリックする

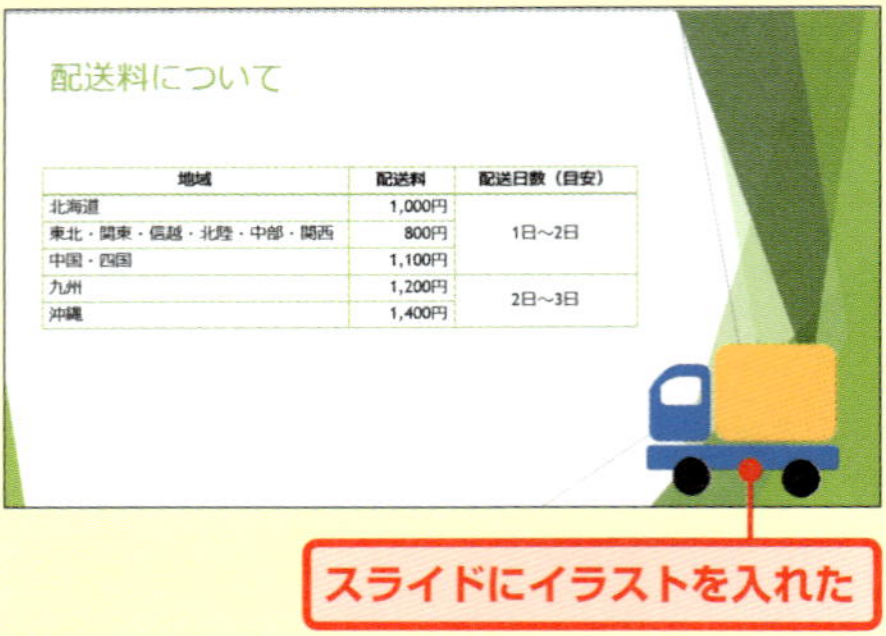

スライドで伝えたい内容を瞬時にイメージしてもらうには、**イラスト**を使うのが効果的だ。機器や人、商品、お金などをイラストで表現すると、スライドが一気にわかりやすくなる。**「挿入」タブの「画像」**をクリックすると、あらかじめパソコンに用意しておいたイラストをスライドに挿入できる。イラストを追加したあとは、スライド内容の邪魔にならないように、配置や大きさを調整しておこう。

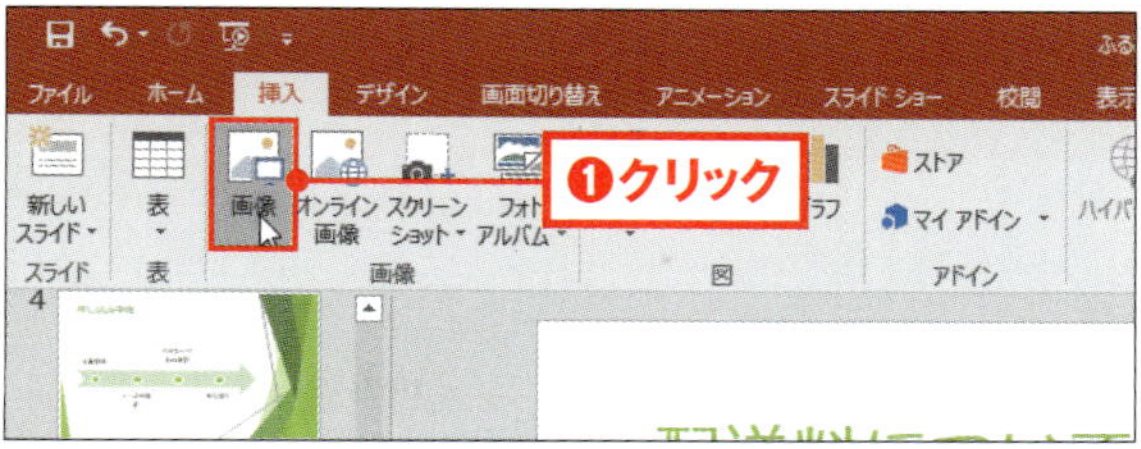

1 イラストを入れたいスライドを選択して、「挿入」タブの「画像」をクリックする❶。パワーポイント 2010では「図」をクリックする。

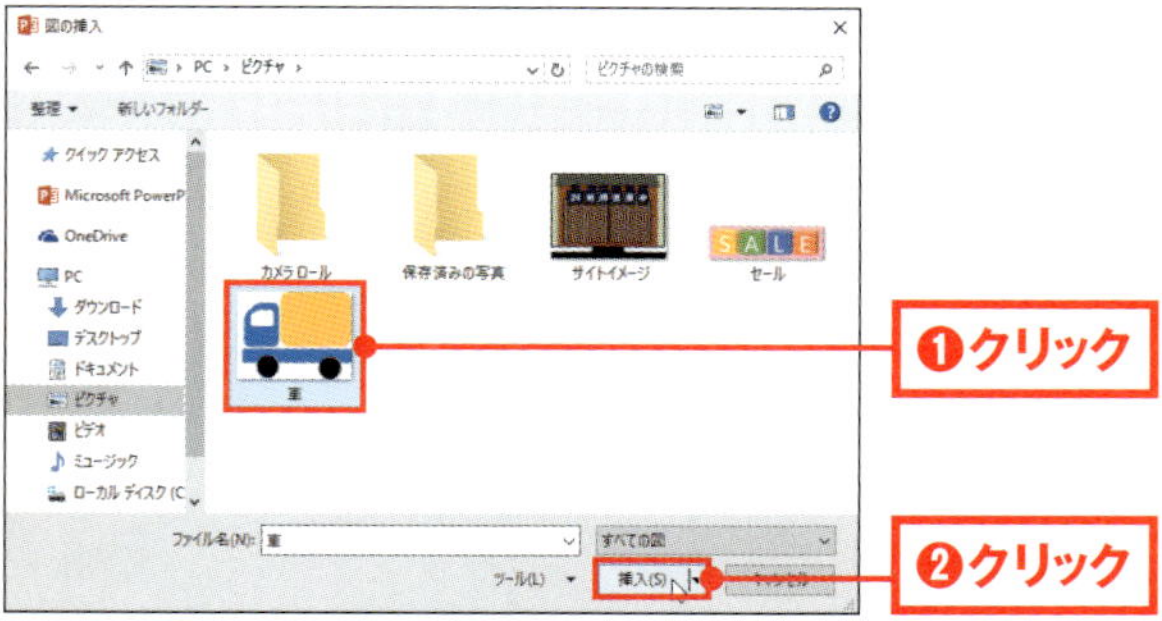

2 「図の挿入」画面でイラストをクリックし❶、「挿入」をクリックする❷。

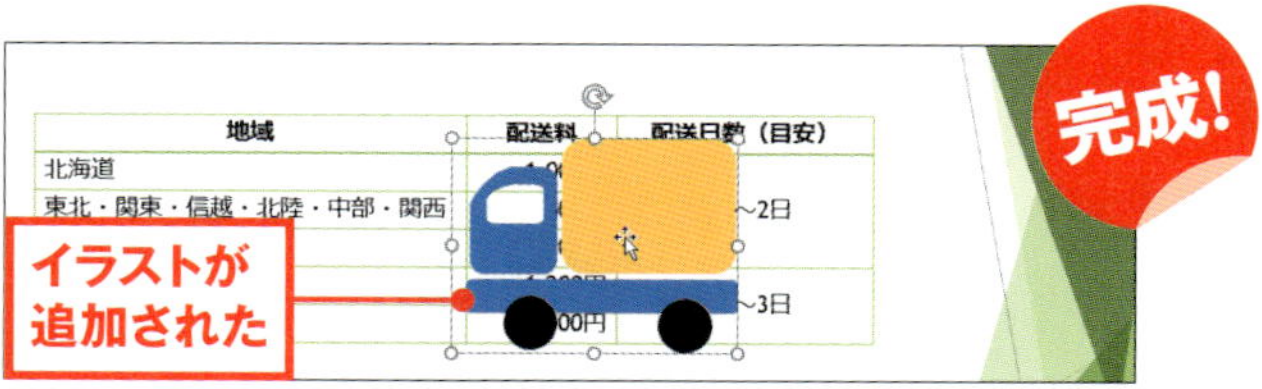

3 スライドにイラストが追加された。イラストの周囲に表示される白い○のハンドルをドラッグすると、大きさを変更できる。イラストを移動するには、イラストをドラッグする。

イラストの背景を透明にする

［中級］

ここがポイント!
透明色を指定する

SALE
テナント様向け説明会
セール期間中のご案内
企画部　田中愛
イラストの背景を透明にしたい

配置したイラストに色のついた背景があると、おさまりの悪い印象になりがちだ。背景が単色の場合は、その色を指定して、イラストの**背景を透明**にすることができる。最初に、**「書式」タブの「色」**で透明色を選択する。あとはイラストの背景をクリックすれば、背景の色が透明に置き換わる。なお、背景が単色でない場合は、**「書式」タブの「背景の削除」ボタン**で背景に該当する箇所を手動で指定する方法がある。

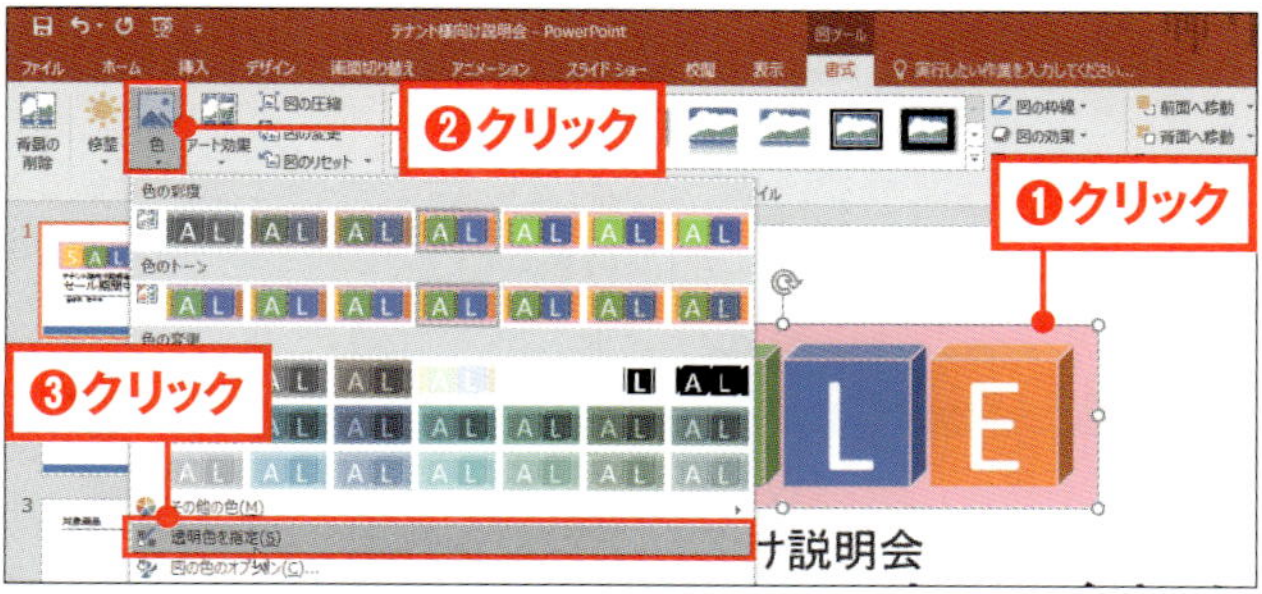

1 イラストをクリックして選択する❶。「書式」タブの「色」をクリックし❷、「透明色を指定」をクリックする❸。

2 イラストの中で、色を透明にしたい箇所をクリックする❶。

3 選択した箇所の色が透明になった。なお、背景以外に同じ色が使われていると、その部分も透明になるので注意が必要だ。

037

スライドに写真を入れる

［初級］

ここがポイント！

「挿入」タブの「画像」をクリックする

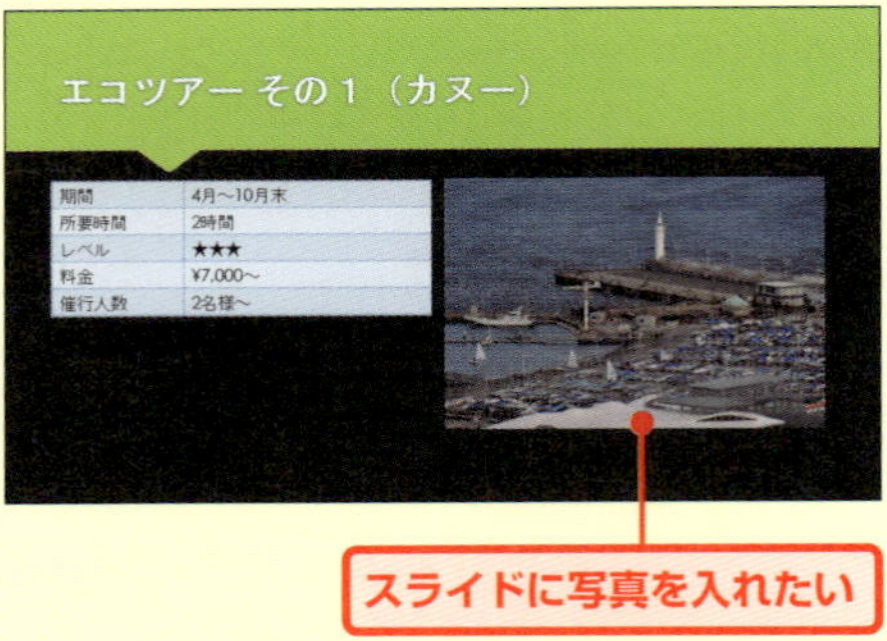

商品や場所といった具体的な対象を表現するには、**写真**を使うと一目瞭然だ。百聞は一見に如かずというように、さまざまな情報を瞬時に伝えることができる。パソコンにあらかじめ写真を用意しておき、**「挿入」タブの「画像」**から追加すればよい。スライドに追加した写真は、レイアウトに合わせて大きさや配置を整えよう。写真の周囲のハンドル○をドラッグすると写真の大きさを、写真をドラッグすると写真の配置を変更できる。

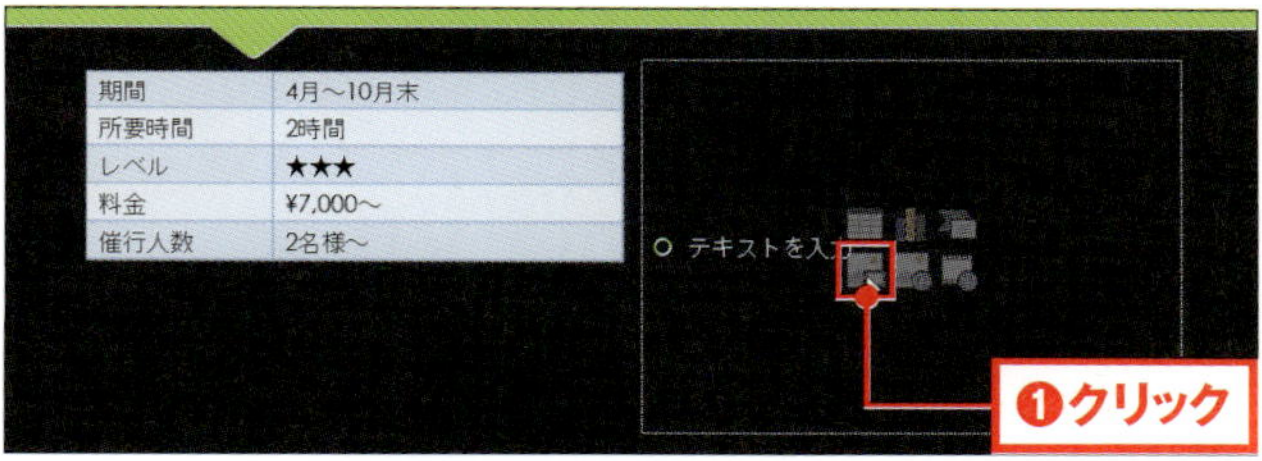

1 プレースホルダーの「画像」をクリックする❶。「挿入」タブの「画像」をクリックしてもよい。

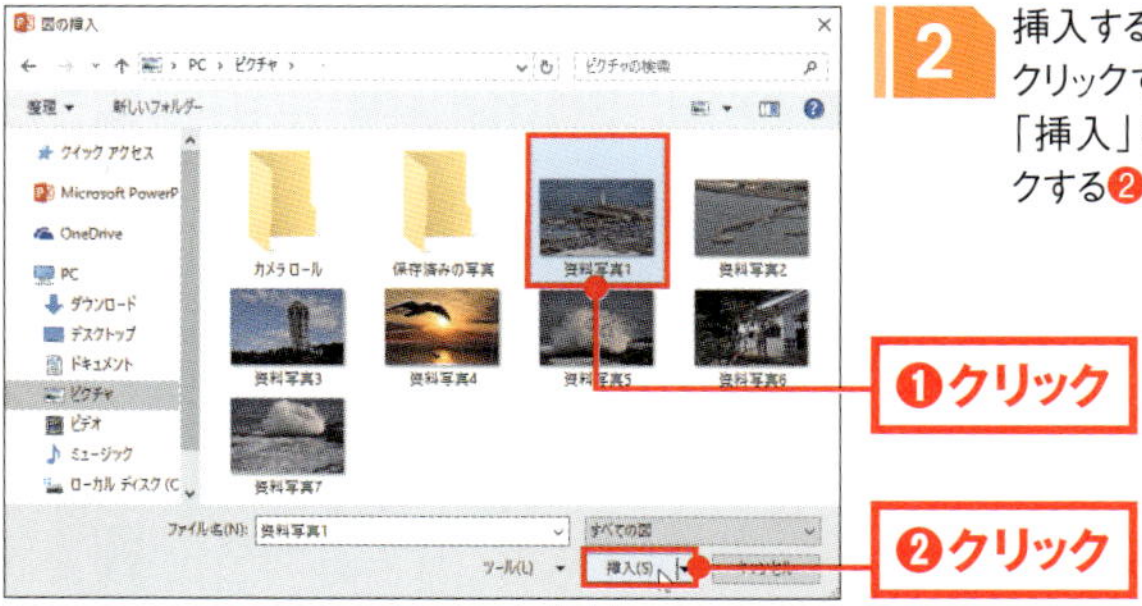

2 挿入する写真をクリックする❶。「挿入」をクリックする❷。

3 スライドに写真が追加された。「書式」タブの「色」で写真の色合い、「修正」で明るさやコントラストなどを指定できる。見やすいように調整しておこう。

写真の不要な部分を削除する

［ 中級 ］

ここがポイント！ トリミングハンドルをドラッグする

写真に余計なものが映っていたり、被写体以外の余白をなくしたいといった場合は、**不要な部分を削除**しよう。画像加工ソフトがなくても、パワーポイントを使ってトリミングを行うことができる。**「書式」タブの「トリミング」**をクリックすると、トリミングハンドルが表示される。不要な範囲が隠れるように、トリミングハンドルをドラッグしよう。必要な部分まで隠してしまった場合も、いつでも元に戻すことができる。

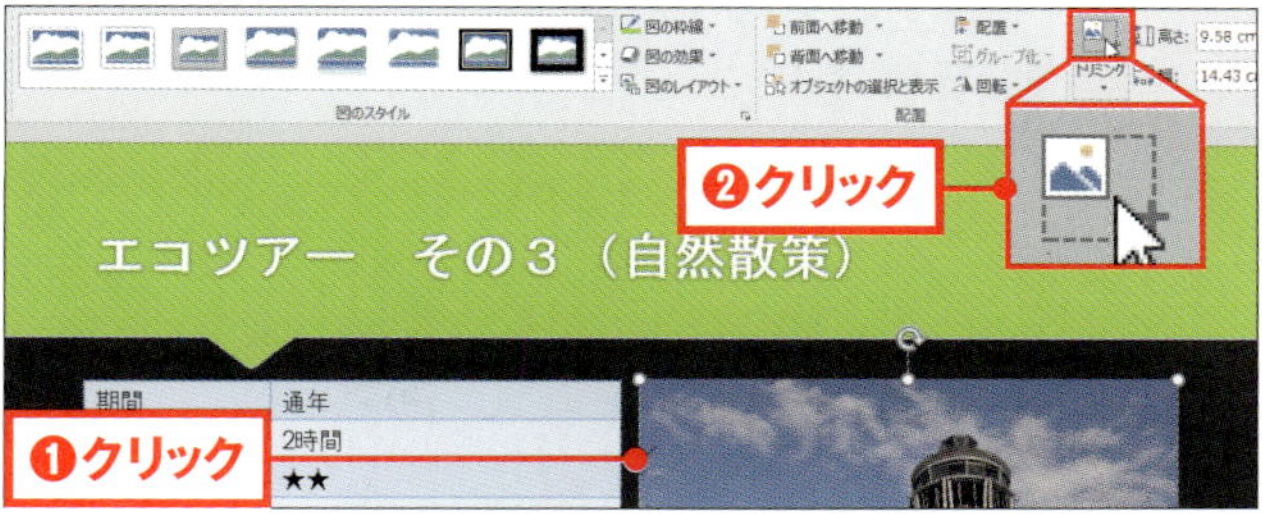

1 写真をクリックし、選択する❶。「書式」タブの「トリミング」をクリックする❷。

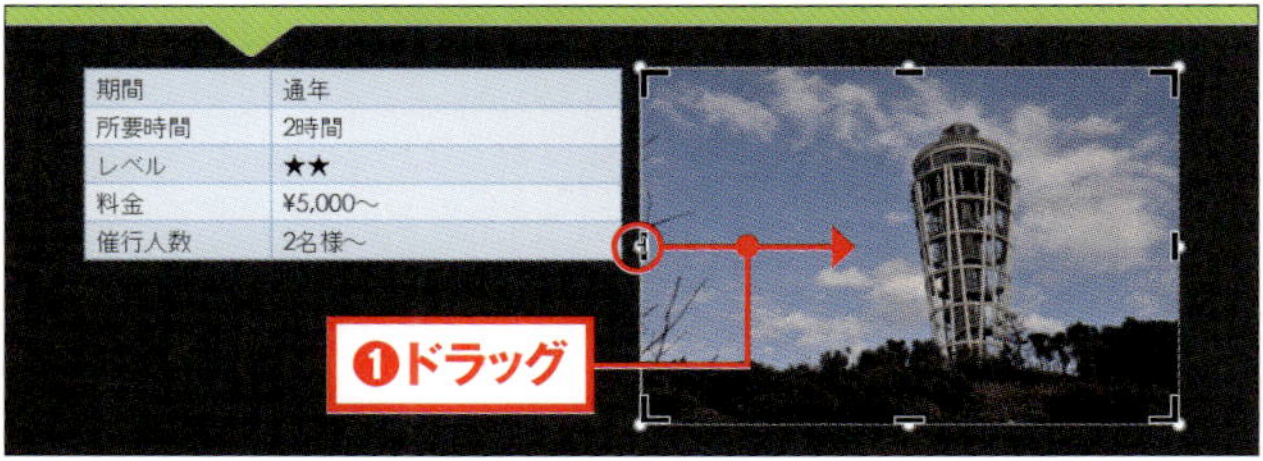

2 トリミングハンドルが表示される。左側のトリミングハンドルを、切り取りたい場所を隠すようにドラッグする❶。

3 同様の方法で、右側のトリミング範囲を指定する❶。写真の外側をクリックすると❷、トリミングが完了して写真の選択が解除される。

写真の見栄えを整える

［ 初級 ］

ここがポイント! 「図のスタイル」を利用する

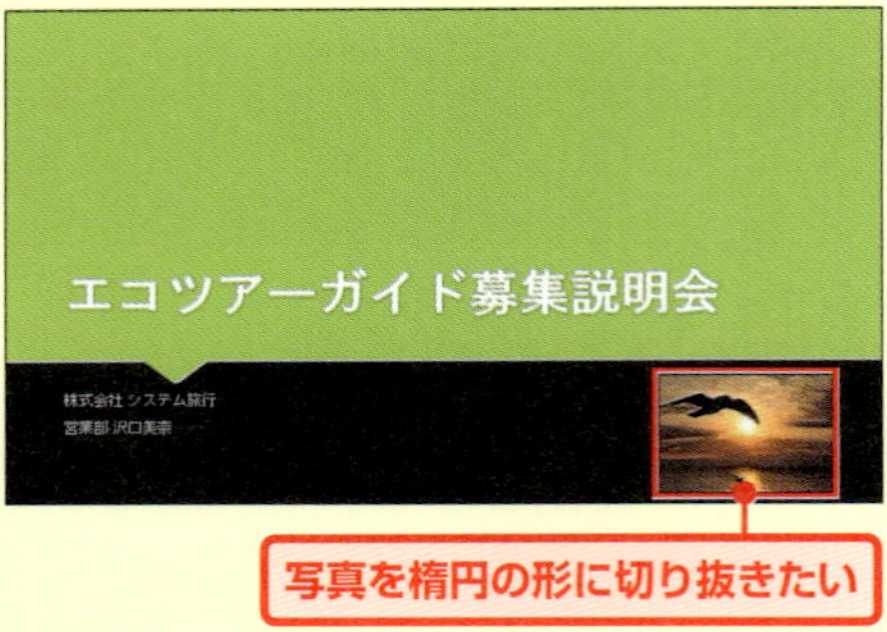
エコツアーガイド募集説明会
株式会社 システム旅行
写真を楕円の形に切り抜きたい

写真を加工して見栄えを整えるには、**図のスタイル**を設定するのが手っ取り早い方法だ。一覧からスタイルを選ぶだけで、楕円形の形で写真を切り抜いたり、写真に枠を付けたりできる。また、「書式」タブの「トリミング」から「図形に合わせてトリミング」を選択すると、写真を星やハートなどの形に切り取って表示することができる。四角い写真のままではスライドが殺風景な場合に利用したいデザインのワザだ。

1 写真をクリックして選択し❶、「書式」タブの「図のスタイル」の「その他」をクリックする❷。

2 表示されるスタイルの一覧から、「楕円、ぼかし」をクリックする❶。

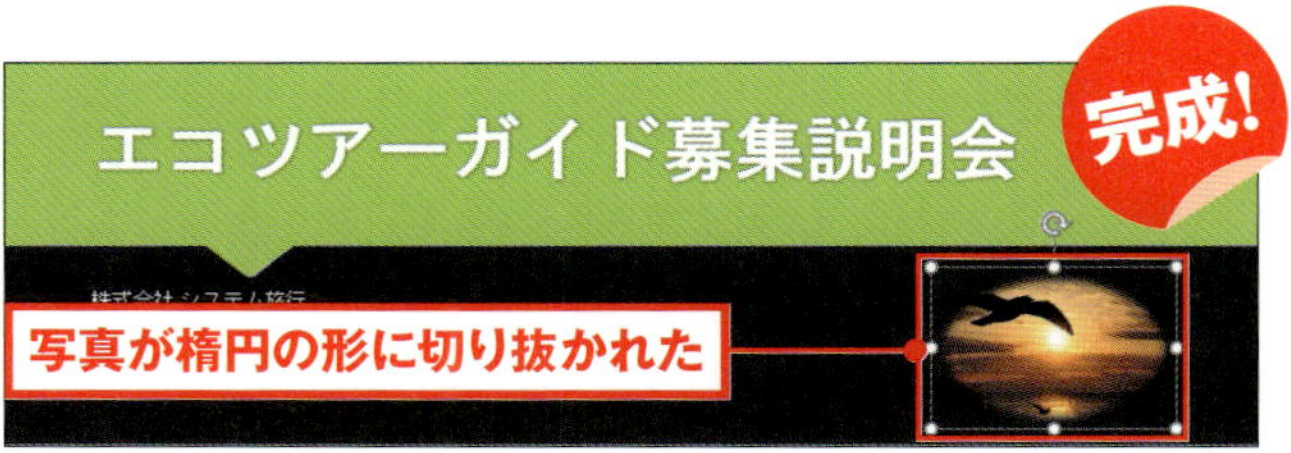

3 写真が楕円の形で切り抜かれて表示される。

COLUMN

コラム 3

写真を連続表示するフォトアルバムを作る

思い出の写真を1冊のアルバムにまとめたい。そんなとき、パワーポイントのスライドをアルバムの台紙として利用してはいかがだろうか。プリントして楽しむことはもちろん、スライドショーの実行で、写真の上映会を開催できる。しかも、パワーポイントにはフォトアルバムを作成する機能が用意されているので、スライドに写真を1枚ずつ追加したりする手間も不要だ。

フォトアルバムでは、スライドに配置する写真のレイアウトを指定できる。右側に配置したイメージがプレビュー表示されるので、イメージを確認してフォトアルバムを完成させよう。

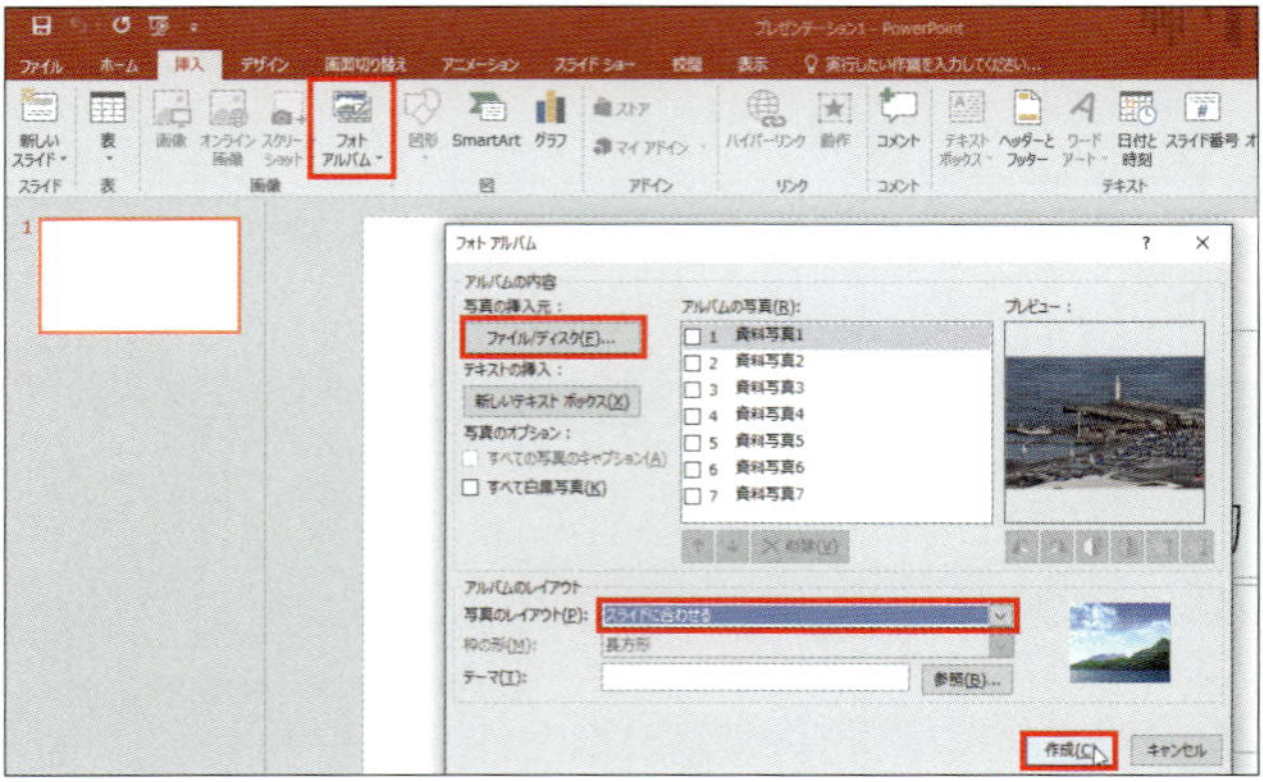

「挿入」タブの「フォトアルバム」をクリックする。「ファイル／ディスク」をクリックして写真を選択し、「写真のレイアウト」をクリックしてレイアウトを選択する。

第4章

表・グラフ

表&グラフの作成ワザ

表・グラフ

040

スライドに表を追加する

[初級]

ここがポイント! 列数と行数を指定する

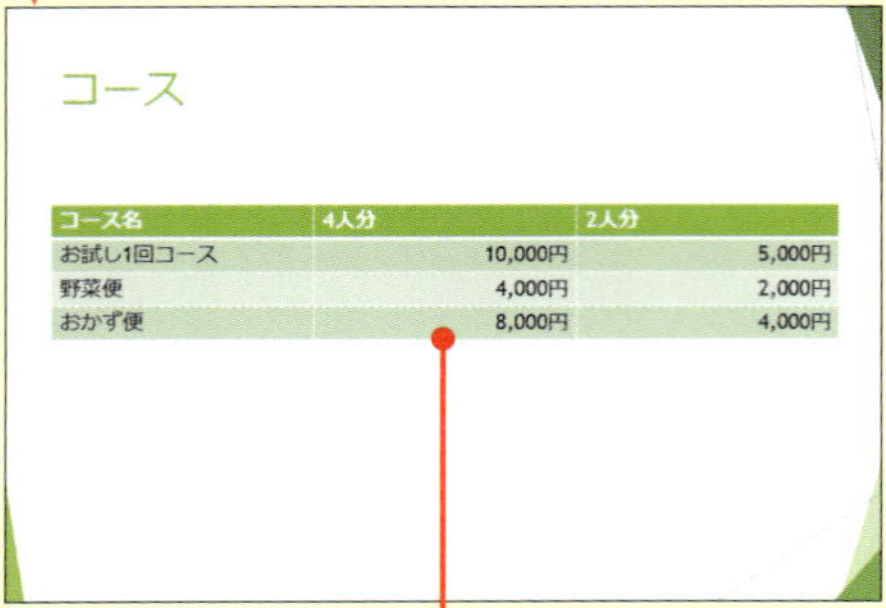

スライドに表を挿入した

数字などの細かい情報は、**表にまとめる**とわかりやすい。表といえばエクセルだが、パワーポイントでも表を作成することができる。かんたんな表であれば、エクセルの表を貼り付けるよりもかんたんだ。表の作成は、列数と行数を指定し、「ＯＫ」ボタンをクリックする。あとは文字を入力すればよい。列の右の境界線をドラッグすると、列幅を変更できる。表の周囲に表示されるハンドル○をドラッグすると、表の大きさを変更できる。

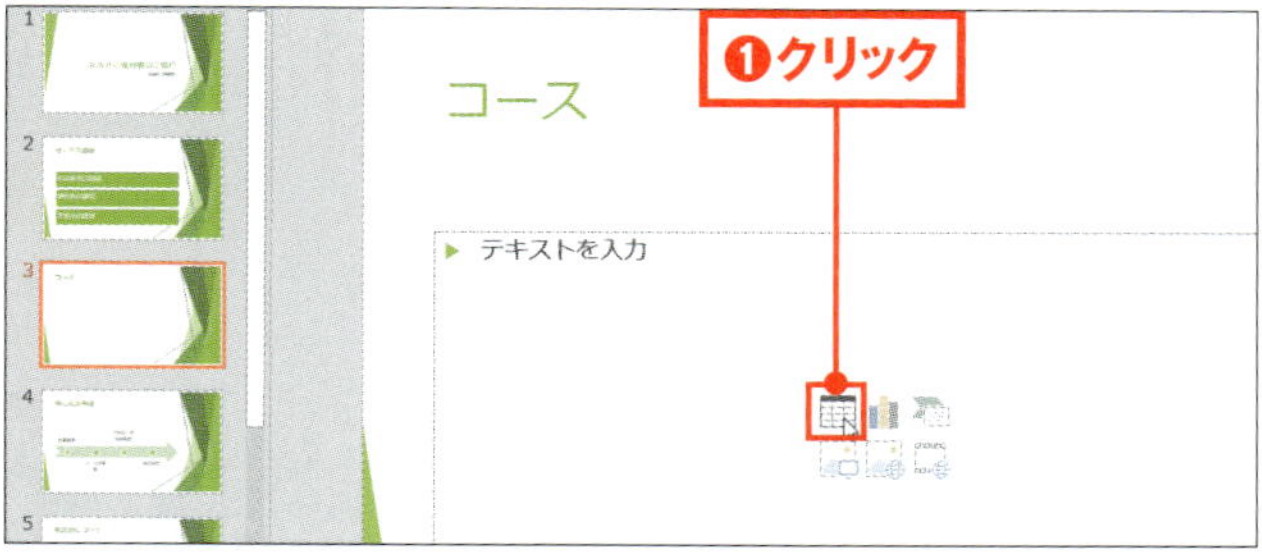

1 「タイトルとコンテンツ」レイアウトのスライドで、「表の挿入」をクリックする❶。「挿入」タブの「表」をクリックしてもよい。

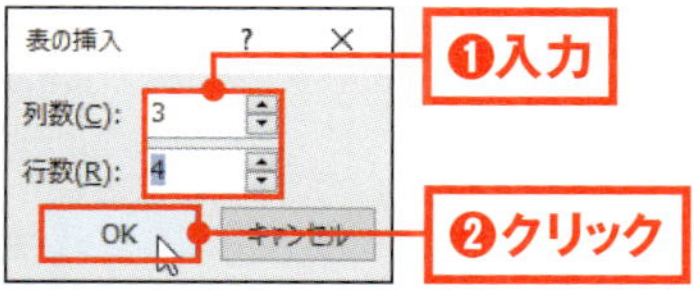

2 「表の挿入」画面で、作成する表の列数と行数を入力する❶。「OK」をクリックすると❷、表が作成される。

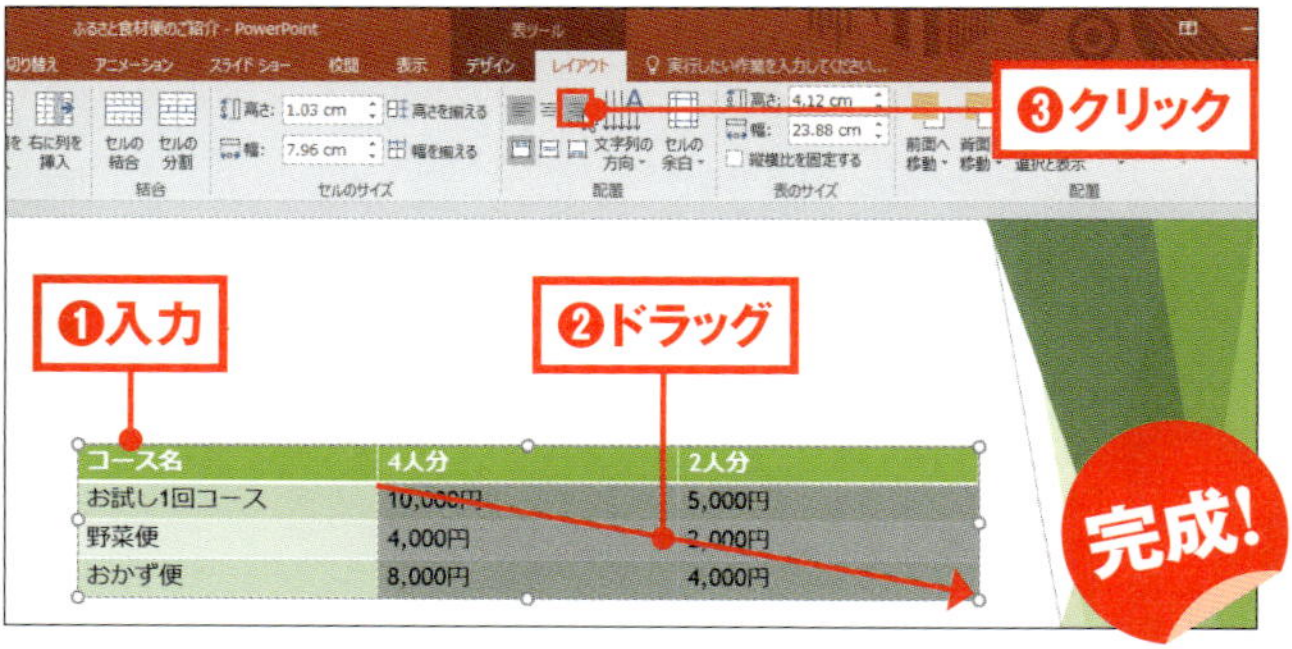

3 表のセルをクリックして、文字を入力する❶。Tabキーを押すと、次のセルにカーソルが移動する。数値は、桁数がわかりやすいように右揃えにしておきたい。文字の配置を変更するには、セルをドラッグして選択し❷、「表ツール」の「レイアウト」タブの「右揃え」をクリックする❸。

041

スライドにエクセルの表を追加する

［中級］

ここがポイント! **貼り付け後に「埋め込み」を選択する**

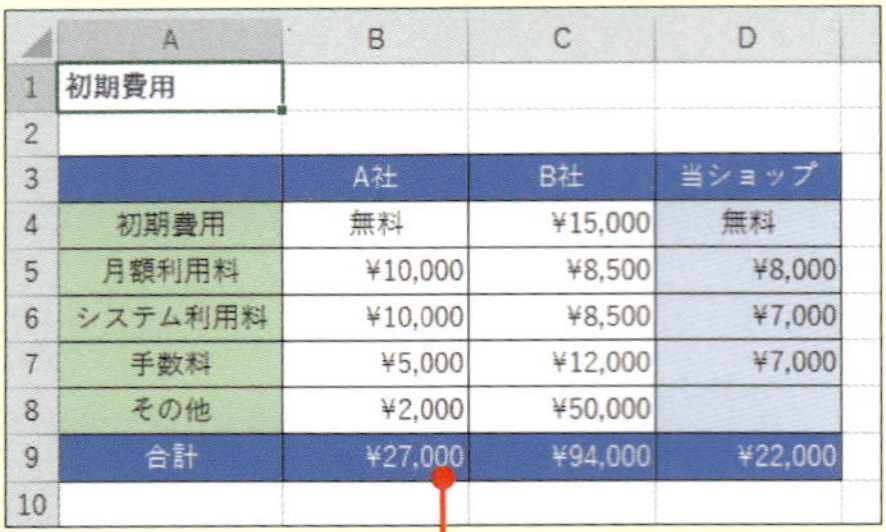

	A	B	C	D
1	初期費用			
2				
3		A社	B社	当ショップ
4	初期費用	無料	¥15,000	無料
5	月額利用料	¥10,000	¥8,500	¥8,000
6	システム利用料	¥10,000	¥8,500	¥7,000
7	手数料	¥5,000	¥12,000	¥7,000
8	その他	¥2,000	¥50,000	
9	合計	¥27,000	¥94,000	¥22,000
10				

エクセルの表をスライドに追加したい

前節で説明したとおり、パワーポイントでも表を作成できる。しかし、すでにエクセルで表が完成している場合は、**エクセルの表**を利用した方が便利だろう。ただし、単純に貼り付けるだけでは、表の中の計算式などが保持されない。計算式をあとで修正したい場合は、**「貼り付けのオプション」**で「埋め込み」を選択しよう。計算を行わない場合は、「貼り付け先のスタイルを使用」を選択すればよい。

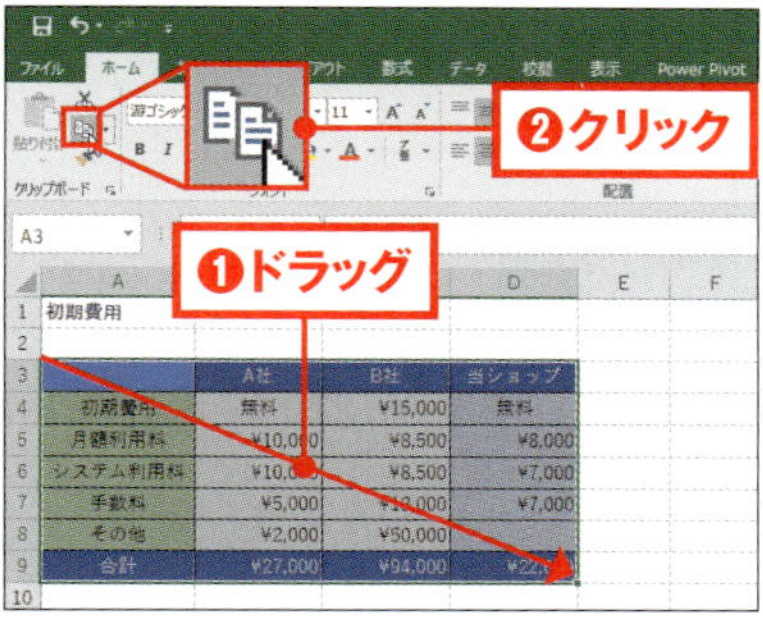

1 エクセルで作成した表をドラッグして選択し❶、「ホーム」タブの「コピー」をクリックする❷。

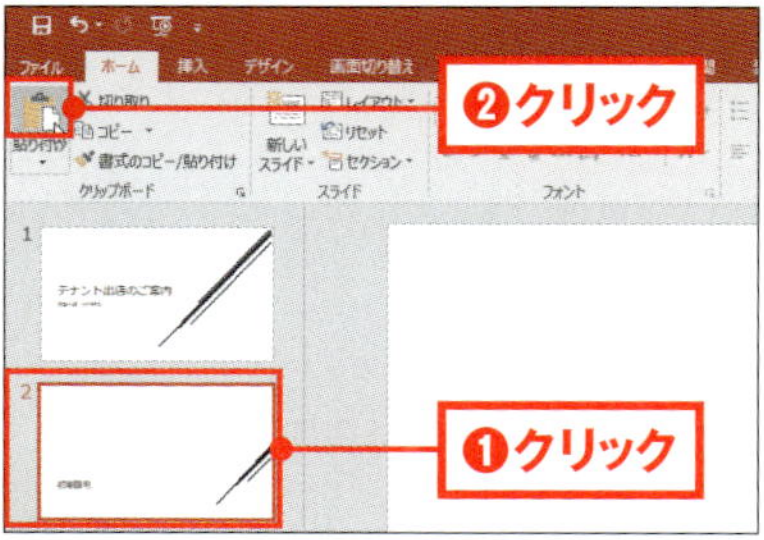

2 パワーポイントで表を追加したいスライドをクリックし❶、「ホーム」タブの「貼り付け」をクリックする❷。

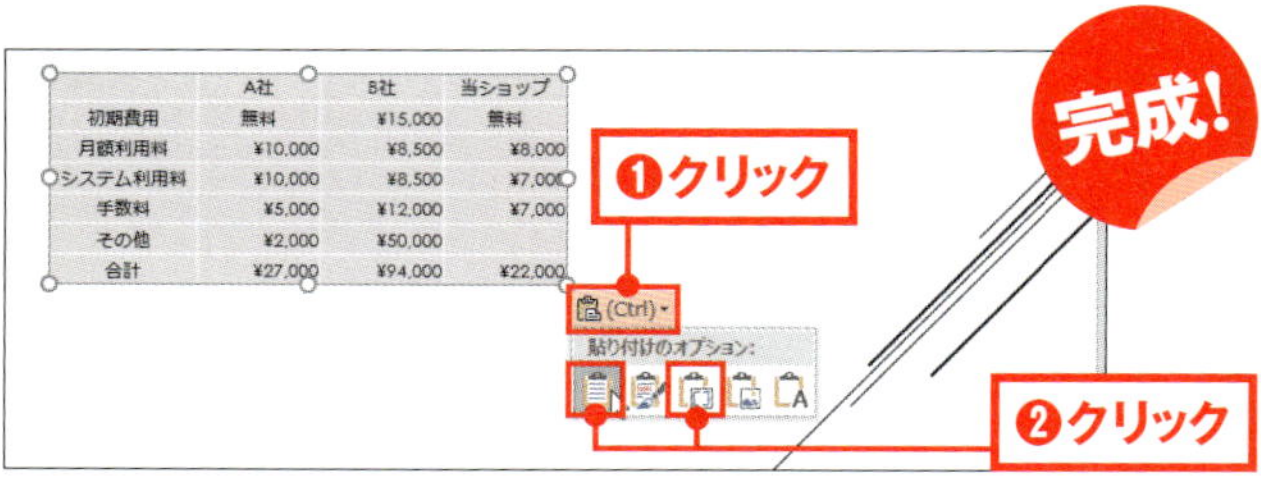

3 スライドに表が貼り付けられる。「貼り付けのオプション」をクリックし❶、「貼り付け先のスタイルを使用」または「埋め込み」をクリックする❷。なお、「埋め込み」を選択すると、以降で解説するパワーポイントを使った表の編集はできなくなるので注意が必要だ。

042

表のデザインを指定する

[初級]

ここがポイント!

スタイル一覧からデザインを選択する

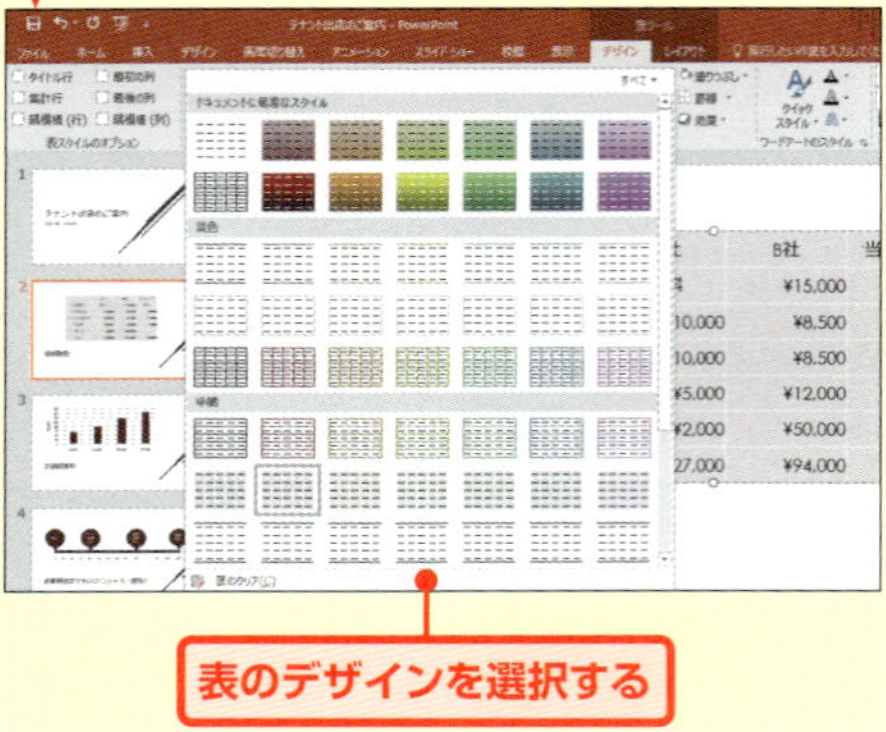
表のデザインを選択する

スライドに表を追加すると、選択しているスライドのテーマに応じて、自動的に表の色が設定される。このデザインが見づらかったり、気に入らなかったりすることもあるだろう。表のデザインをすばやく変更するには、**表のスタイル**を選択する方法がおすすめだ。セルや文字の色、罫線の種類などを、一度にまとめて指定できる。また、**セルの余白**が狭すぎたり広すぎたりする場合は、余白の大きさを調整できる。

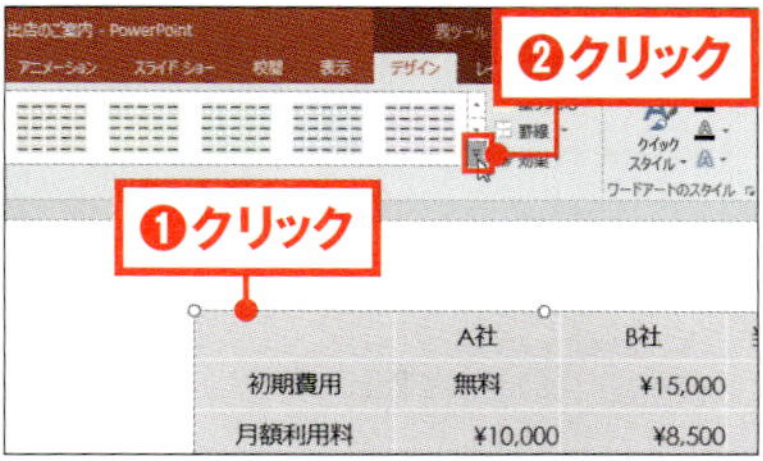

1 表をクリックして選択する❶。「表ツール」の「デザイン」タブで、「表のスタイル」の「その他」をクリックする❷。

2 スタイルの一覧が表示される。設定したいスタイルを選び、クリックする❶。

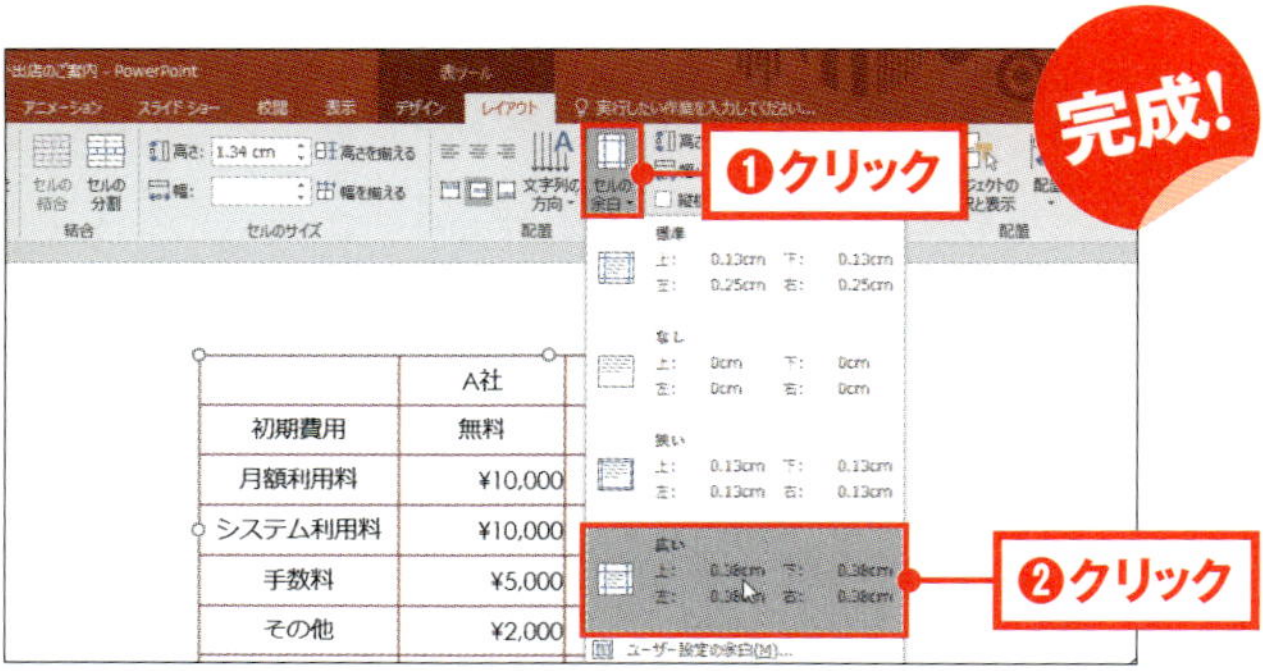

3 表のデザインが変更される。セルの余白を調整する場合は、「表ツール」の「レイアウト」タブで、「セルの余白」をクリックし❶、余白の大きさをクリックして選択する❷。

043

1行おきに色をつける

［ 初級 ］

ここがポイント!

「縞模様(行)」を設定する

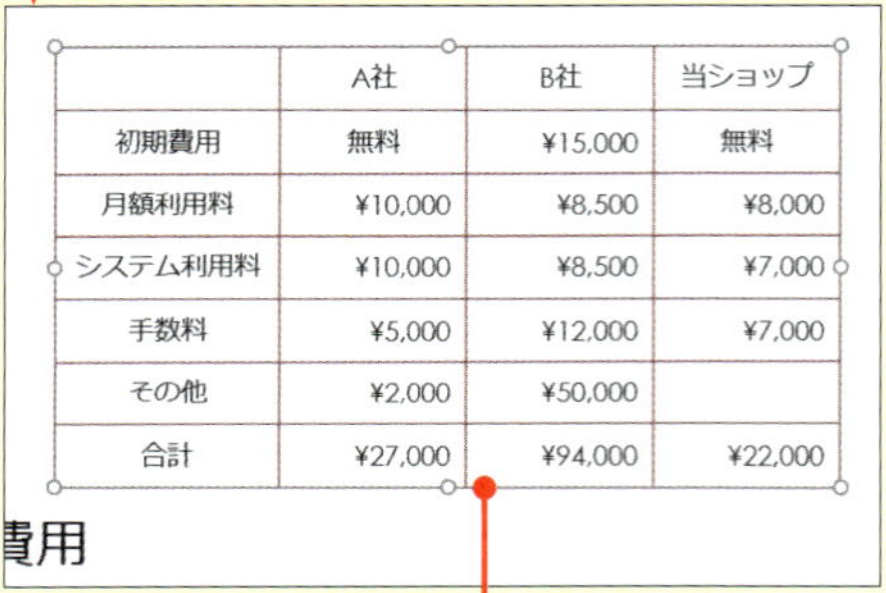

	A社	B社	当ショップ
初期費用	無料	¥15,000	無料
月額利用料	¥10,000	¥8,500	¥8,000
システム利用料	¥10,000	¥8,500	¥7,000
手数料	¥5,000	¥12,000	¥7,000
その他	¥2,000	¥50,000	
合計	¥27,000	¥94,000	¥22,000

1行おきに色をつけたい

エクセルで作成した表を貼り付けた場合など、表のデザインが単色でシンプルになる場合がある。シンプルな表は、タイトルや集計行などの区別がつきづらい。「表ツール」の「デザイン」タブでオプションを指定して、見やすく整えよう。先頭行を強調するには**「タイトル行」**、1行おきに色をつけるには**「縞模様(行)」**を指定する。最終行が合計の場合は、**「集計行」**を指定すると明細行と集計行の区切りがわかりやすくなる。

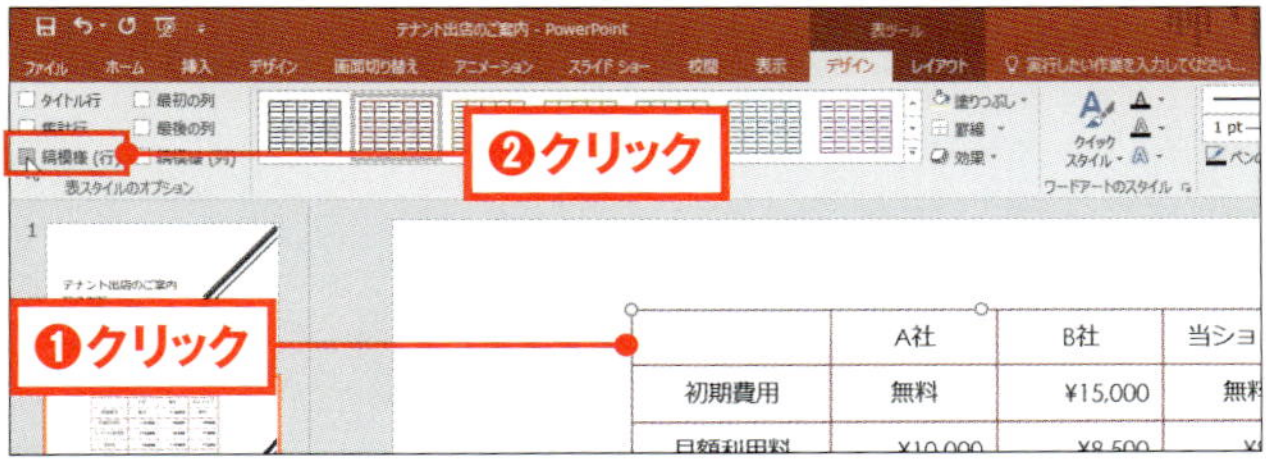

1

表をクリックして選択し❶、「表ツール」の「デザイン」タブで「縞模様(行)」をクリックし、チェックをつける❷。

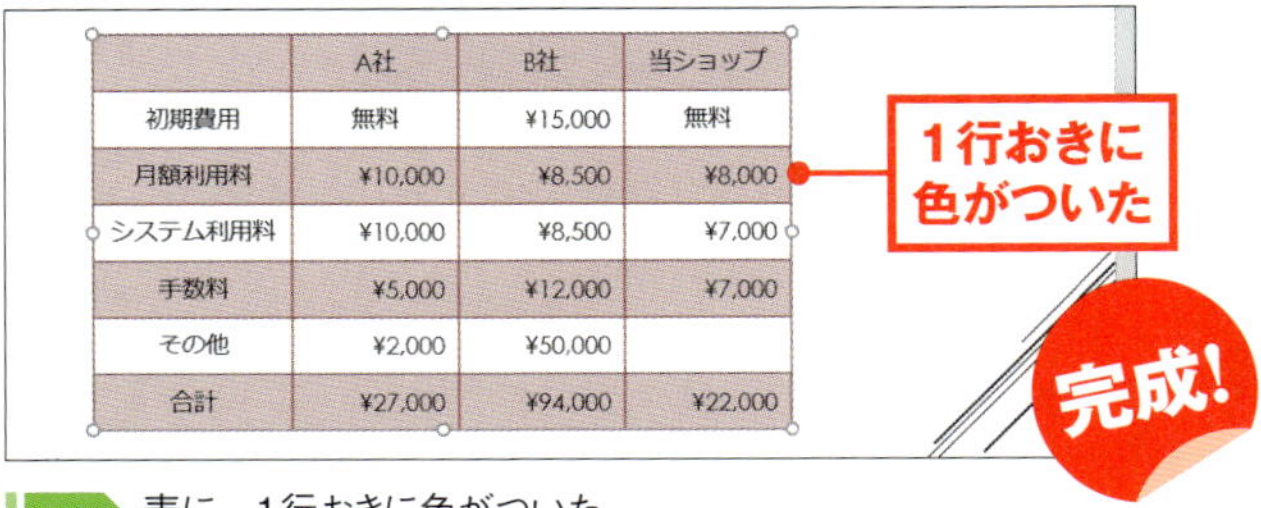

2

表に、1行おきに色がついた。

★One Point !★

「表ツール」の「デザイン」タブにある「表スタイルのオプション」では、それぞれの項目にチェックをつけることで強調できる。

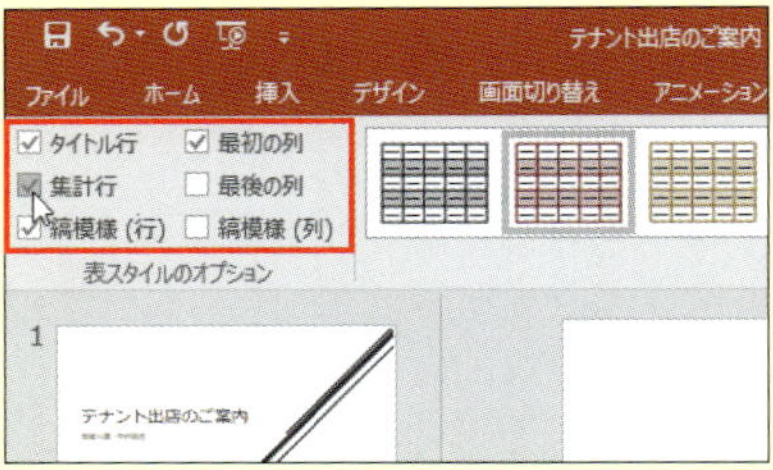

複数のセルを1つにまとめる

[中級]

ここがポイント! セルを選択して結合する

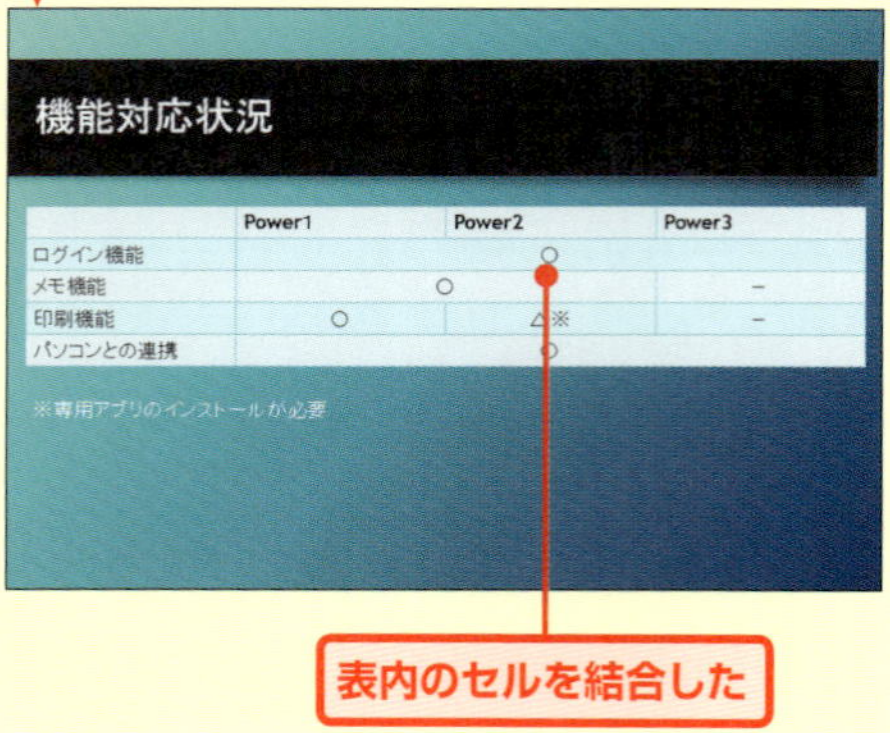

複数の項目に当てはまる内容をまとめたり、複数の内容にまたがる見出しを作りたい場合は、**セルを1つに結合**するとよい。セルの結合はエクセルの常とう手段だが、パワーポイントでもかんたんに実現できる。なお、セルの結合は、セルに文字を入力する前にすませておこう。結合前のセルに文字が入力されていると、結合後に文字を修正する手間が必要になるので注意したい。結合とは反対に、セルを分割することもできる。

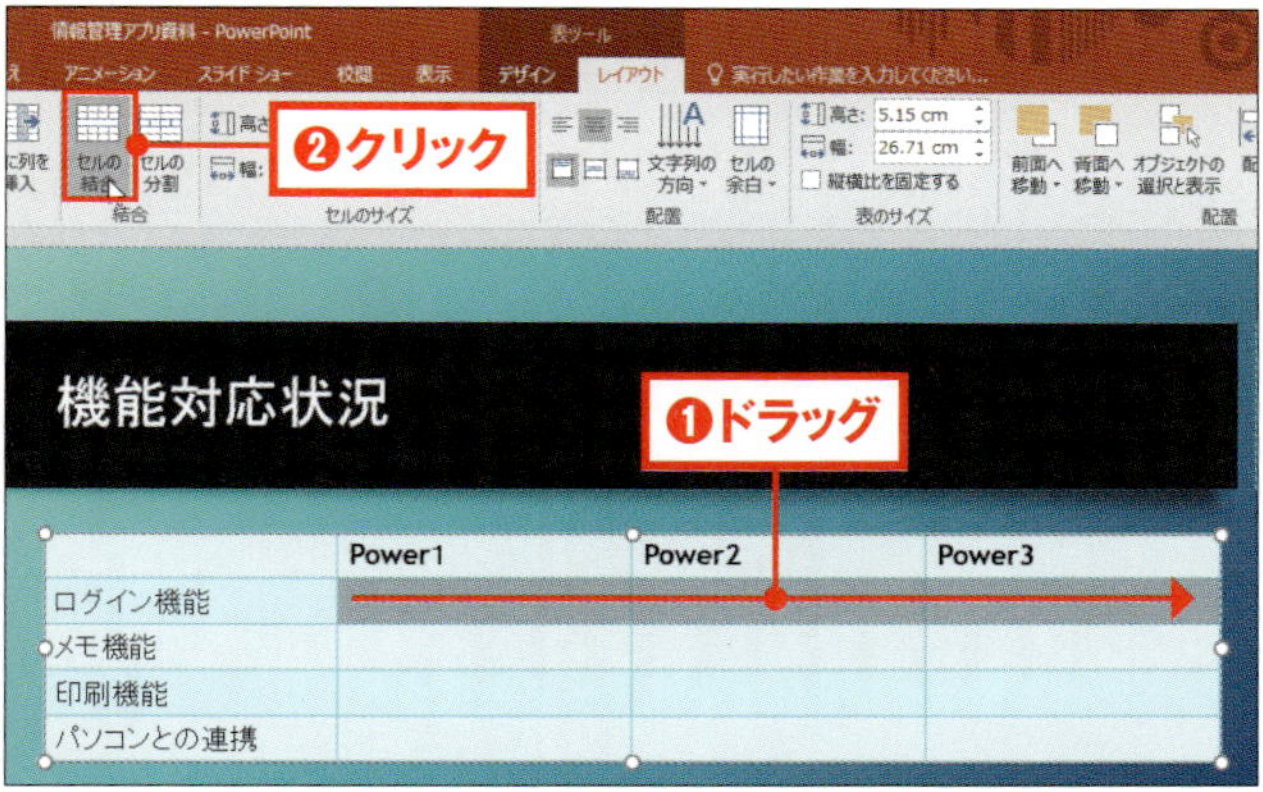

1 結合したいセルをドラッグして選択し❶、「表ツール」の「レイアウト」タブで「セルの結合」をクリックする❷。

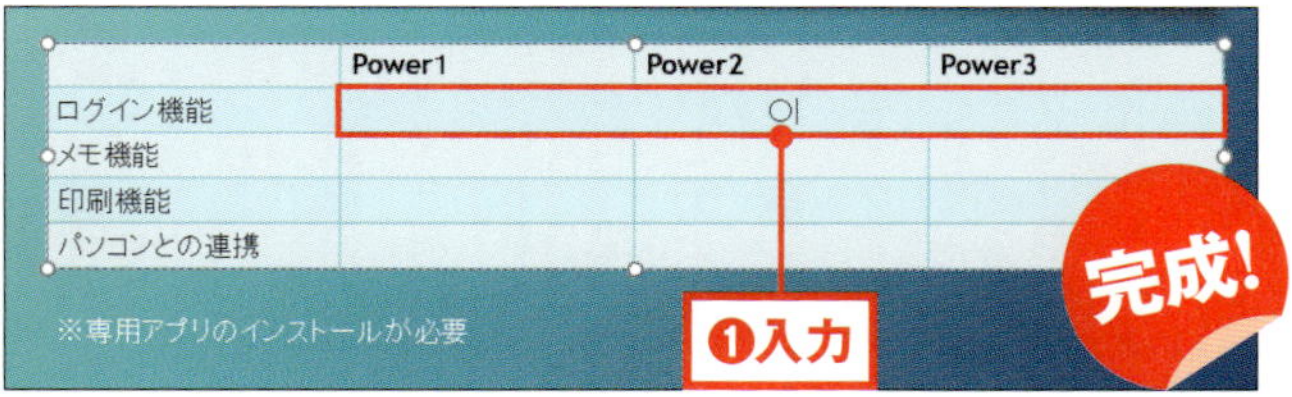

2 セルが1つに結合される。結合したセルをクリックして、文字を入力する❶。

★One Point !★

結合とは反対に、セルを分割することもできる。セルをクリックして、「表ツール」の「レイアウト」タブで「セルの分割」をクリックする。分割する列や行の数を指定して、「OK」をクリックする。

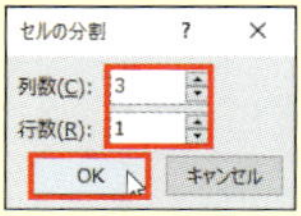

045

スライドにグラフを追加する

ここがポイント！

データの編集画面に項目や数値を入力する

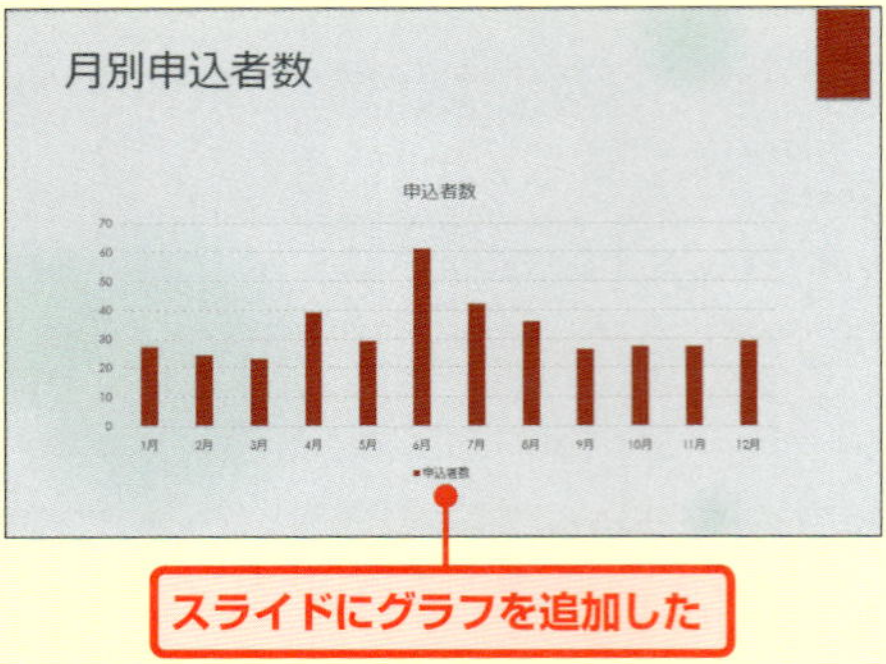

数値の大きさや推移を伝えるには、**グラフ**を利用したい。エクセルを使わず、パワーポイントだけで、グラフをかんたんに作成できる。**グラフの種類**を選択すると**データの編集画面**が表示されるので、ここにデータを入力すれば、その値がグラフに反映される。ただし、プレゼンで使用する場合は、これだけでは不十分だ。軸ラベルなどの要素を追加したり（116ページ）、特定の部分を強調したり（114ページ）といった工夫を行いたい。

［初級］

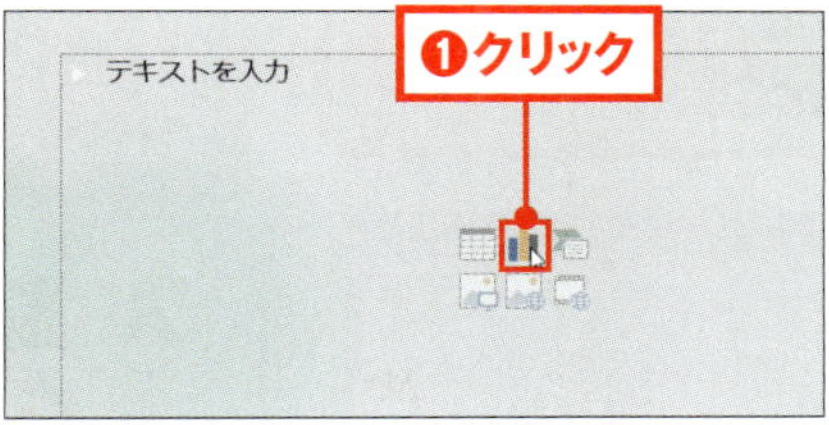

1 「タイトルとコンテンツ」レイアウトのスライドで、「グラフの挿入」をクリックする❶。「挿入」タブの「グラフ」をクリックしてもよい。

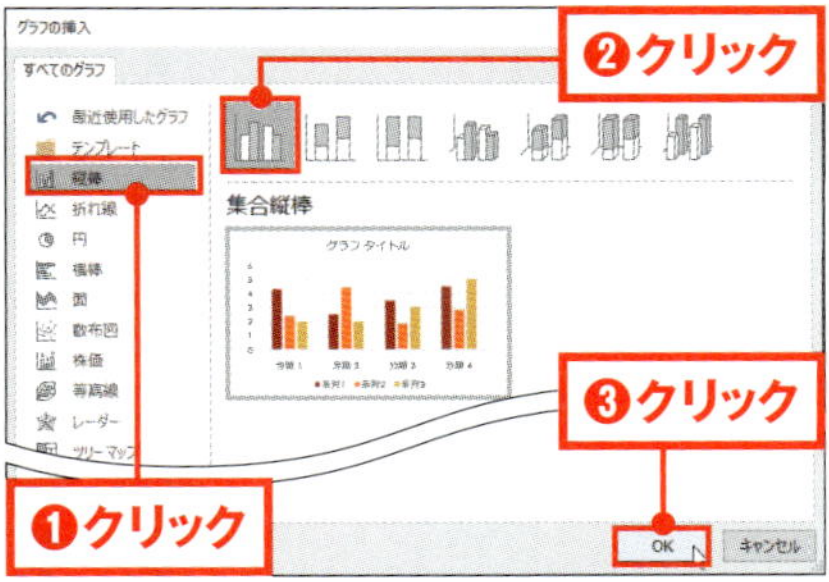

2 グラフの種類をクリックし❶、さらに細かい種類をクリックする❷。「OK」をクリックする❸。

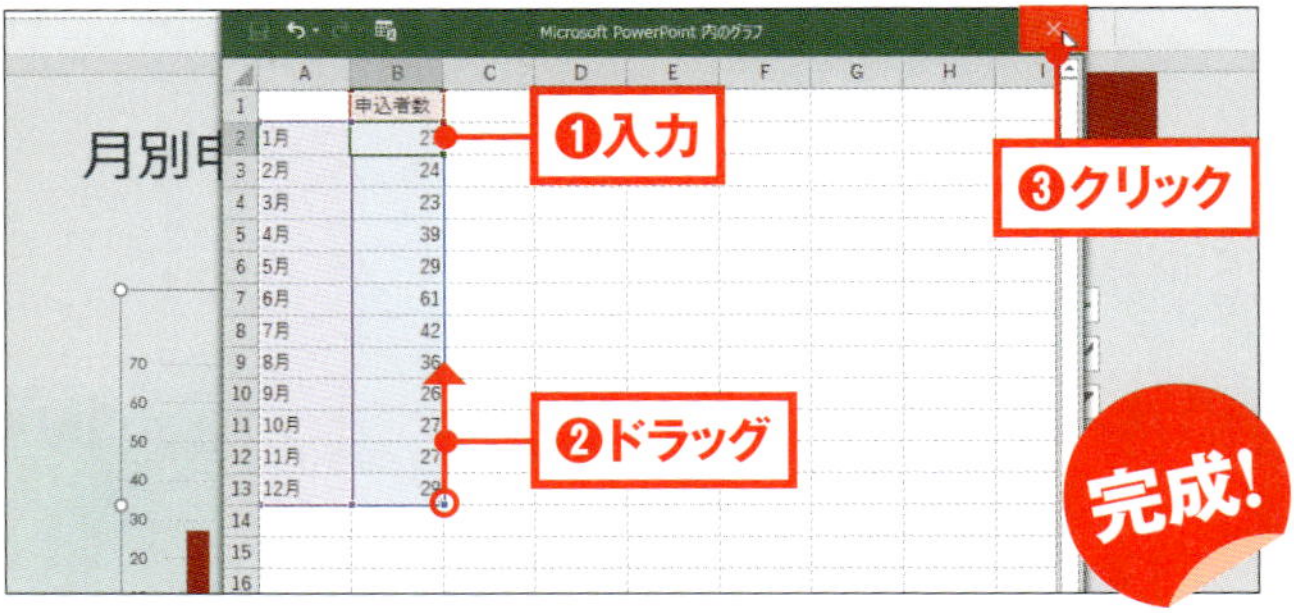

3 仮の値が入ったデータの編集画面が表示される。グラフに表示するデータを入力する❶。グラフに示すデータ範囲は、表の右下のハンドルをドラッグして調整できる❷。データの入力が完了したら、右上の「閉じる」をクリックして❸、編集画面を閉じる。

エクセルのグラフをスライドに追加する

ここがポイント! グラフの貼り付け後に形式を選択する

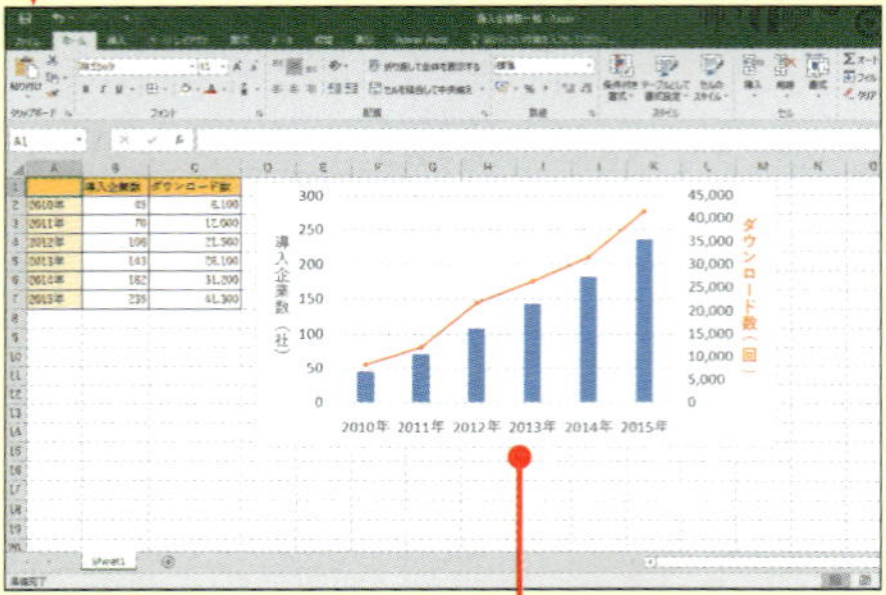

エクセルのグラフを追加した

エクセルで作成したグラフを、パワーポイントのスライドで利用したい。そんなときは、**コピー**してかんたんに貼り付けることができる。このとき、「貼り付けのオプション」で「貼り付け先テーマを利用しデータをリンク」を選択すると、エクセルとの関連付けが設定され、元のエクセルファイルで表の値などを変更した場合、パワーポイントに貼り付けたグラフにもその修正が反映される。必要に応じて指定しよう。

［中級］

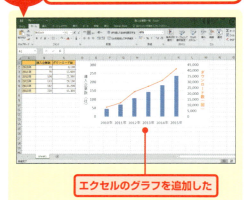

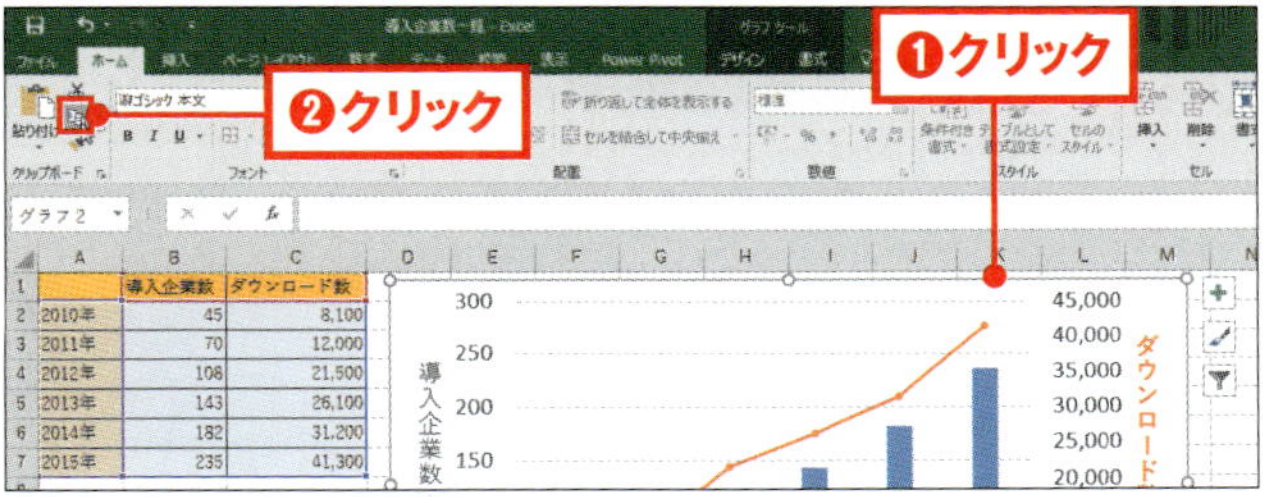

1 エクセルで作成したグラフをクリックし❶、「ホーム」タブの「コピー」をクリックする❷。

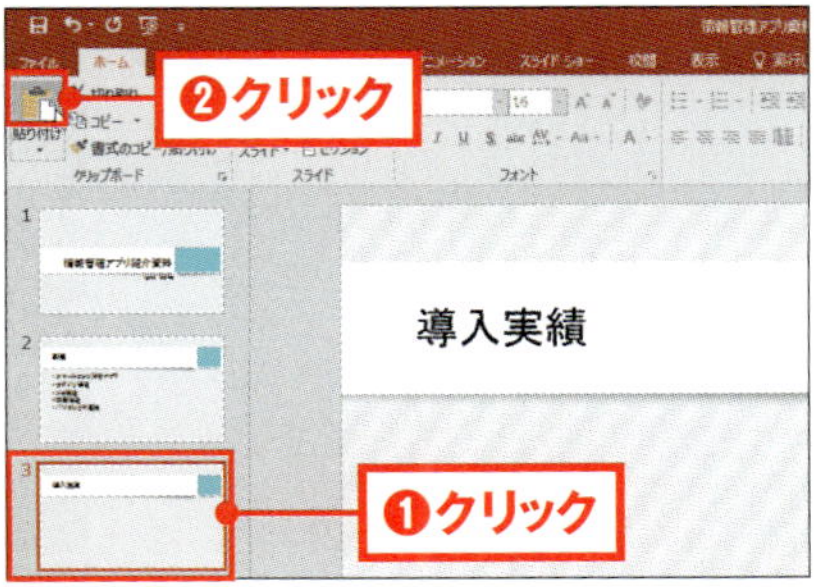

2 パワーポイントで、グラフを追加したいスライドをクリックし❶、「ホーム」タブの「貼り付け」をクリックする❷。

3 グラフが貼り付けられる。「貼り付けのオプション」で、貼り付けるときの形式を選択できる❶。グラフの大きさは、グラフの周囲に表示されるハンドル○をドラッグして調整できる。

047

グラフで強調したい箇所を目立たせる

［初級］

ここがポイント!
強調したい箇所に目立つ色を設定する

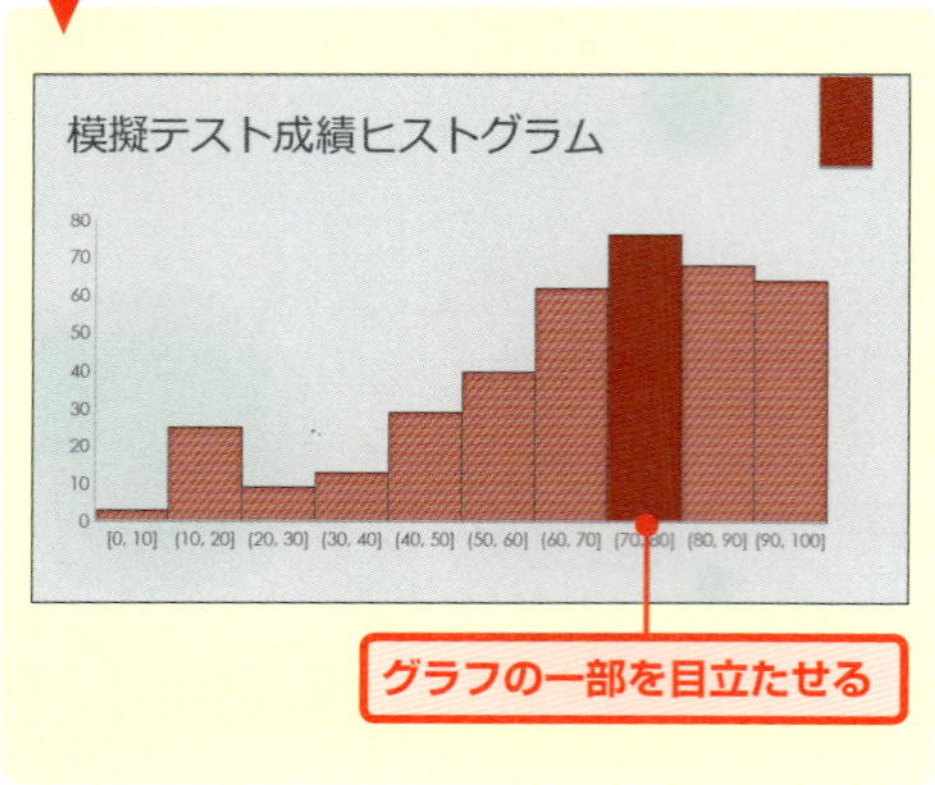

グラフで強調したい箇所は、**グラフの書式**を変更するなどの方法で目立たせたい。強調といっても、難しい操作は必要ない。基本的には、強調したい部分を選択し、目立つ色を設定すればＯＫだ。**グラフのスタイル**で全体的なデザインを整えたあと、特定のデータ系列やデータ要素に濃い色を設定しよう。また、吹き出しなどの図形を作成して（68ページ参照）、一部のデータに注釈をつける方法もおすすめだ。

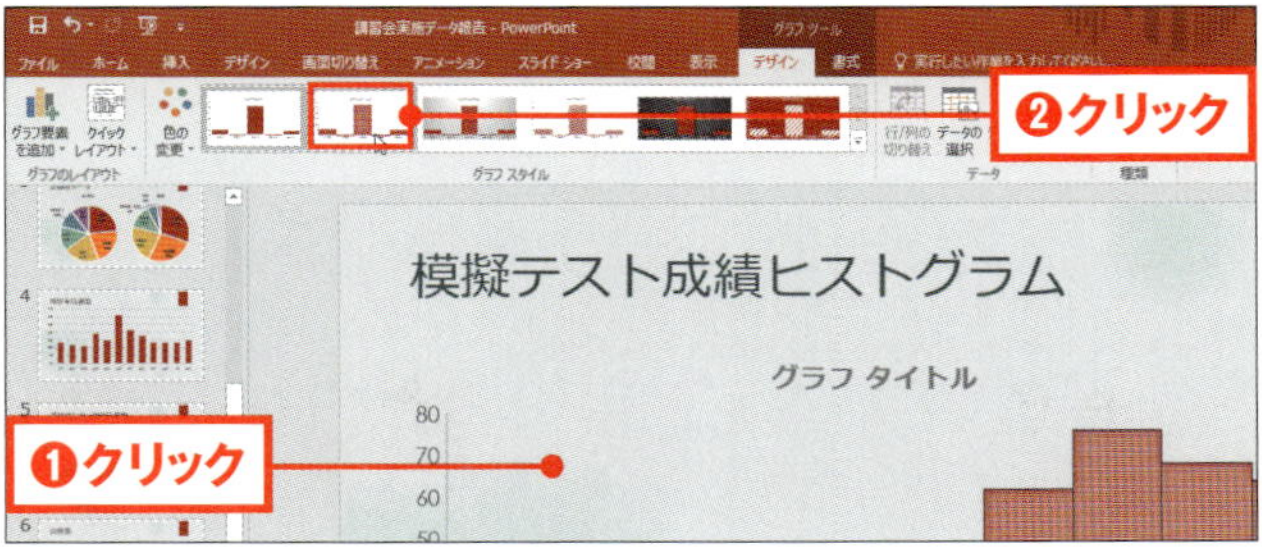

1 グラフをクリックして選択し❶、「グラフツール」の「デザイン」タブで「グラフスタイル」からグラフのスタイルを選び、クリックする❷。

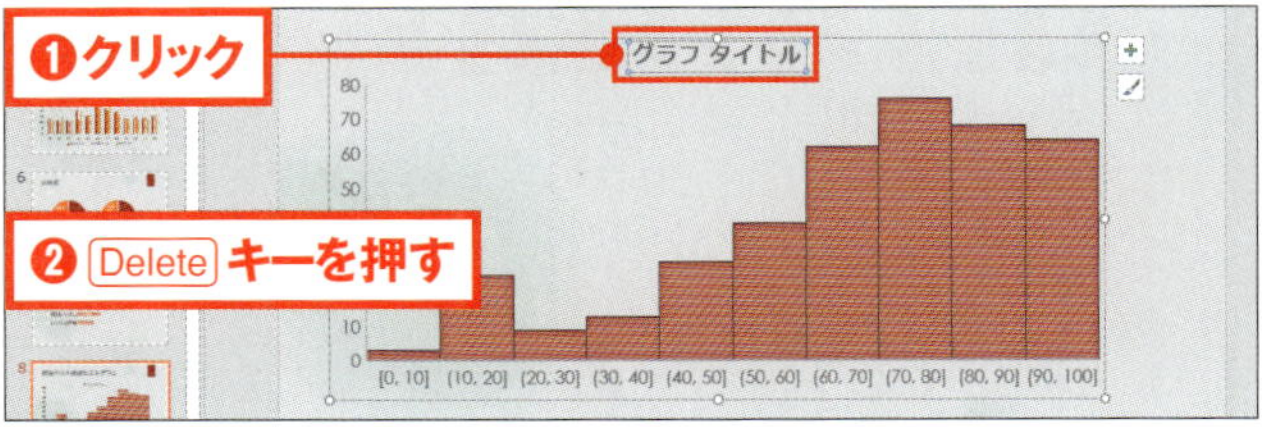

2 グラフのスタイルが変更された。不要な要素が表示された場合はクリックして選択し❶、Delete キーを押す❷。

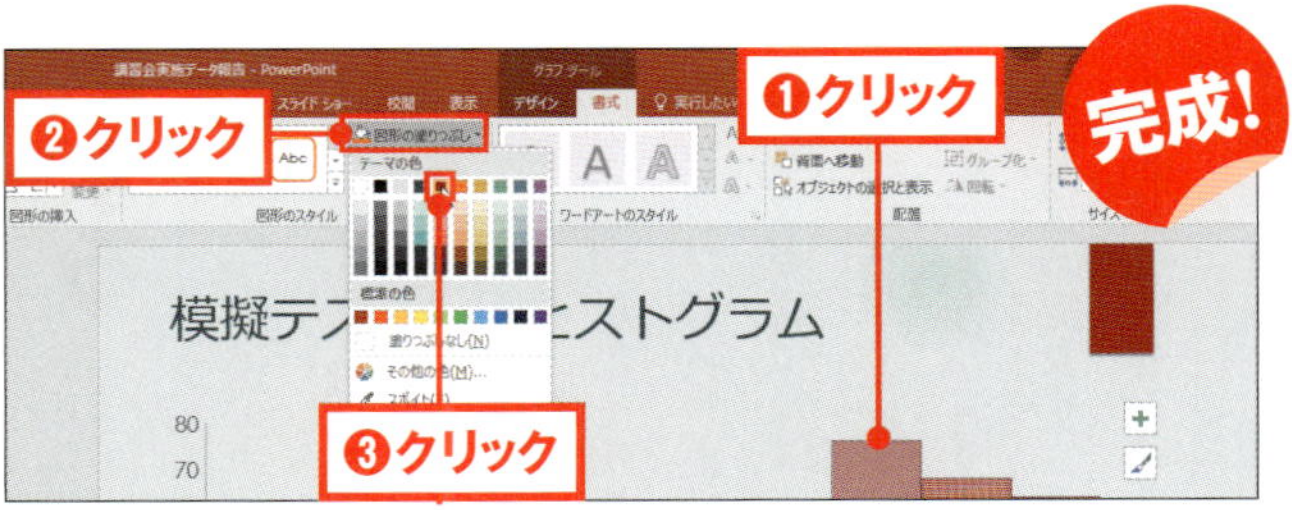

3 強調したいデータ系列やデータ要素をクリックする❶。「グラフツール」の「書式」タブにある「図形の塗りつぶし」をクリックし❷、色をクリックする❸。

グラフに単位や数値を表示する

［ 初級 ］

基本のグラフを作成したら、必要に応じてラベルなどの要素を追加しよう。棒グラフや折れ線グラフでは軸の単位やグラフの数値、円グラフでは%や項目名などを表示すると、グラフの内容が読み取りやすくなる。グラフ要素には、さまざまな種類がある。「グラフ要素を追加」の一覧からかんたんに選択できるので、必要な要素は追加しておきたい。要素の種類ごとに、表示位置や文字列の方向なども選択できる。

ここがポイント！ グラフ要素を追加する

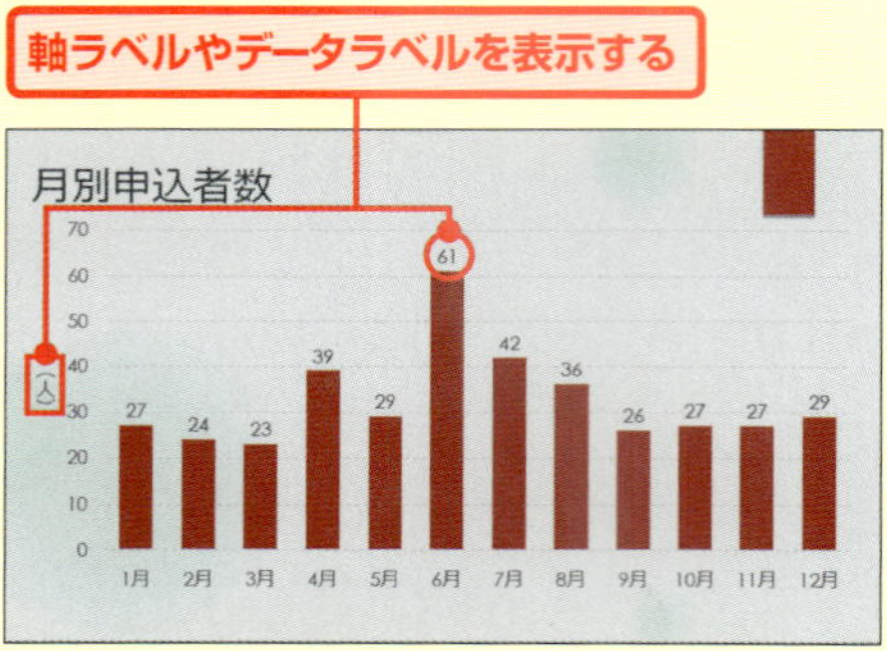

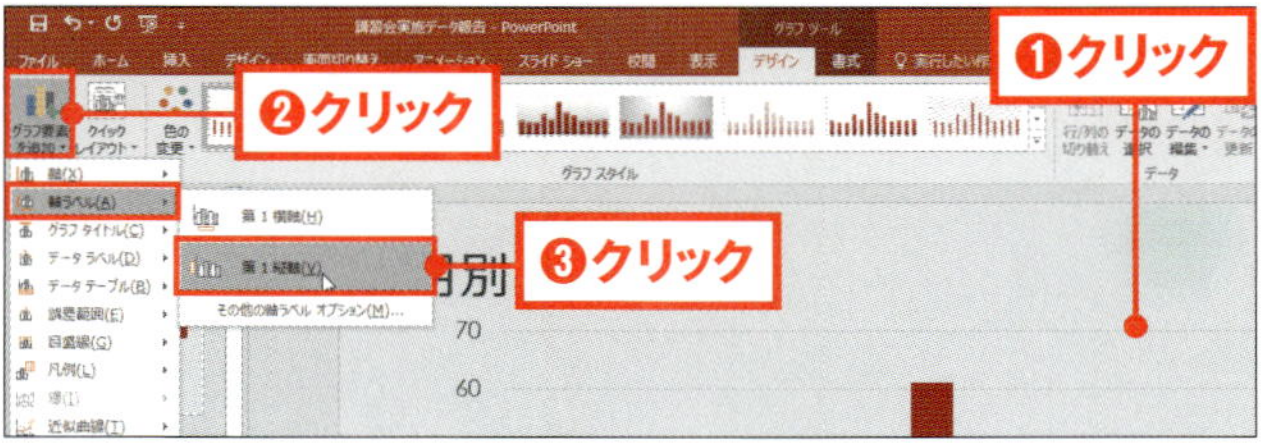

1 グラフをクリックし❶、「グラフツール」の「デザイン」タブで「グラフ要素を追加」をクリックする❷。「軸ラベル」-「第1縦軸」をクリックする❸。パワーポイント2010では、「レイアウト」タブの「軸ラベル」-「主縦軸ラベル」-「軸ラベルを垂直に配置」をクリックする。

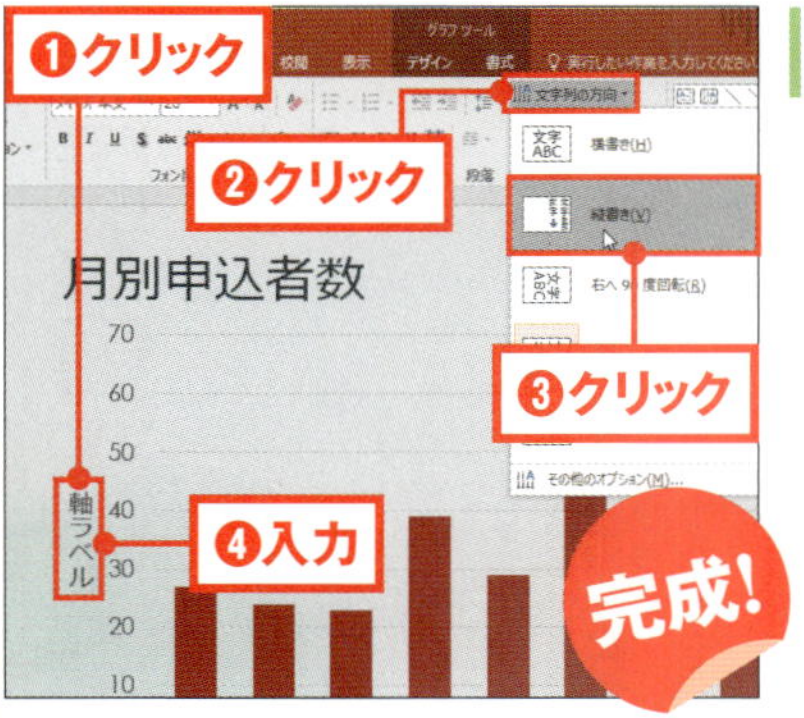

2 追加した軸ラベルをクリックする❶。「ホーム」タブの「文字列の方向」をクリックし❷、「縦書き」をクリックする❸。軸ラベルをクリックして、文字を入力する❹。

★One Point !★

「グラフ要素を追加」のメニューで「データラベル」-「外側」をクリックすると、データラベルとしてグラフの数値が表示される。パワーポイント2010では、「レイアウト」タブの「データラベル」-「外側」をクリックする。

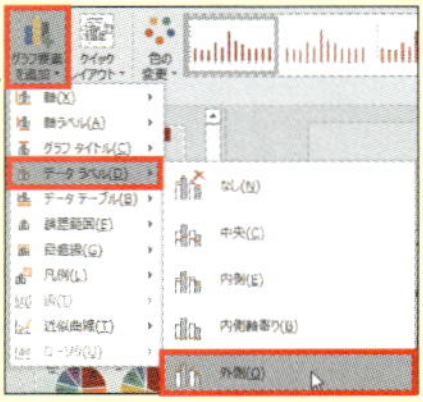

棒グラフの間隔を調整する

［中級］

ここがポイント！ 「要素の間隔」を狭くする

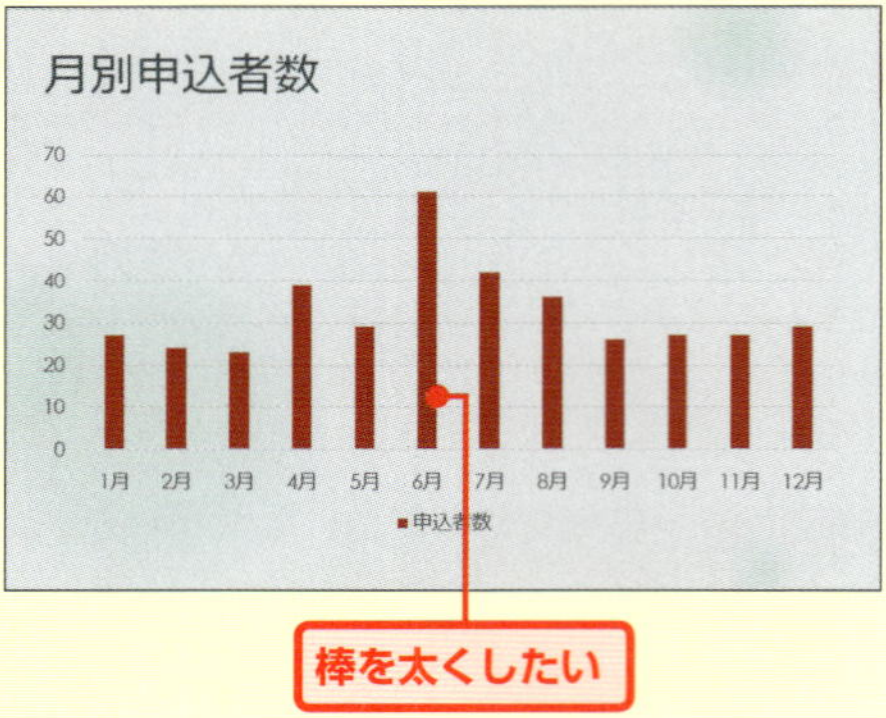

棒グラフは、棒の長さで数値の大きさを比較するグラフだ。しかし棒の数が多いと、棒の太さが細くなり、弱々しい印象になってしまうことがある。そのようなときは、**棒と棒の間隔を調整**することで、棒の太さを変更する。間隔は、0%〜500%の範囲で指定できる。数値を小さくすれば棒の太さが太くなり、強い印象を与えることができる。0%にすると棒の間隔がなく、隣の棒とくっついた状態になる。

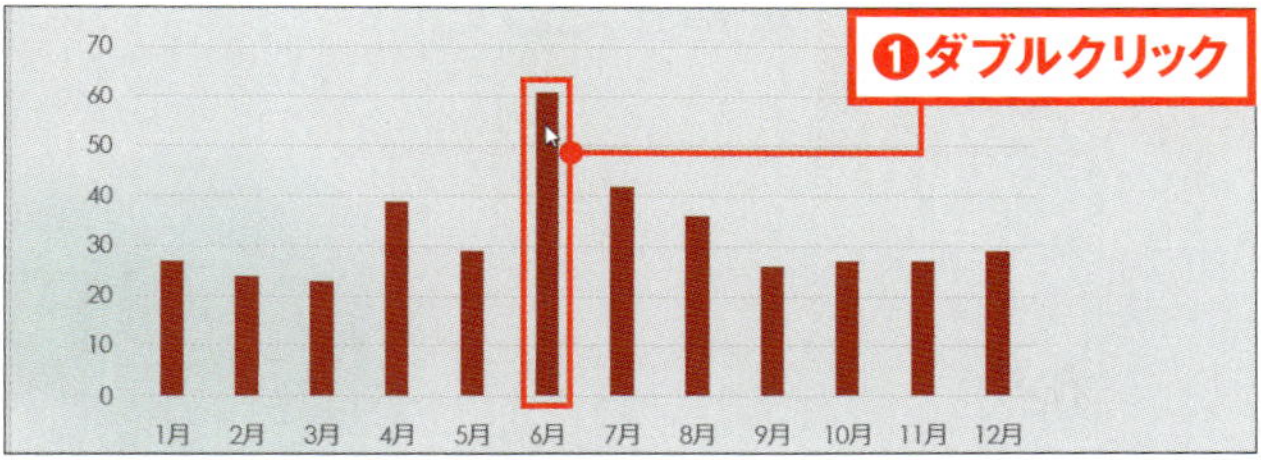

1 棒グラフの棒をダブルクリックする❶。

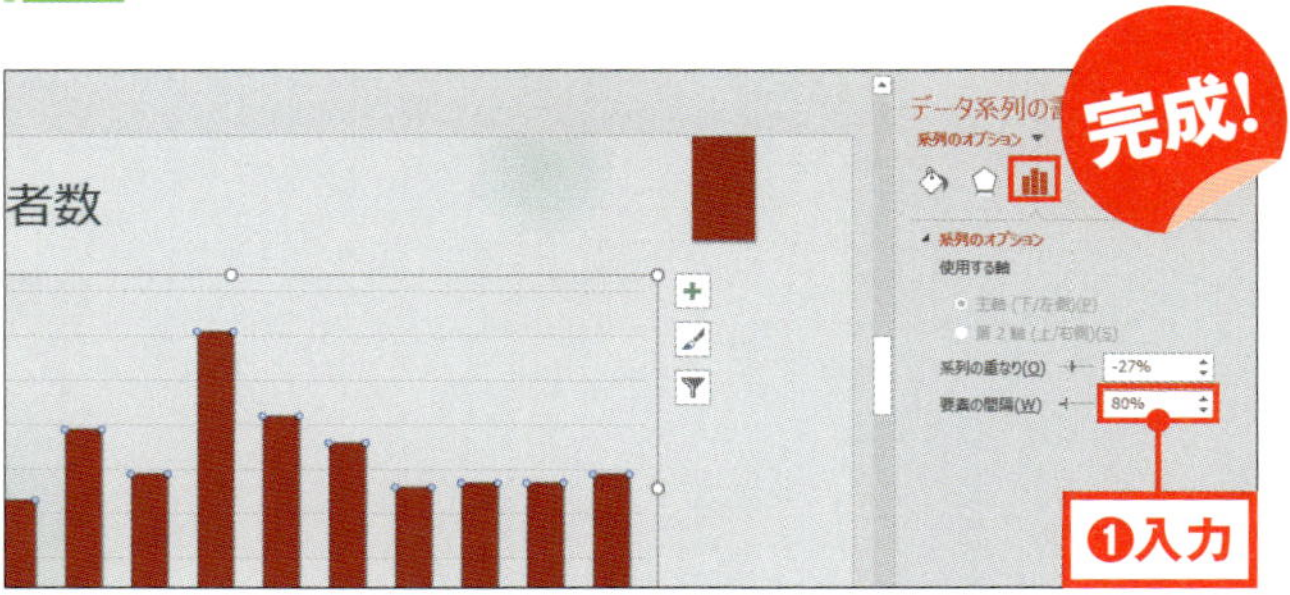

2 「データ系列の書式設定」画面が表示される。「要素の間隔」に小さい値を入力すると❶、棒の間隔が狭くなり、棒が太くなる。

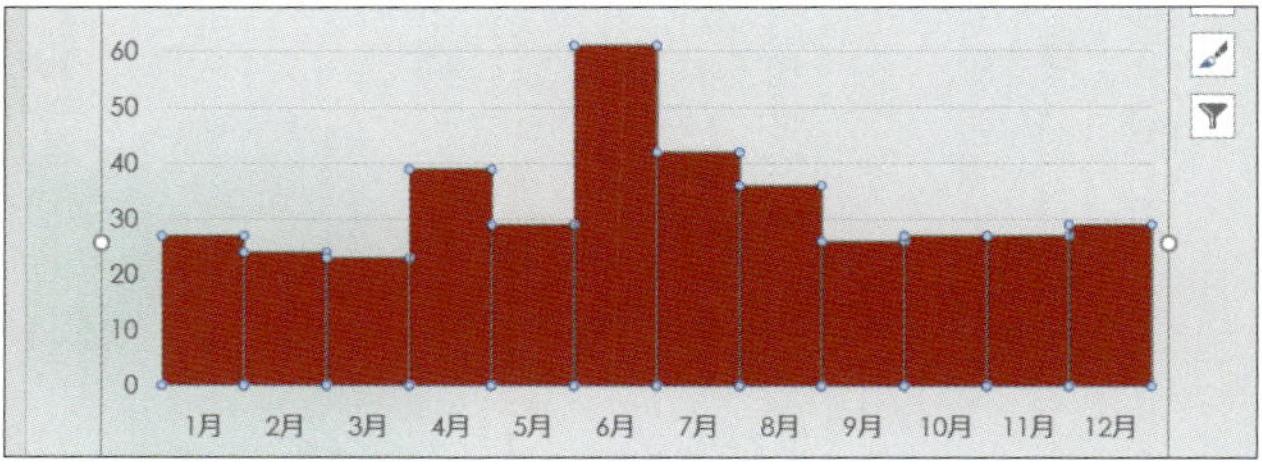

3 0%に設定すると、棒と棒の間隔がなくなり、くっついた状態になる。

050

円グラフの一部を切り離して強調する

ここがポイント!

強調する扇部分だけを選択する

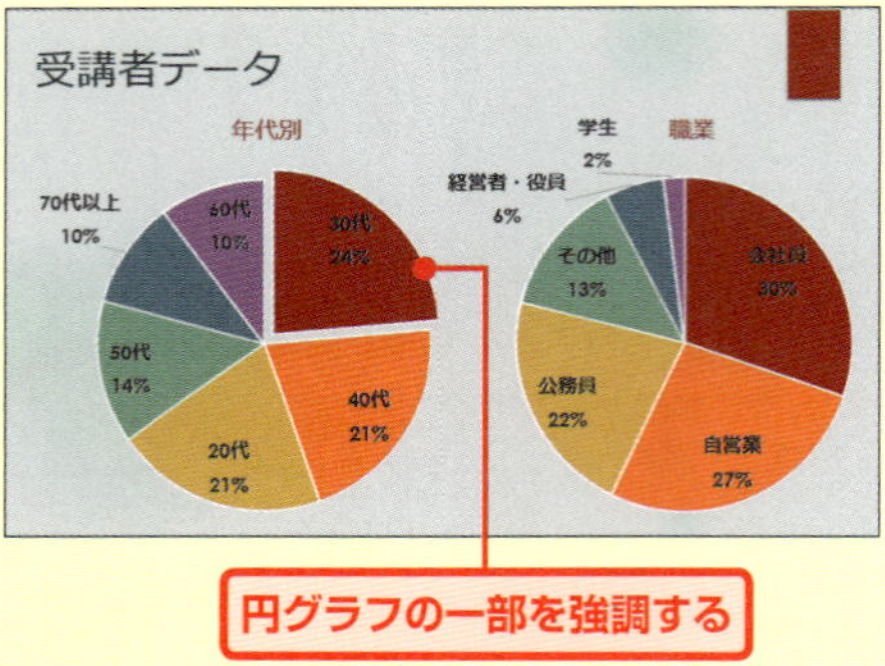

円グラフで、一部の値を強調したい。そんなときに手軽に使えるのが、円グラフの中で**強調したい部分だけを切り離す**ワザだ。これによって、聞き手の目線をそこに集める効果が期待できる。操作のポイントは、切り離したい部分だけを**事前に選択しておく**こと。最初に円全体を選択し、続いて切り離したい扇だけを選択する。その状態で扇をドラッグすれば、円グラフから切り離され、強調して見せることができる。

［中級］

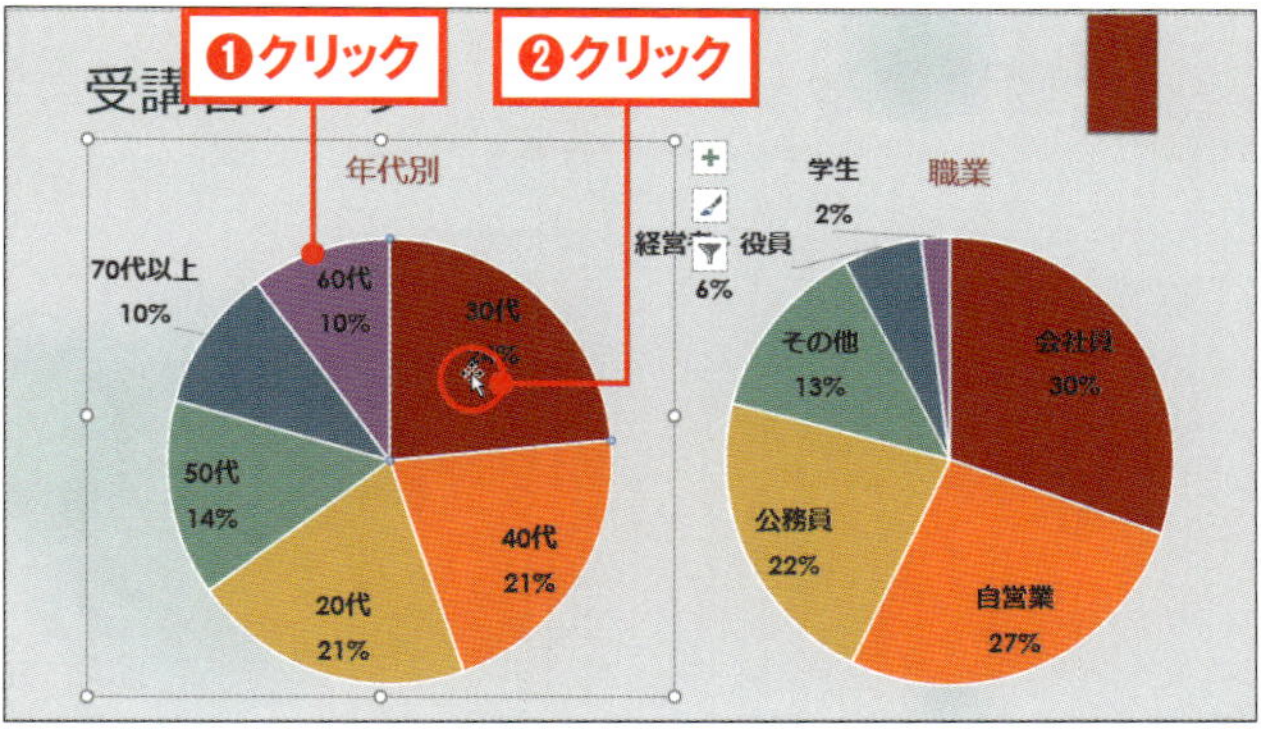

1 円グラフの円の部分をクリックする❶。続いて、切り離したい扇の部分をクリックする❷。

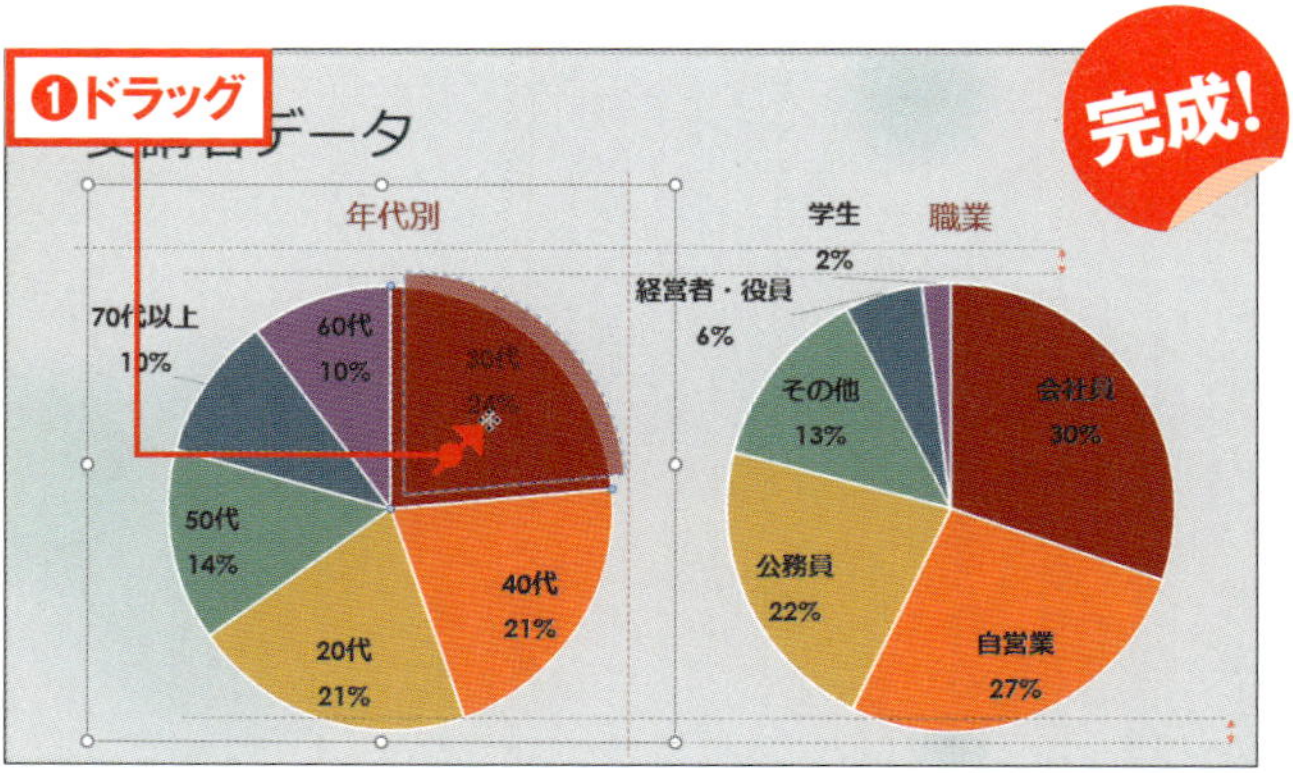

2 選択した扇部分を、外側にドラッグする❶。すると、扇部分が円グラフから切り離される。

折れ線グラフの線を太くする

［上級］

ここがポイント！

線とマーカーの幅を変更する

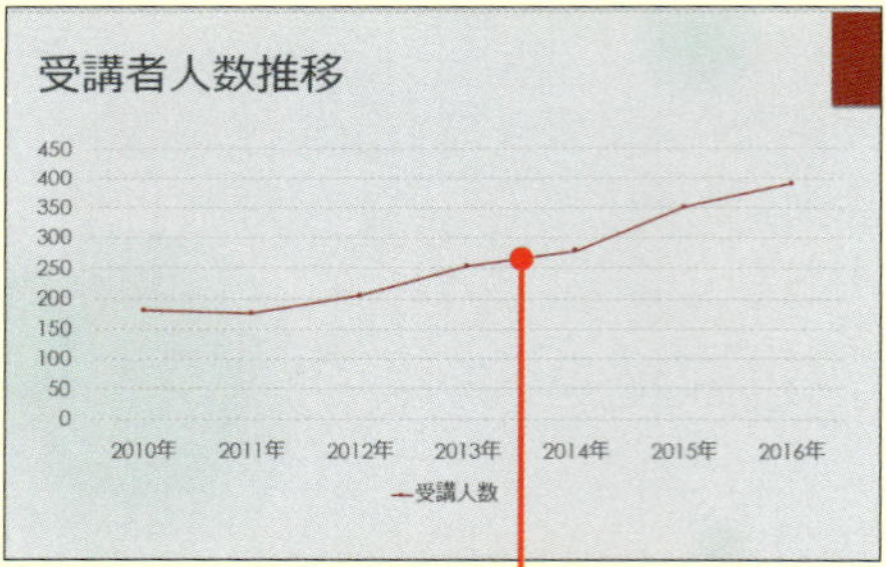

折れ線グラフの線を見やすくしたい

折れ線グラフを利用すると、データの推移をわかりやすく表現できる。ただし、折れ線グラフを作成した直後の状態では、線が細く、読み取りづらいことがある。特にプレゼン時などは、離れた席の人からでもよく見えなければ意味がない。そのようなときは、**折れ線グラフの線の太さ**を太くしよう。このとき、線の太さに加えて、**マーカーの幅**も変更する必要がある。マーカーの幅を変更しないと線でマーカーが隠れてしまうので、注意したい。

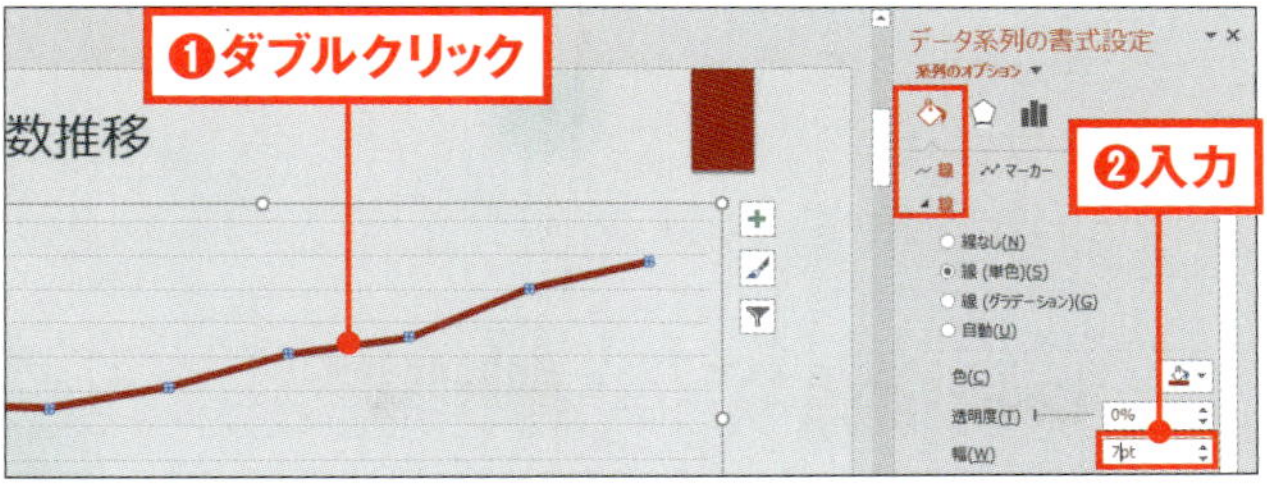

1 折れ線グラフの線をダブルクリックする❶。「データ系列の書式設定」画面の「幅」に数値を入力し❷、線を太くする。パワーポイント2010では、「線のスタイル」をクリックして幅を指定する。

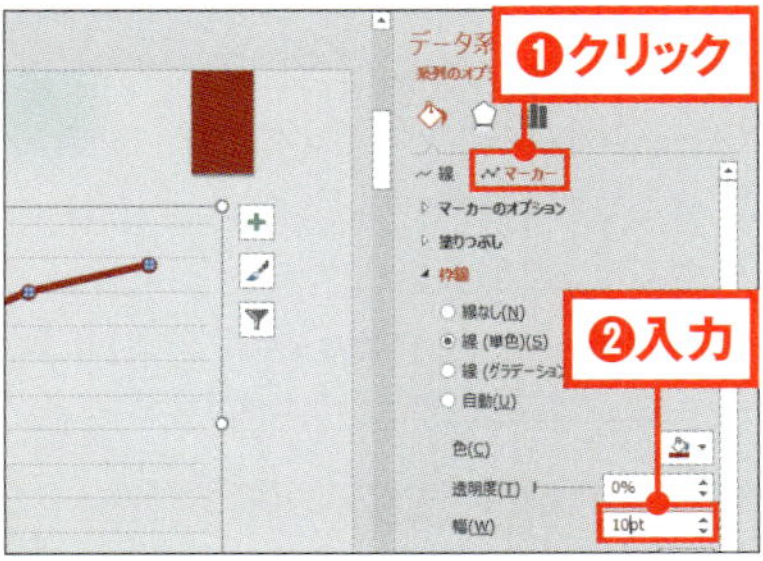

2 「マーカー」をクリックし❶、「枠線」の「幅」の数値を変更する❷。パワーポイント2010では、「マーカーのスタイル」をクリックして幅を指定する。

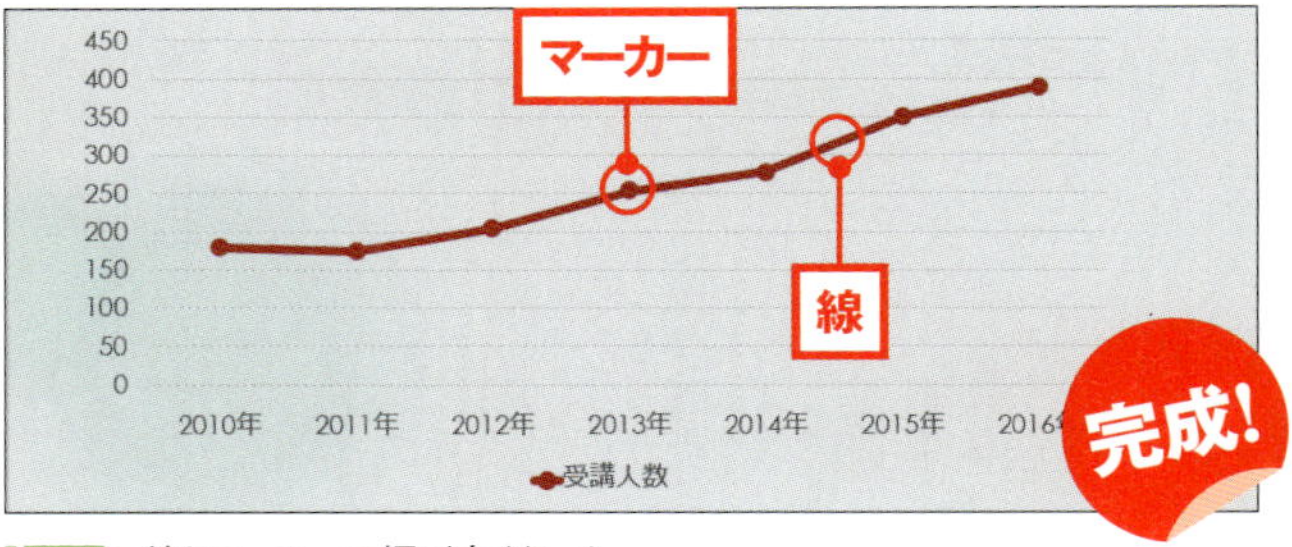

3 線とマーカーの幅が太くなった。

COLUMN

コラム 4

グラフや表はエクセルで作るべき？

パワーポイントのスライドにグラフや表を追加するとき、パワーポイントとエクセルのどちらで作成するのがよいだろうか？　エクセルで作成したグラフや表がすでにある場合は、それを利用するのが手軽な方法だ。102 ページや 112 ページで紹介したように、貼り付ける形式はあとから指定できる。

まだエクセルで作成していないという場合は、シンプルな表やグラフであれば、パワーポイントで作成するのがおすすめだ。エクセルで作成した表をパワーポイントのスライドに貼り付けると、思ったよりも情報量が多かったり、デザインが見づらかったりすることも多い。はじめからパワーポイントで作成すれば、スライド上の雰囲気を見ながら作成できる。

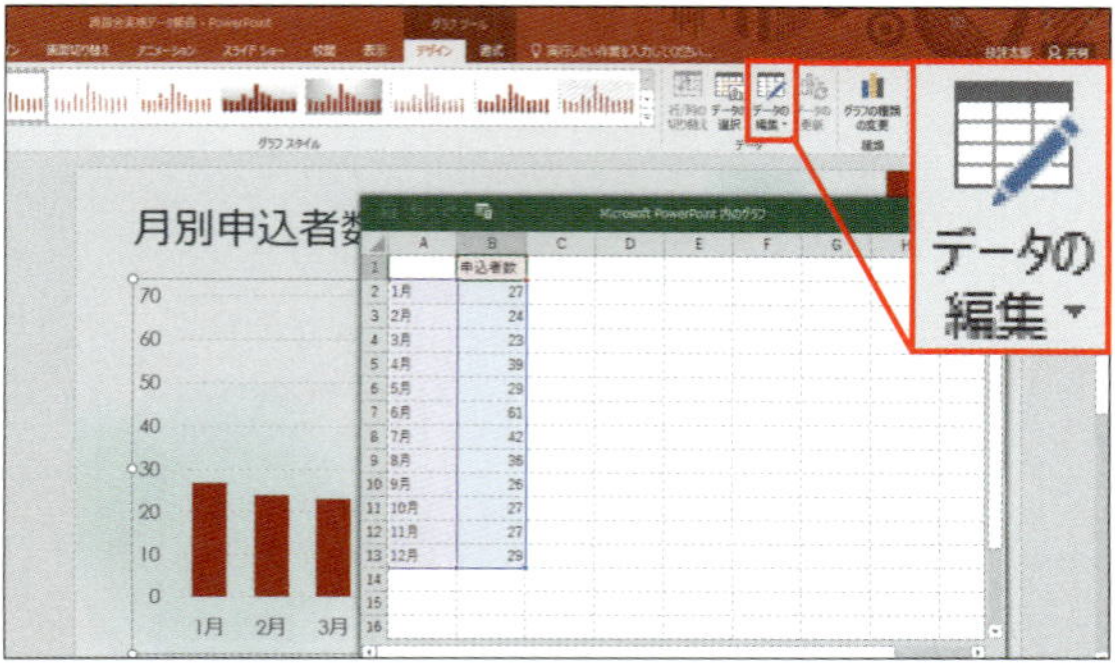

パワーポイントで作成したグラフの数値を変更するには、「グラフ」ツールの「デザイン」で「データの編集」をクリックする。表示されるシートで数値を変更しよう。

第5章

動き・音声

アニメーション&動画の演出ワザ

052

スライド切り替え時の効果を設定する

ここがポイント!
画面の切り替え方法を選択する

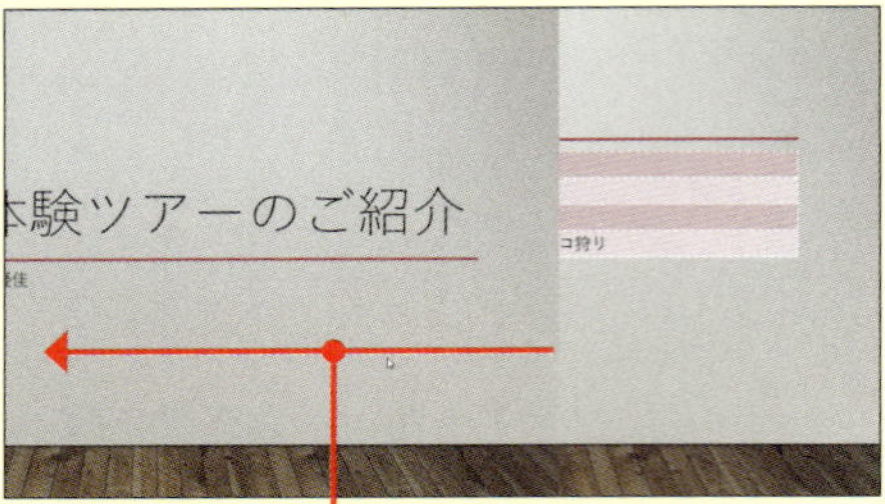

スライド切り替え時の動きを指定したい

プレゼンを実施するときは、スライドを1枚ずつ切り替えながら説明していく。**スライド切り替え時に動きを設定**しておくと、スライドの変化がわかりやすくなる。**切り替え時の効果**は、スライドごとに設定することもできるし、すべてのスライドにまとめて適用することもできる。すべてのスライドに共通の動きをつける場合は、シンプルな動きを選びたい。派手な動きで、気が散ってしまうことのないように注意しよう。

[初級]

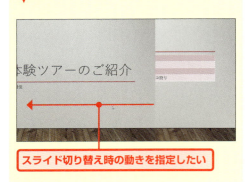

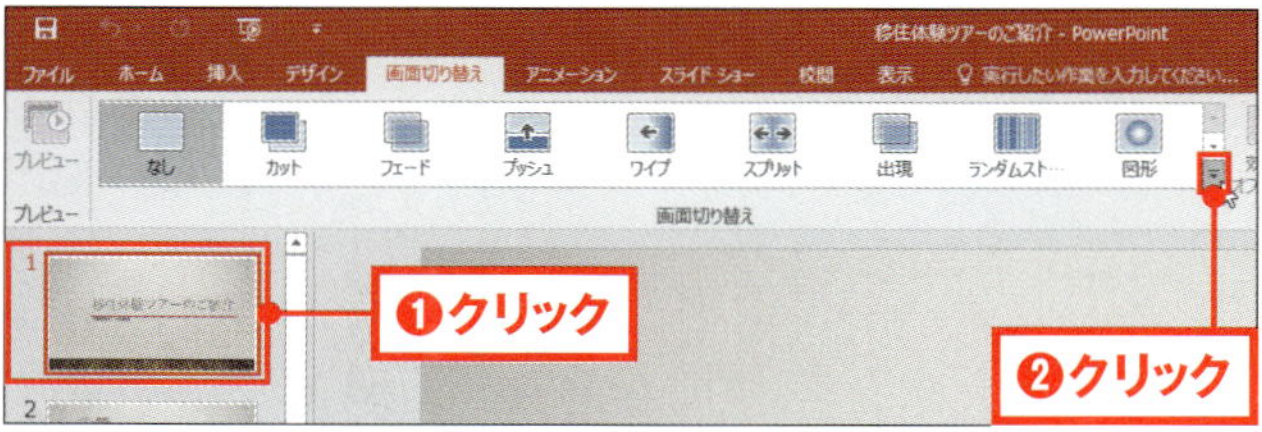

1 切り替え効果を設定するスライドをクリックし❶、「画面切り替え」タブの「画面切り替え」の「その他」をクリックする❷。

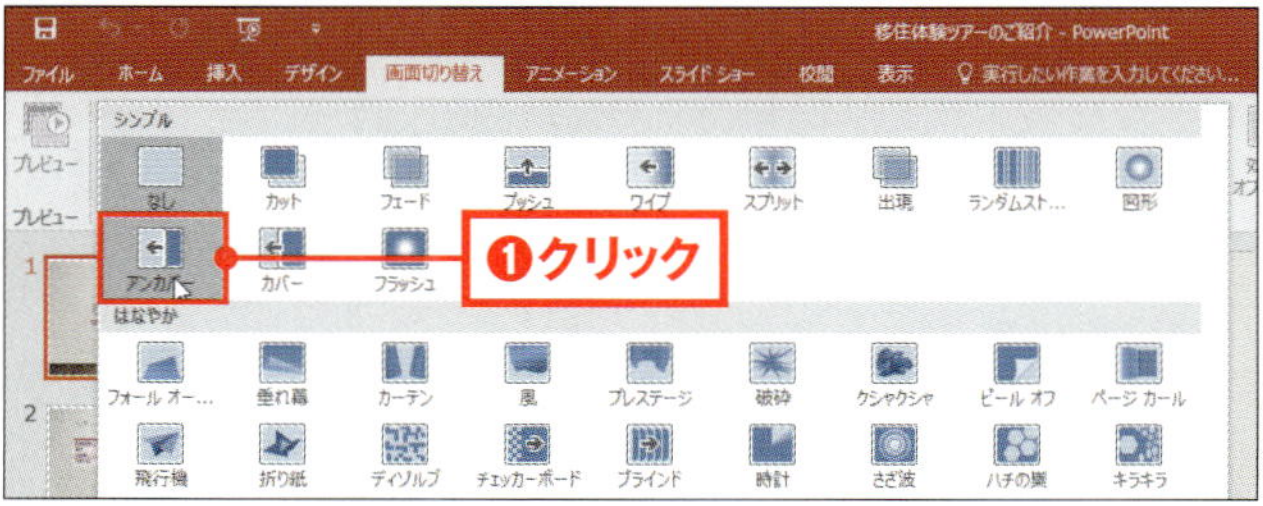

2 画面の切り替え方法をクリックする❶。

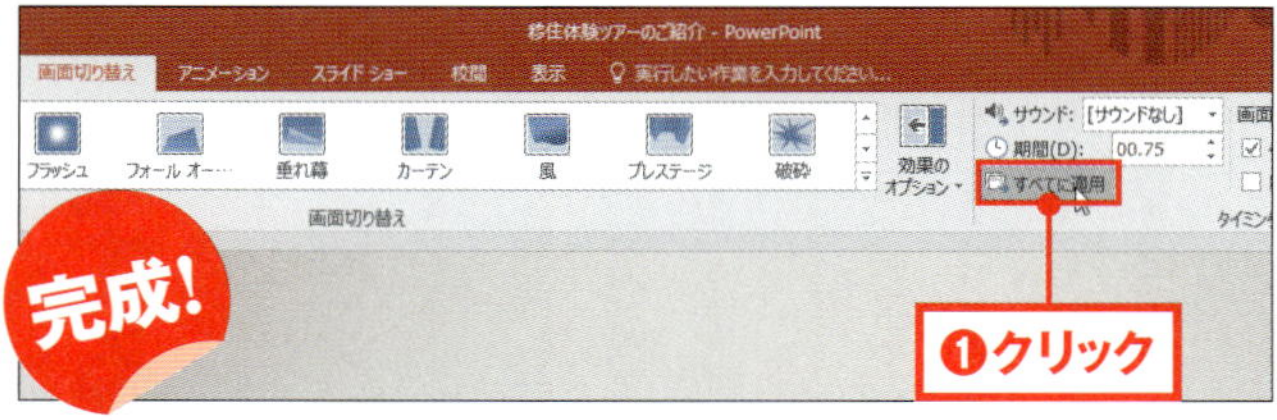

3 すべてのスライドに同じ効果を設定するには、「画面切り替え」タブの「すべてに適用」をクリックする❶。「画面切り替え」タブの「プレビュー」をクリックするか、168ページの方法でスライドショーを実行し、確認することができる。

文字にアニメーションを設定する

[初級]

ここがポイント！

3種類の分類から選択する

ふるさと食材便のご紹介
営業部　伊藤直美
文字を動かすアニメーションを設定したい

パワーポイントでプレゼンを行うときは、説明に沿って文字や図形を順に表示したり、動きをつけて強調したりすると、聞き手の注目を集める効果を期待できる。文字や図形に設定できるアニメーションは、**「開始」「強調」「終了」の３つに分類**されている。「開始」は文字や図形を登場させる動き、「強調」は色を変えるなどして文字や図形を強調する動き、「終了」は文字や図形を消す動きだ。必要に応じて、効果的なアニメーションを設定したい。

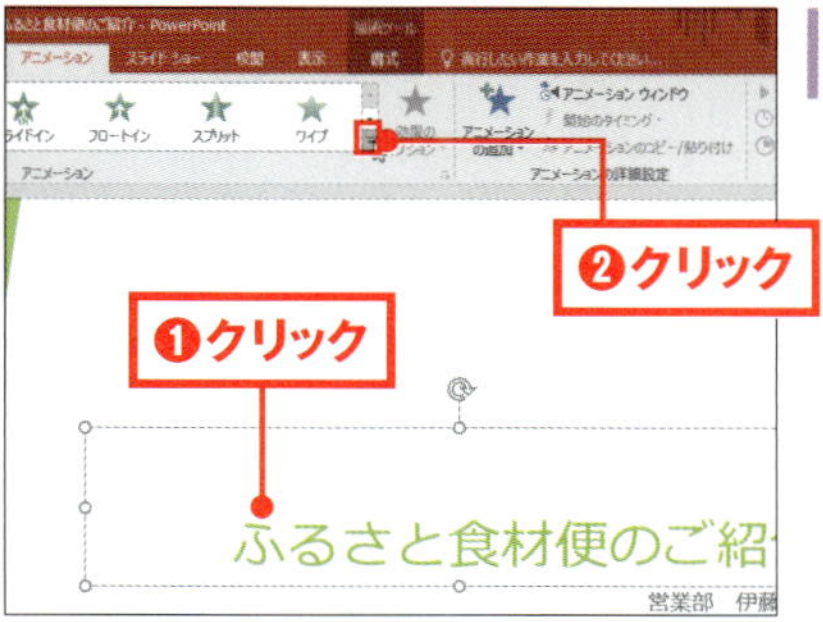

1 文字が入ったプレースホルダーをクリックする❶。「アニメーション」タブの「アニメーション」の「その他」をクリックする❷。

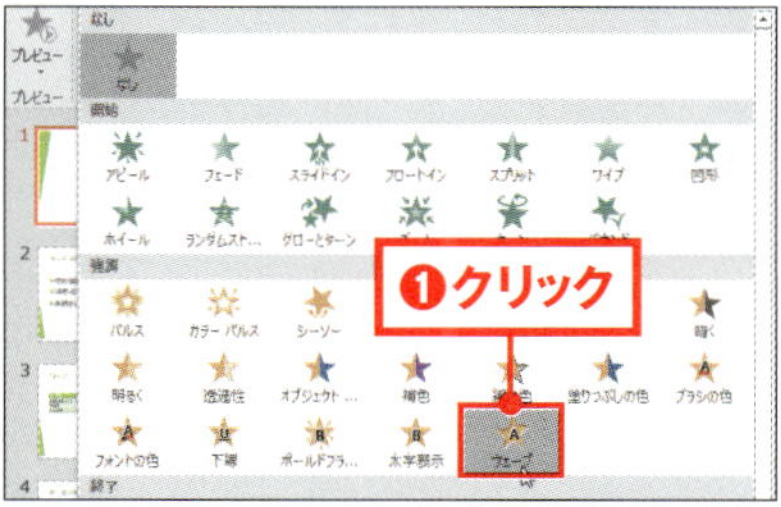

2 3つに分類されたアニメーションの中から動きを選び、クリックする❶。左上の「なし」をクリックすると、アニメーションの設定が削除される。

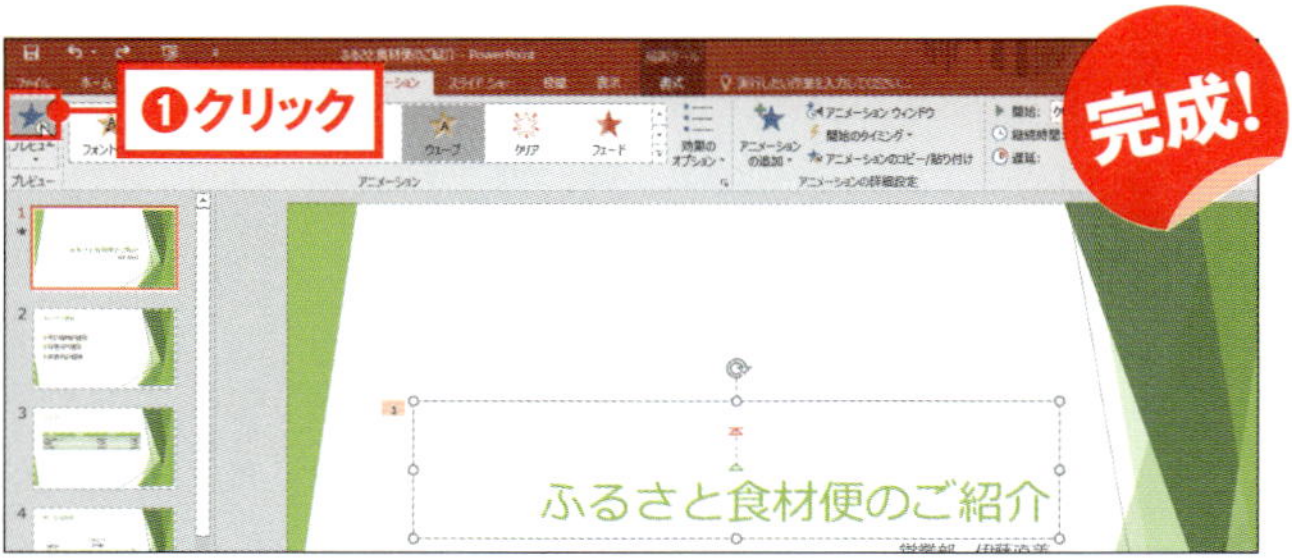

3 文字にアニメーションが設定される。「アニメーション」タブの「プレビュー」をクリックすると❶、動きを確認できる。また、168ページの方法でスライドショーを実行しても、確認できる。

箇条書きを順番に表示する

[初級]

ここがポイント!「ワイプ」を設定する

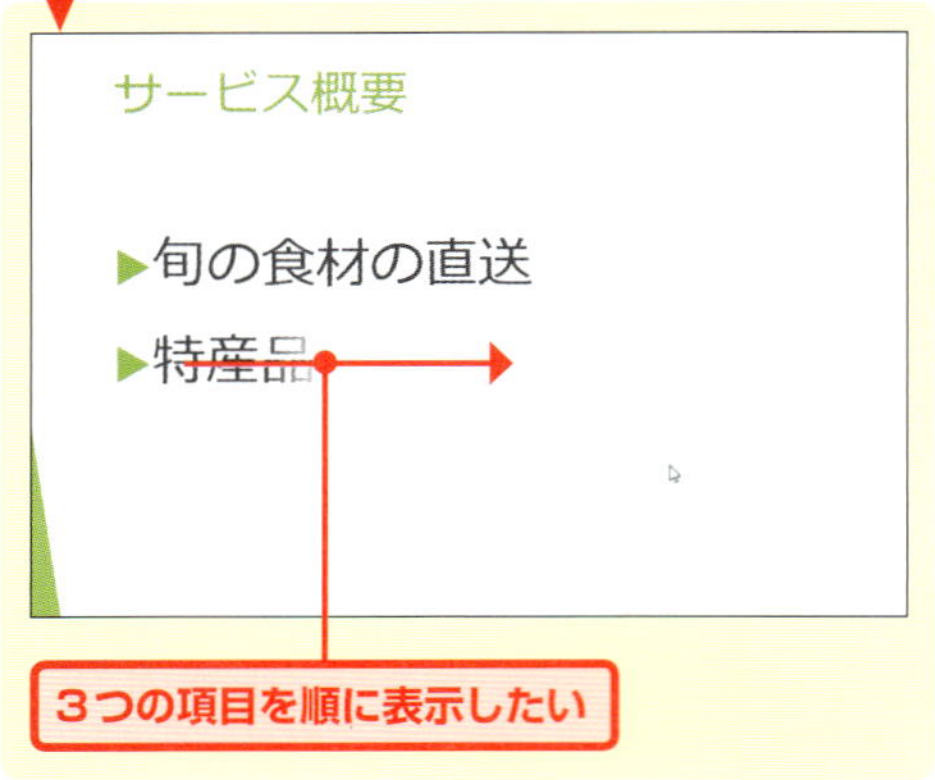

スライド内の**箇条書きの項目**は、いきなりすべての項目を見せてしまうよりも、1つずつ順番に表示した方が、聞き手の注目を集めやすい。それには、箇条書きが入力されたプレースホルダーに、**「開始」のアニメーション**を設定すればよい。例えば「ワイプ」を設定すると、プレゼン中、クリックするたびに箇条書きの項目が一行ずつ端から登場する。どこから登場するかは、「効果のオプション」の「上下左右」の中から選択できる。

1 箇条書きの文字が入力されているプレースホルダーをクリックする❶。「アニメーション」タブの「アニメーション」の「その他」をクリックする❷。

2 「開始」のアニメーションから動きを選び、クリックする❶。ここでは、文字を端から表示する「ワイプ」を選択する。

3 「アニメーション」タブの「効果のオプション」をクリックし❶、「左から」をクリックする❷。「アニメーション」タブの「プレビュー」やスライドショーの実行(168ページ)で、動きを確認できる。

055

図形を順番に表示する

［ 初級 ］

ここがポイント！

「開始」のアニメーションを設定する

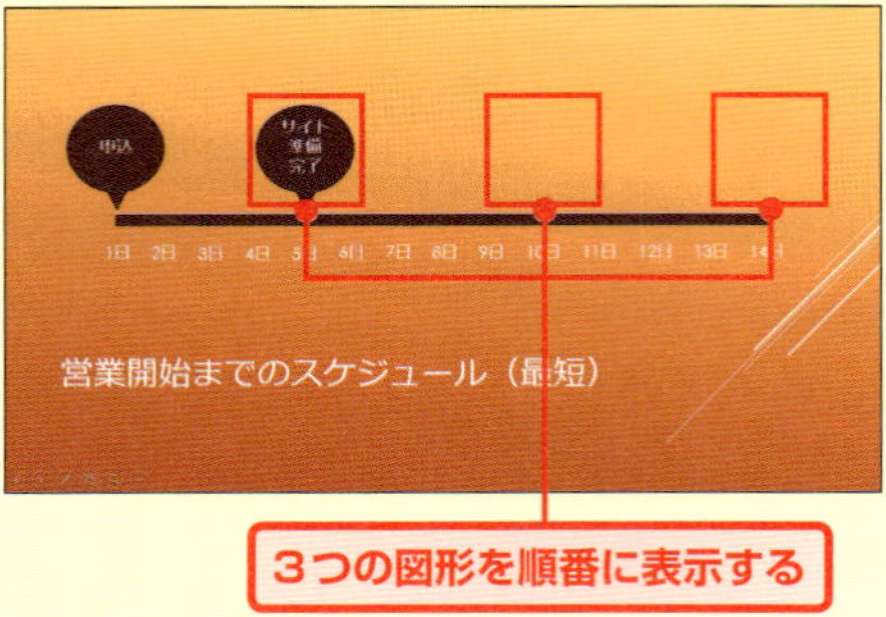

プレゼンで図を使った説明を行う場合、最初に全体像を表示してしまうと、聞き手の関心が図全体の内容を読み取ることに向いてしまう。そのような場合は、説明に合わせて**図形を順番に表示**しながら解説を進めよう。図形を1つずつ表示させるには、個別の図形ごとに**「開始」のアニメーション**を設定すればよい。このとき、設定した順番に図形が表示されるので、順番を間違えないように気を付けよう。

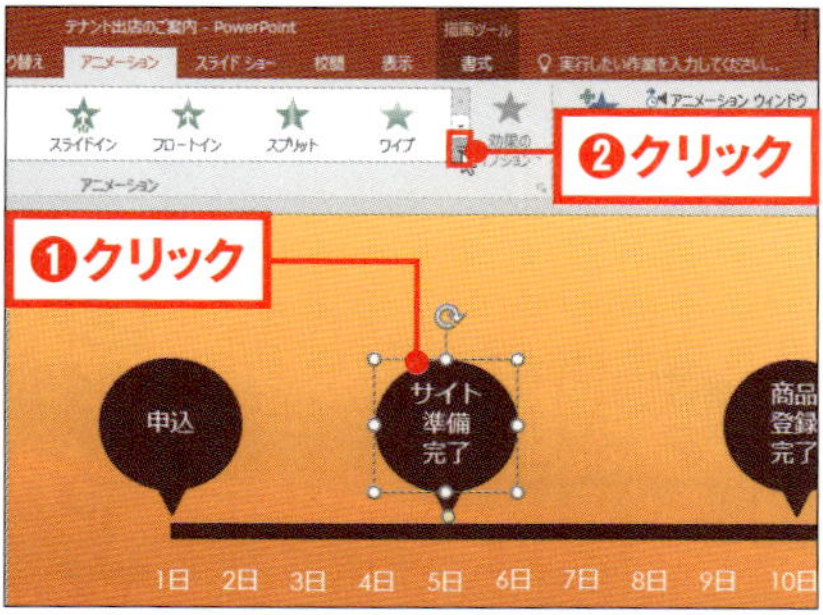

1 アニメーションを設定する図形をクリックし❶、「アニメーション」タブの「その他」をクリックする❷。

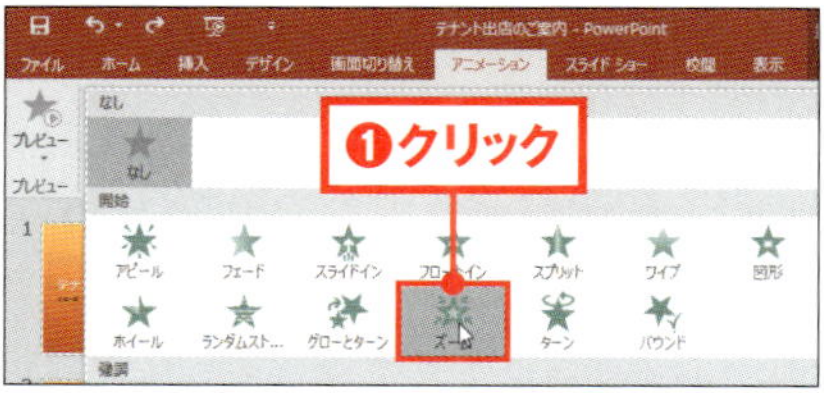

2 「開始」のアニメーションから、動きを選択してクリックする❶。

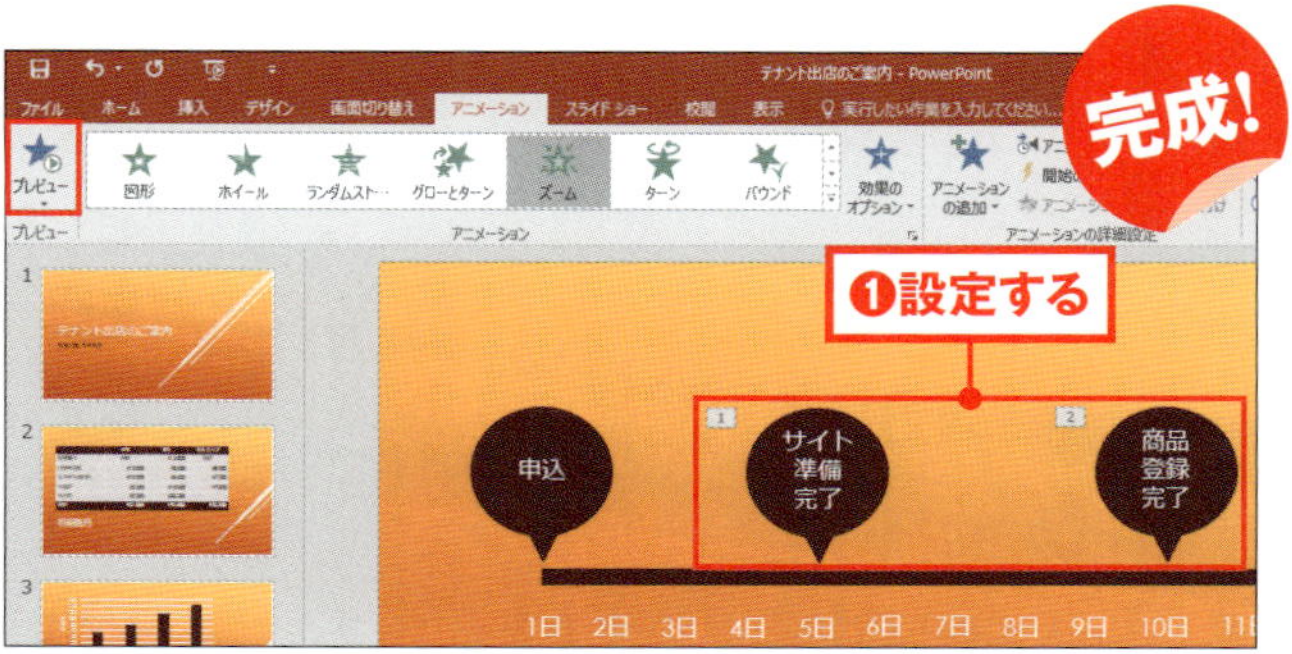

3 最初の図形に、アニメーションが設定される。同様の方法で、残り2つの図形にもアニメーションを設定する❶。「アニメーション」タブの「プレビュー」やスライドショーの実行(168ページ)で、動きを確認できる。

056

図形や文字の色を変化させる

［初級］

ここがポイント!

「強調」のアニメーションを設定する

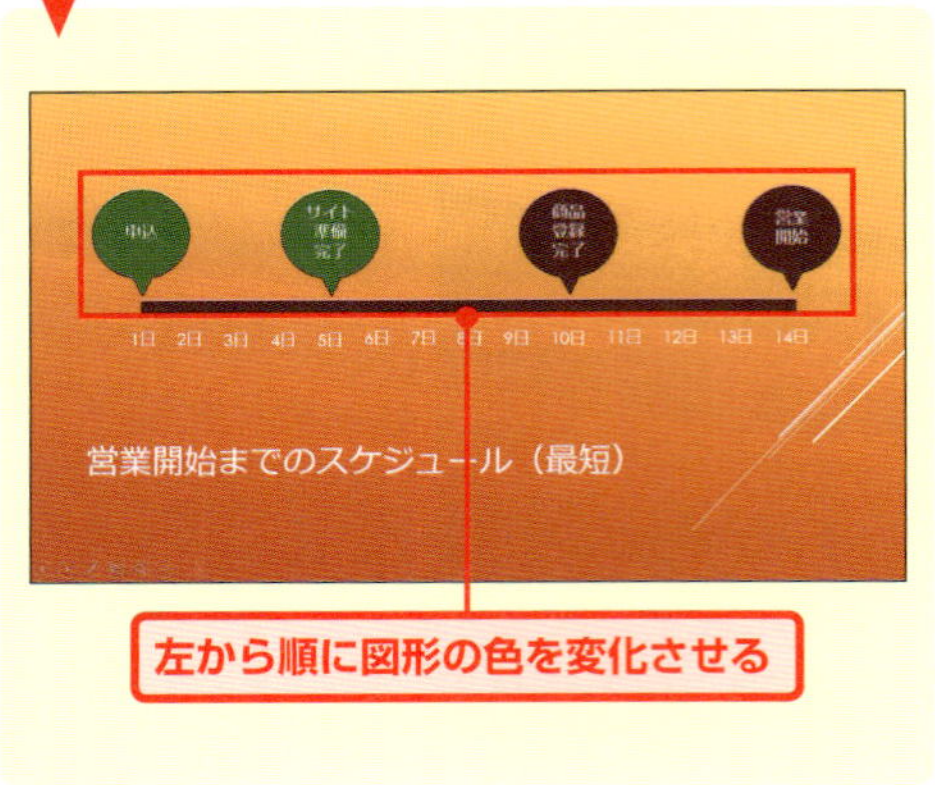

スライドの内容を説明するときに、特定の文字や図形の**色を変えたり、動かしたりして強調**するには、「強調」の動きを設定する。例えば図形の色を順番に変化させることで、時間の推移や数字の変動を表現できる。なお「強調」のアニメーションは、すでに表示されている文字や図形を強調するものだ。文字や図形を表示し、そのあとで強調を行うには、「開始」の動きを設定後、「アニメーションの追加」ボタンから「強調」の動きを追加する。

1 色を変化させたい図形をクリックし❶、「アニメーション」タブの「その他」をクリックする❷。

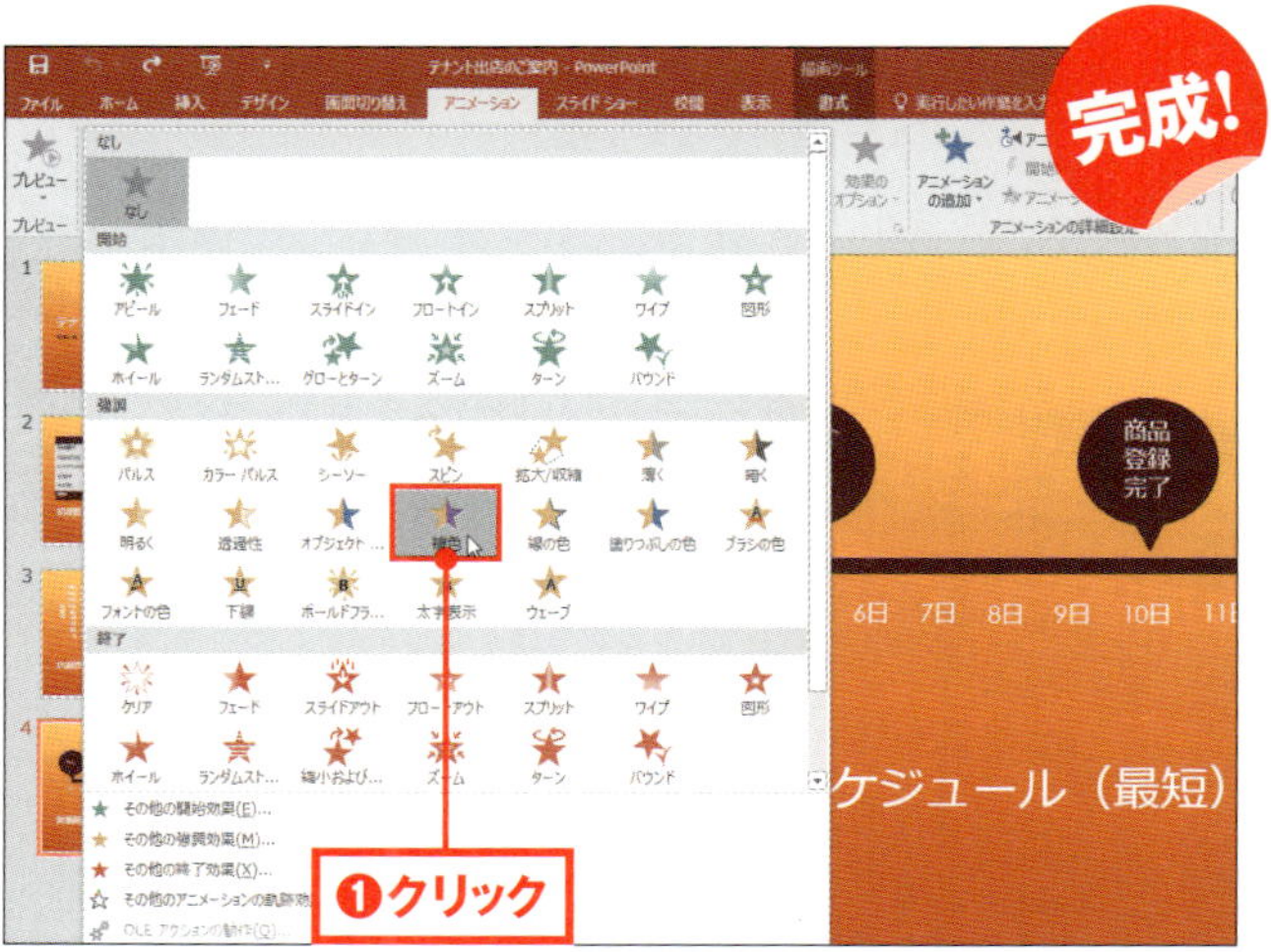

2 「強調」のアニメーションから動きを選び、クリックする❶。同様に他の図形にも「強調」のアニメーション効果を設定する。「アニメーション」タブの「プレビュー」やスライドショーの実行（168ページ）で、動きを確認できる。

複数のアニメーションを組み合わせる

［中級］

ここがポイント！　「アニメーションの追加」から設定する

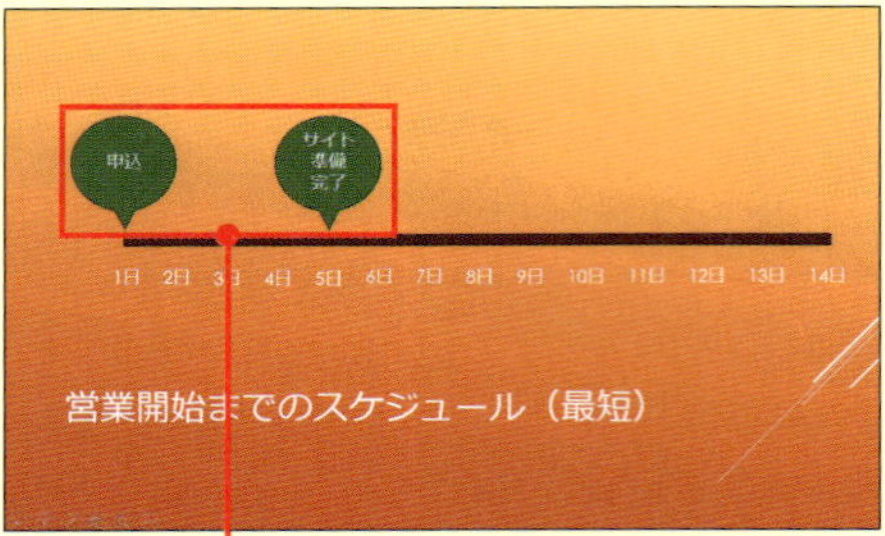

「開始」と「強調」のアニメーションを設定する

アニメーションは、**複数組み合わせて指定**できる。例えば、アニメーションで図形を表示したのち、その図形の色を変えて強調するには、「開始」と「強調」の2つの動きを組み合わせればよい。操作のポイントは、1つめのアニメーションを設定後、**「アニメーションの追加」ボタン**から動きを追加する点にある。これで、1つの図形に複数の動きを設定できる。設定したアニメーションは、141ページの「アニメーションウィンドウ」で確認・編集ができる。

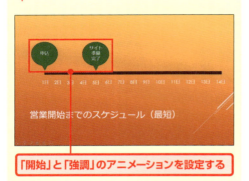

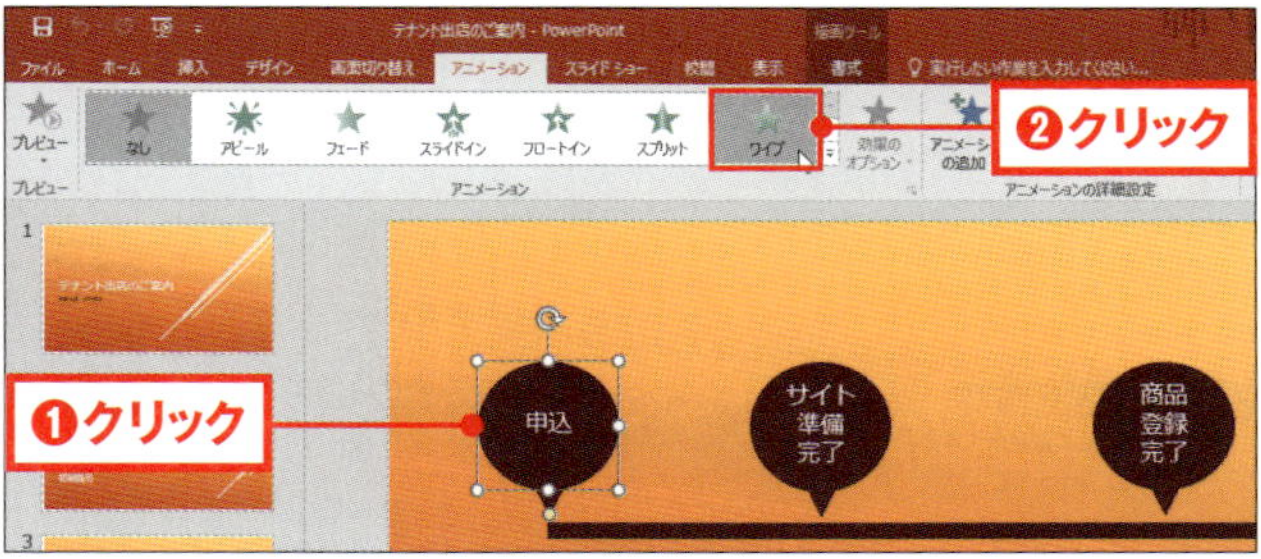

1 図形をクリックし❶、「アニメーション」タブの「開始」の動きをクリックする❷。

2 続いて、「アニメーション」タブの「アニメーションの追加」をクリックし❶、「強調」の動きをクリックする❷。

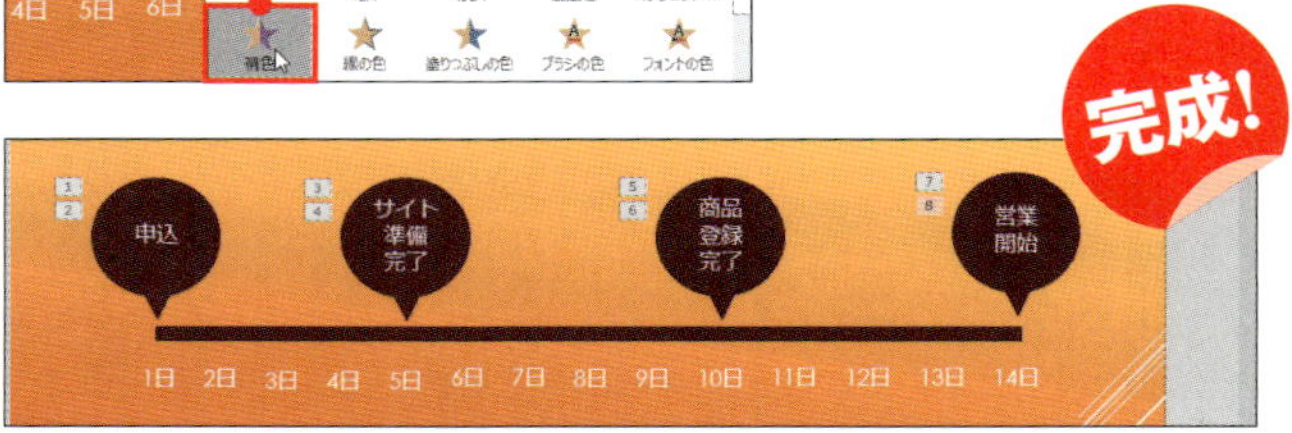

3 同じ図形に、2つのアニメーションが設定された。同様の方法で、他の図形にも複数のアニメーションを設定する。「アニメーション」タブの「プレビュー」やスライドショーの実行(168ページ)で、動きを確認できる。

058

複数の文字や図形を同時に動かす

［中級］

ここがポイント！ 複数の図形にアニメーションを設定する

ここに複数の図形を同時に表示したい

文字や図形にアニメーション効果を設定するとき、複数の文字や図形を同時に動かしたいという場合がある。その場合は、**複数の図形を選択した状態でアニメーションを設定**すればよい。アニメーションが設定された文字や図形には、スライドにアニメーションの順番を示す番号が表示される。同じタイミングで実行されるアニメーションには同じ番号がつくので、それを見れば設定内容を知ることができる。

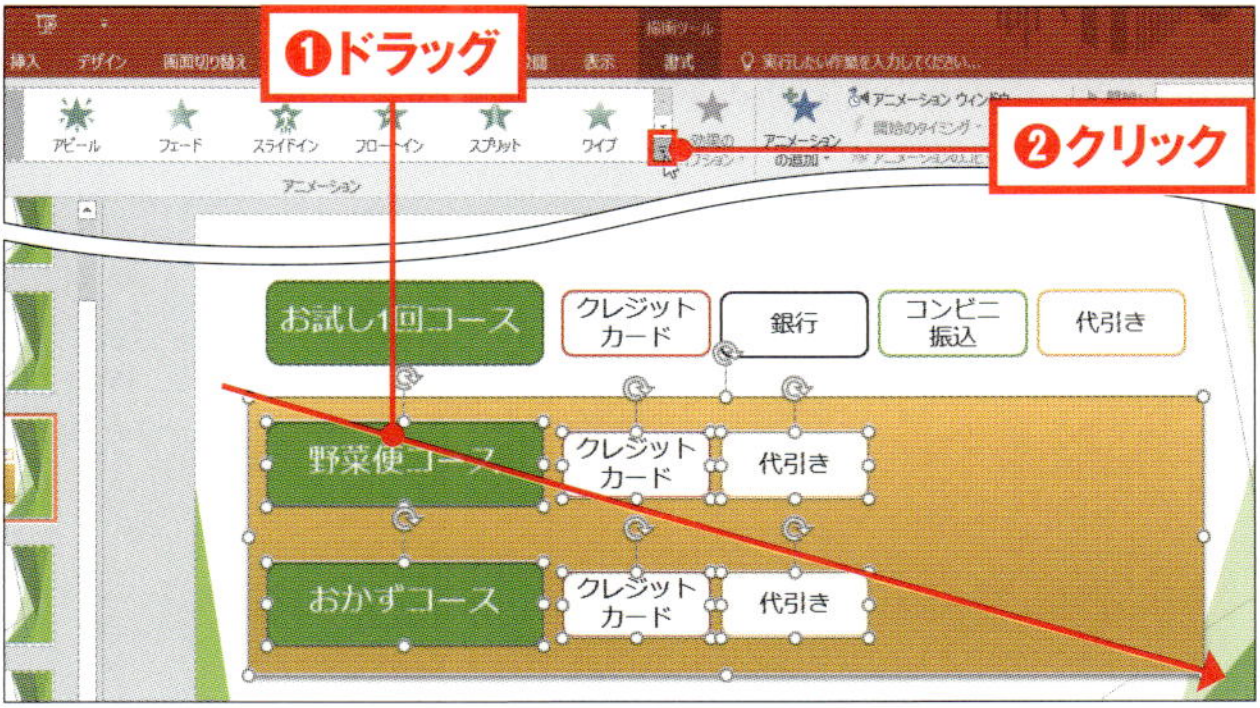

1 アニメーションを設定する図形を選択する。複数の図形を選択するには、図形を囲むようにドラッグする❶。「アニメーション」タブの「その他」をクリックする❷。

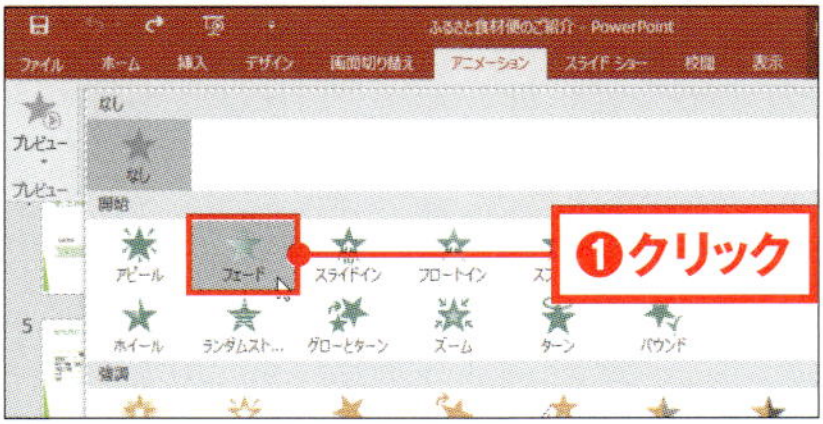

2 「開始」のアニメーションから動きを選び、クリックする❶。ここでは、図形を徐々に表示する「フェード」を選択する。

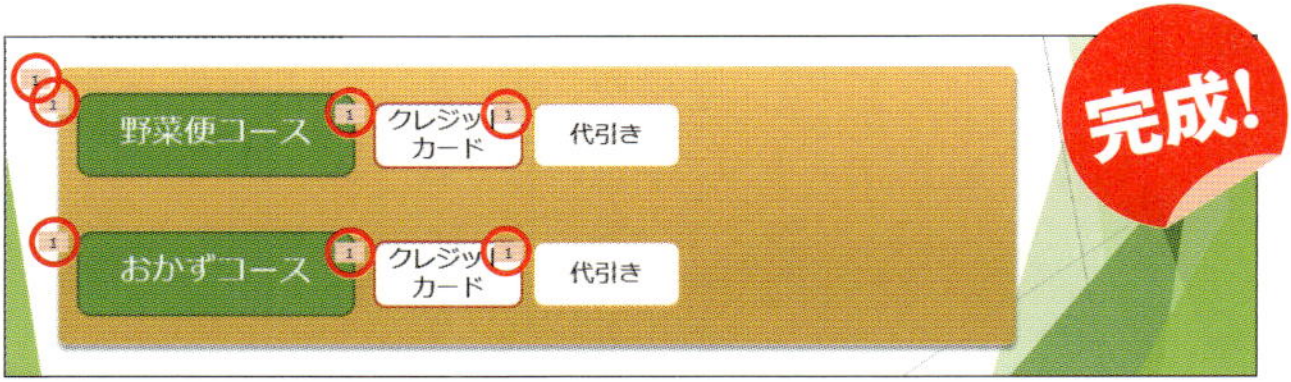

3 複数の図形に対してアニメーションが設定された。アニメーションの順番は、番号で確認できる。

アニメーションの速度を変更する

［中級］

ここがポイント!

「アニメーションウィンドウ」を利用する

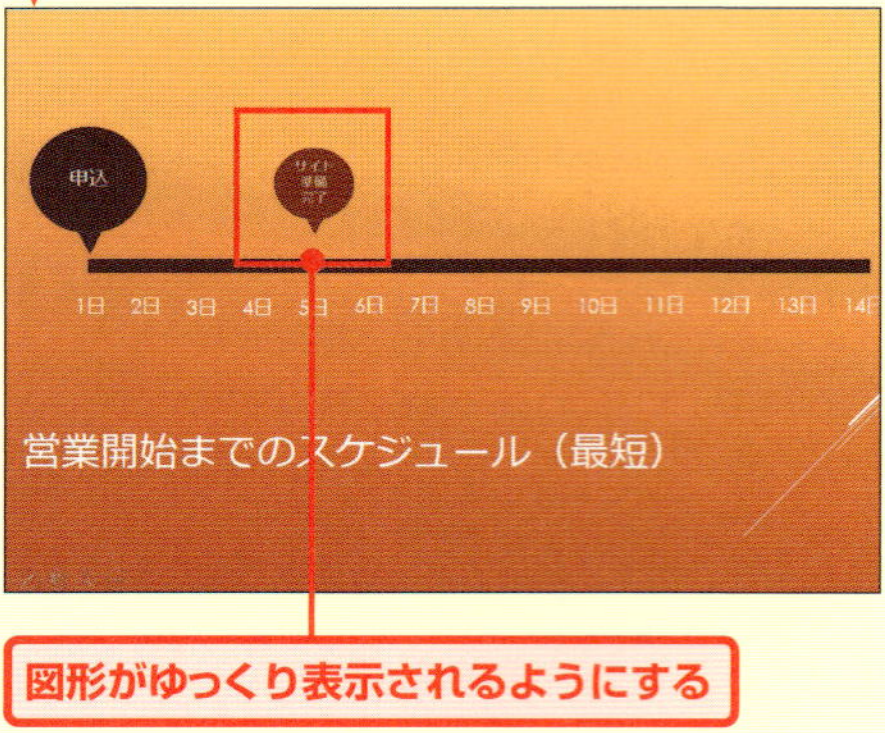

文字や図形に設定したアニメーション効果は、クリックのタイミングで実行される。168ページの方法でスライドショーを実行すると、実際のプレゼンと同じ条件でアニメーションを再生できるので、そこで動きを確認しよう。このとき、動きが速すぎたり遅すぎたりした場合は、**アニメーションの速度**を変更して調整する。速度は、個別の図形ごとに調整することも可能だ。プレゼンの内容に合わせて、ちょうどよい速度に設定しよう。

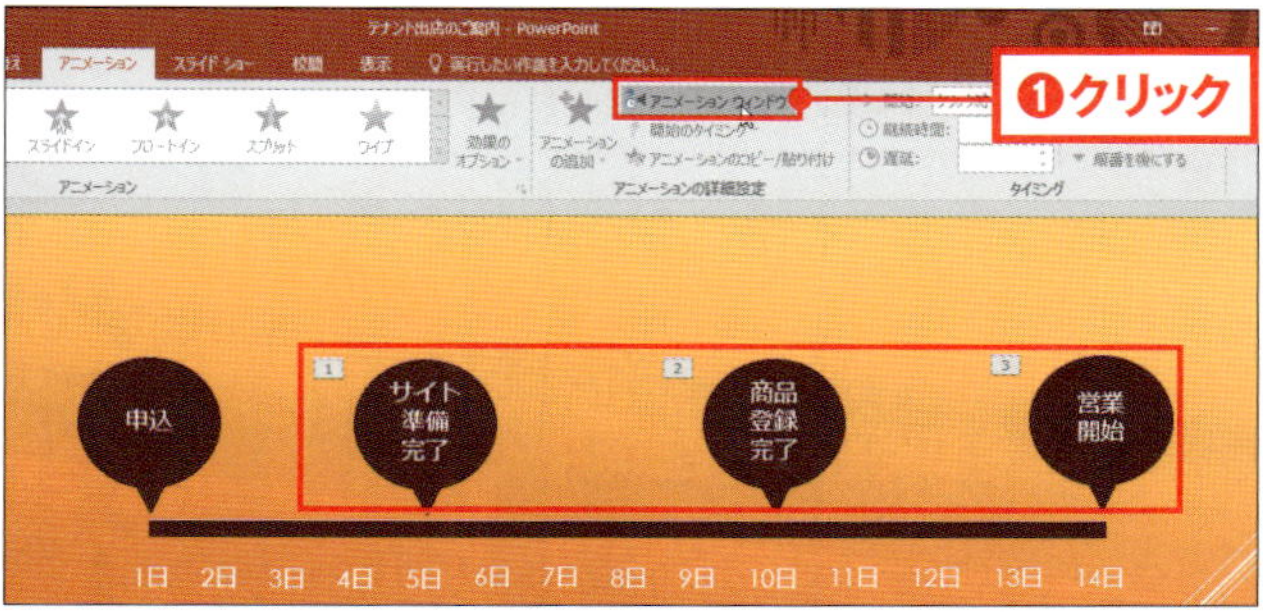

1 132ページの方法で、図形を登場させるアニメーション効果を設定しておく。「アニメーション」タブの「アニメーションウィンドウ」をクリックする❶。

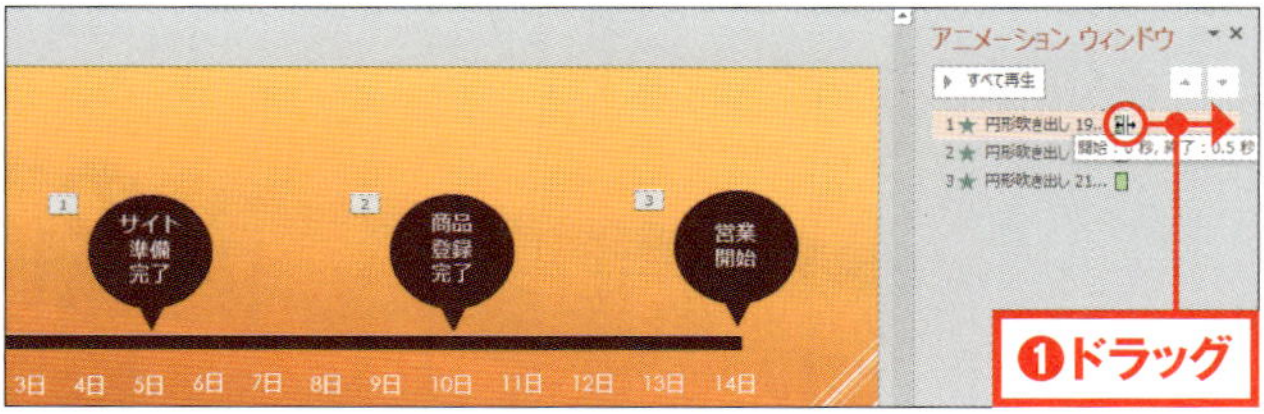

2 アニメーションの一覧が表示される。速度を変更したいアニメーション効果のバーの右側境界線部分を右方向にドラッグする❶。

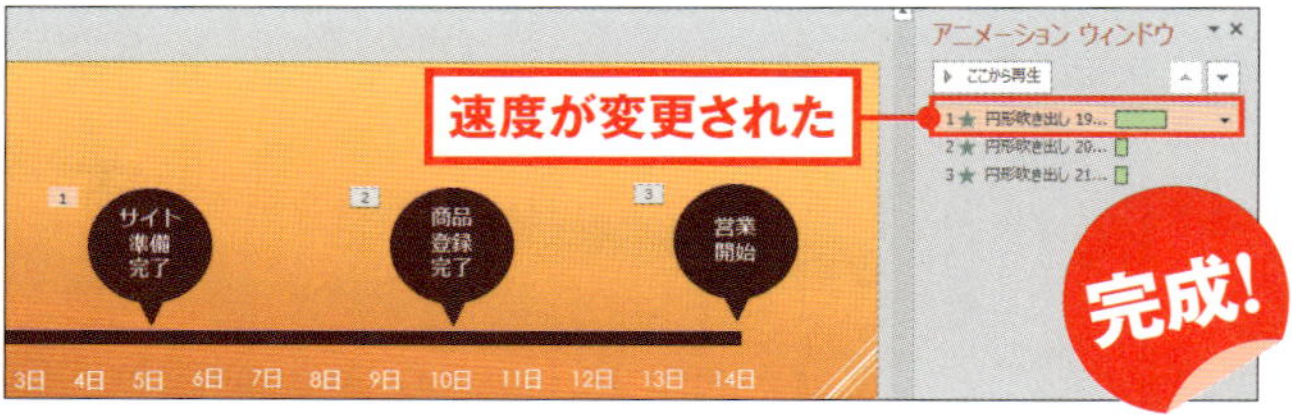

3 アニメーションの速度が変更された。右にドラッグすると速度が遅く、左にドラッグすると速度が速くなる。必要に応じて、その他の図形の速度も調整する。

アニメーションの順番を変更する

［中級］

ここがポイント! 「アニメーションウィンドウ」で入れ替える

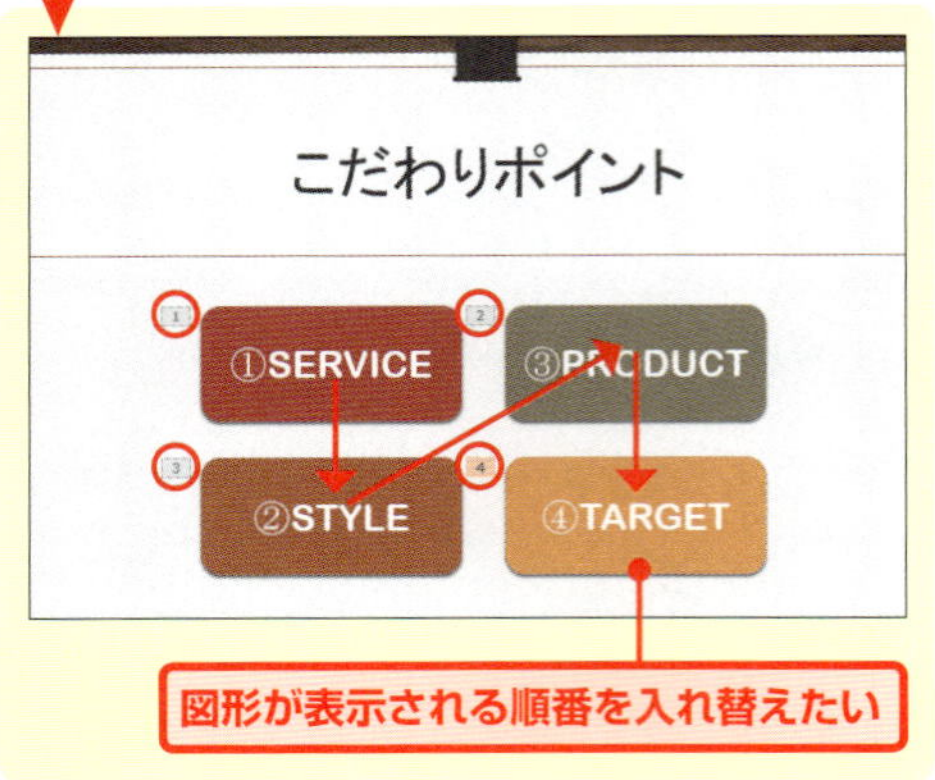

複数の図形や文字にアニメーションを設定すると、設定した順にアニメーションが実行される。**アニメーションの順番**は、図形や文字の左上に表示される番号で確認できる。この表示順を変更するには、**「アニメーションウィンドウ」**を表示して、▲▼ボタンのクリックで順番を入れ替えればよい。左上の番号が変更されたことを確認し、「プレビュー」(129ページ)または「スライドショーの再生」(168ページ)で動きを確認しよう。

1 132ページの方法で、図形を登場させるアニメーション効果を設定しておく。動きの順番が、番号で表示される。「アニメーション」タブの「アニメーションウィンドウ」をクリックする❶。

2 アニメーションの一覧が表示される。順番を変更したいアニメーションをクリックし❶、「▲」「▼」ボタンをクリックして順番を入れ替える❷。

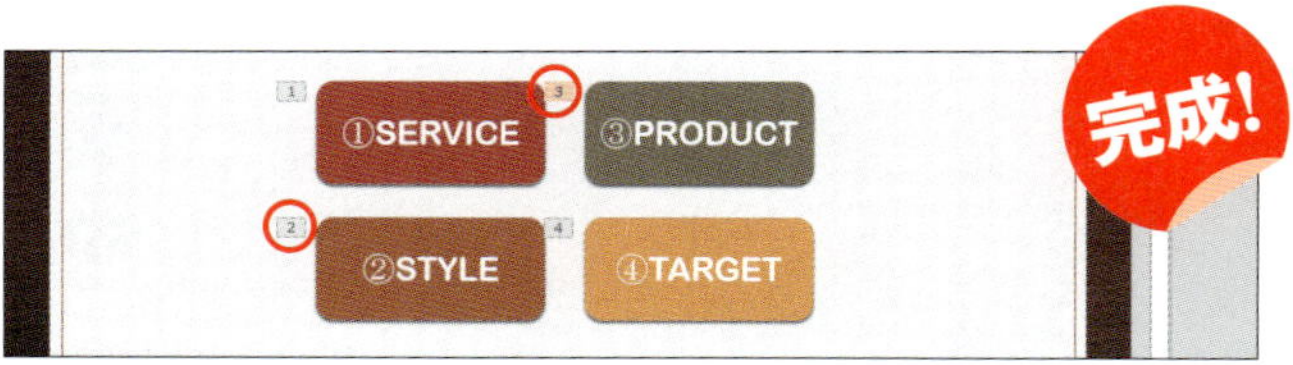

3 アニメーションの順番が入れ替わった。「アニメーション」タブの「プレビュー」またはスライドショーの実行(168ページ)で、動きを確認できる。

アニメーションの詳細を設定する

［ 中級 ］

ここがポイント!

「効果のオプション」で設定する

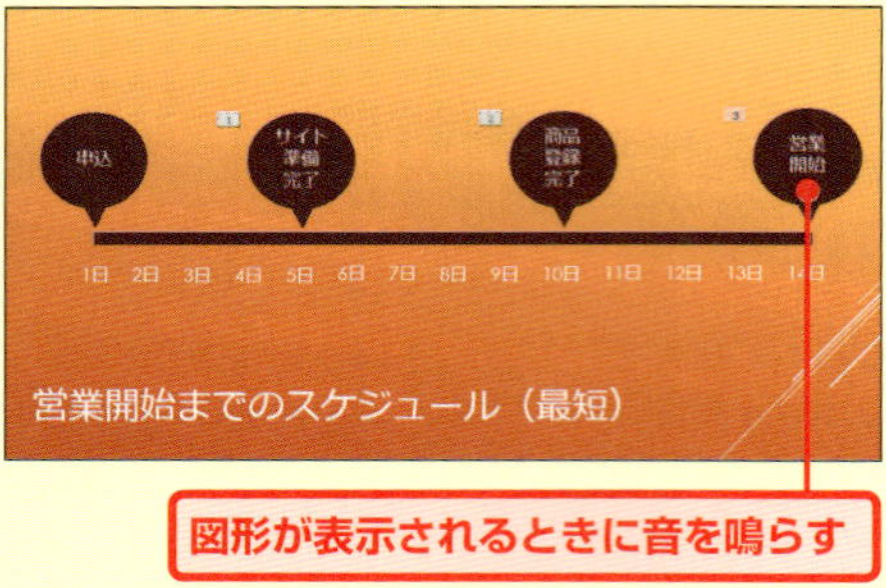

アニメーションを設定したら、必要に応じて**動きの詳細**を設定しよう。「アニメーションウィンドウ」でアニメーションを選び、**「効果のオプション」**を選ぶと表示される画面で指定できる。実行時に音を鳴らす、移動の方向を変える、などの効果を設定できる。設定できる効果はアニメーションの種類に応じて異なるので、それぞれの画面を見てほしい。ここではアニメーションの実行時に音を鳴らす設定を行ってみる。

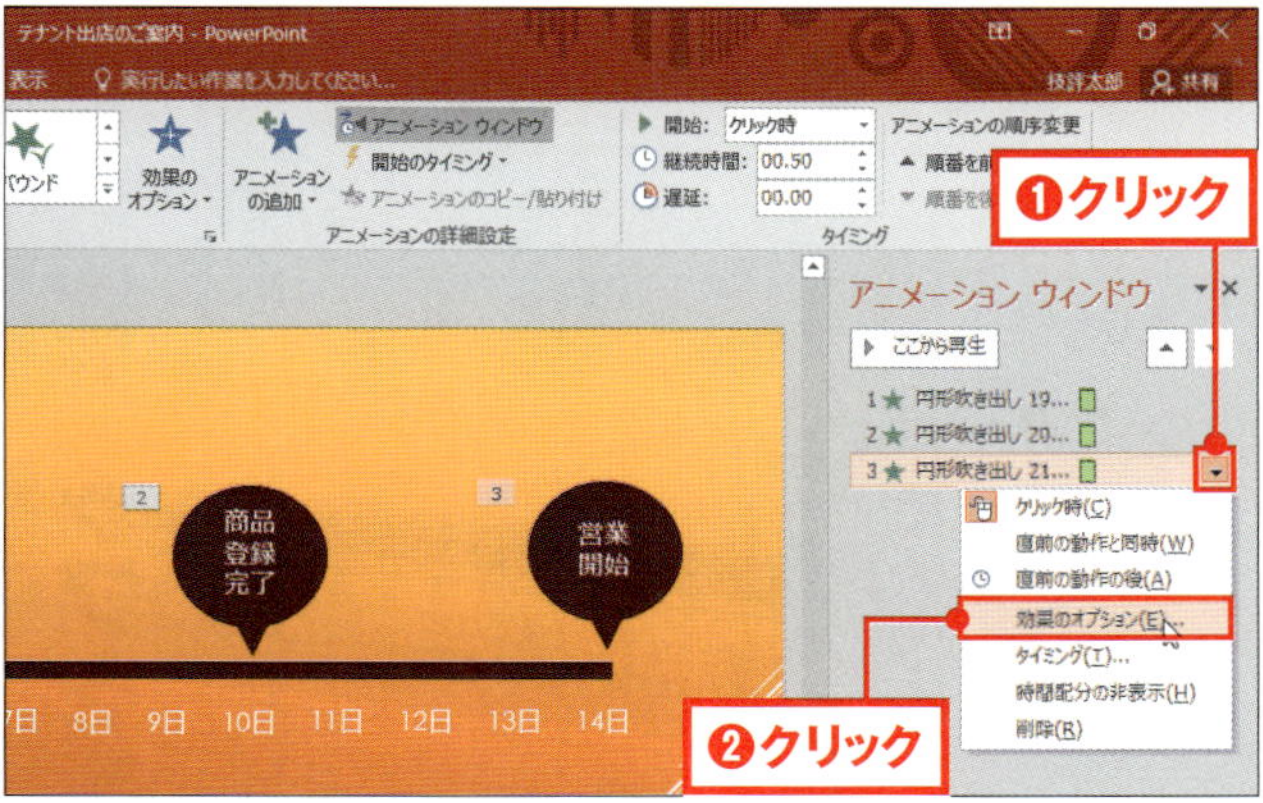

1 141ページの方法で、「アニメーションウィンドウ」を表示する。アニメーションの一覧から、詳細な動作を設定するアニメーションの「▼」をクリックし❶、「効果のオプション」をクリックする❷。

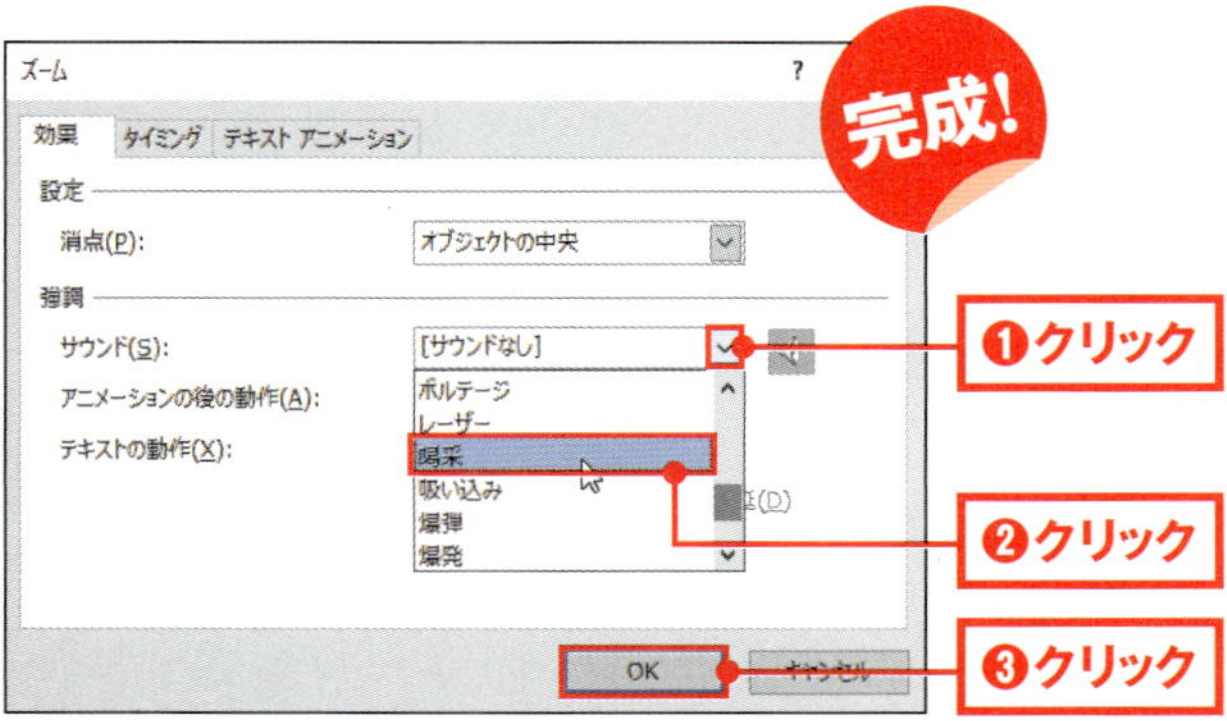

2 設定画面が表示される。「効果」タブで、「サウンド」の横の「▼」をクリックし❶、音の種類を選択する❷。「OK」をクリックすれば❸、設定完了だ。

棒グラフを系列ごとに表示する

ここがポイント!

「効果のオプション」を設定する

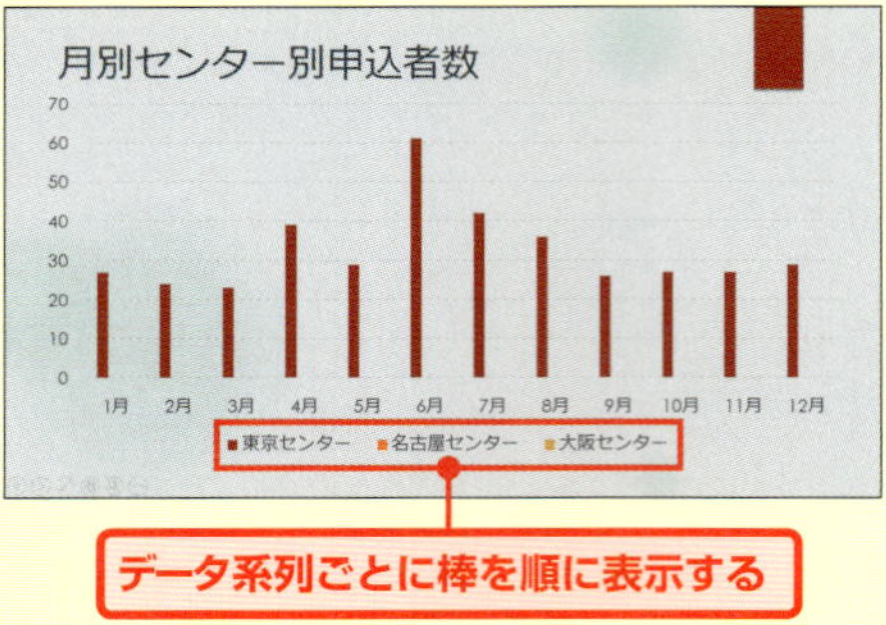

文字や図形と同様、グラフにもアニメーションを設定できる。例えば棒グラフで、**棒が下から伸びてくる動き**をつければ、売上の伸びを強調できる。グラフを表示するときの単位も指定できる。上の例の場合、「東京センター」「名古屋センター」の順や、「1月」「2月」の順に表示できる。また、「東京センター」の「1月」「2月」の順、「1月」の「東京センター」「名古屋センター」の順に1本ずつ表示することもできる。

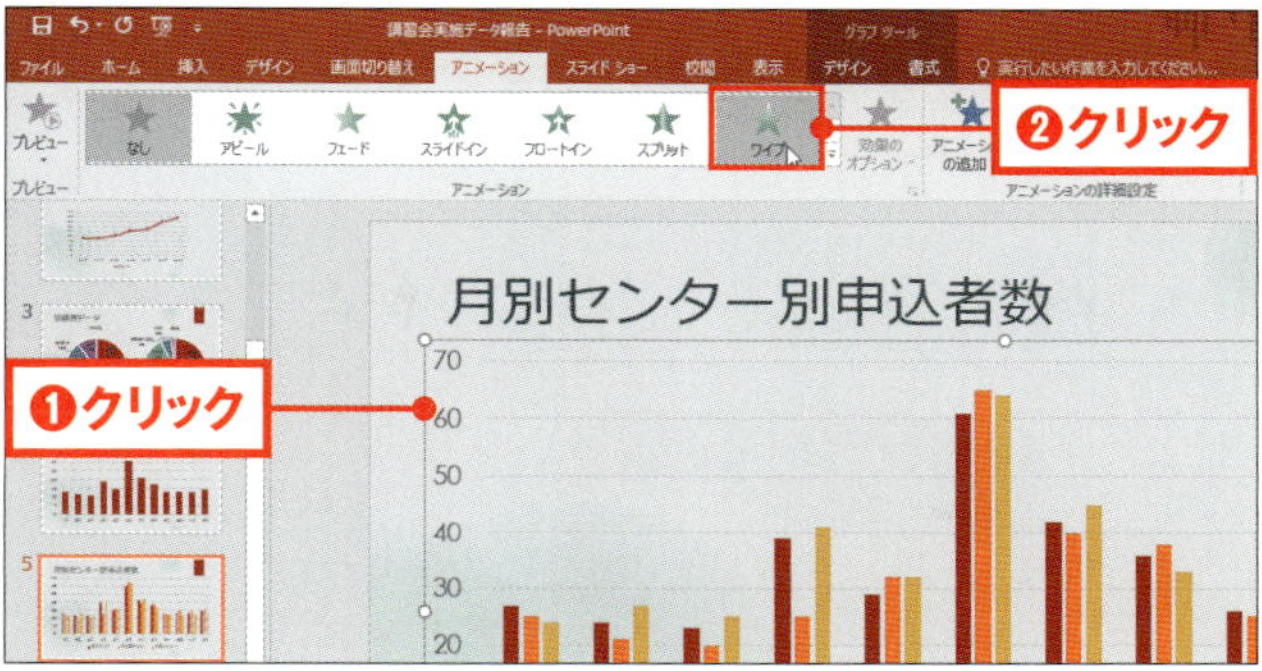

1

グラフをクリックし❶、「アニメーション」タブの「開始」の「ワイプ」をクリックする❷。

2

「アニメーション」タブの「効果のオプション」をクリックし❶、「方向」が「下から」になっていることを確認する❷。グラフを表示するときの単位を選択してクリックする❸。

系列別	同じ色で示されるデータ系列ごとに表示される
項目別	項目軸の項目ごとに表示される
系列の要素別	データ系列ごとに左の項目から順に表示される
項目の要素別	項目軸の項目ごとに左の項目から順に表示される

スライドに動画を入れる

ここがポイント！ パソコン内の動画ファイルを指定する

プレゼンの途中で動画を再生したい。そんなときは、**スライドに動画を入れて再生**する方法がある。あらかじめパソコンに保存した動画ファイルを指定し、スライドに挿入するだけでＯＫだ。ＹｏｕＴｕｂｅ上の動画を指定することもできる。動画を再生するには、スライドショーを実行し、「再生」をクリックすればよい。ただし、動画再生に必要なソフトがパソコンに入っていないと再生できない場合もある。事前に確認しておこう。

［初級］

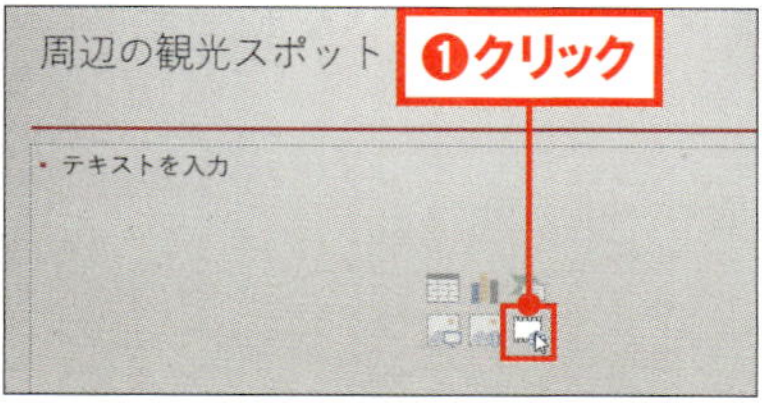

1 プレースホルダーの「ビデオの挿入」をクリックする❶。「挿入」タブの「ビデオ」-「このコンピューター上のビデオ」から追加することもできる。

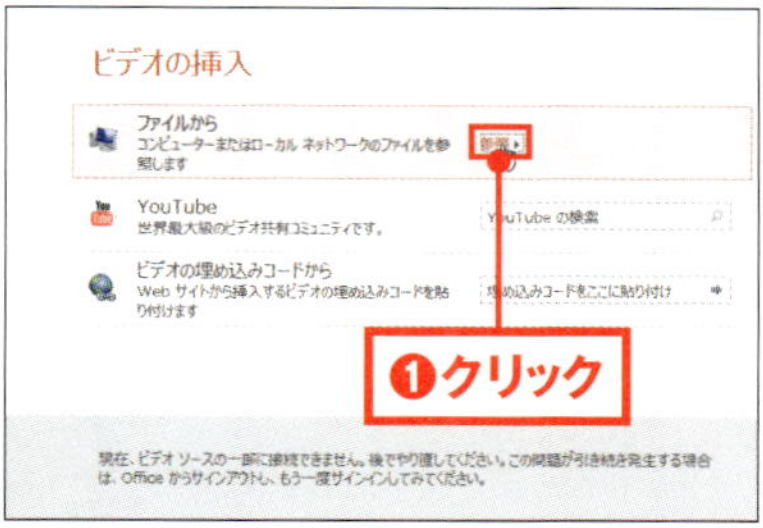

2 「ビデオの挿入」画面で、「ファイルから」の「参照」をクリックする❶。「YouTube」にキーワードを入力して、YouTube上の動画を検索して挿入することもできる。

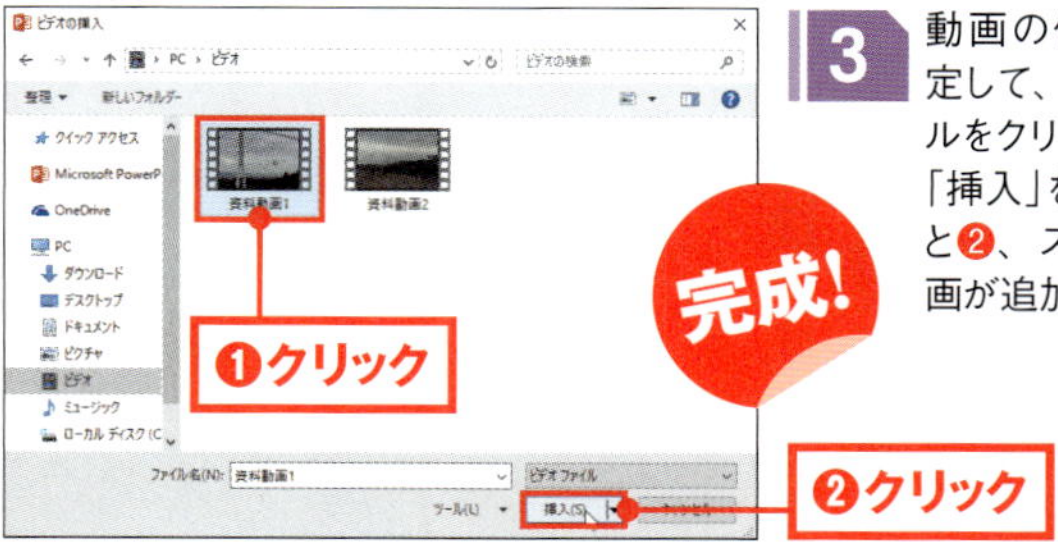

3 動画の保存先を指定して、動画ファイルをクリックする❶。「挿入」をクリックすると❷、スライドに動画が追加される。

★One Point !★

パワーポイントでは、拡張子が「.asf」「.avi」「.mpg」「.mpeg」「.wmv」などの動画ファイルを再生できる。ただし、パワーポイントのバージョンによって若干異なるので注意が必要だ。

動き・音声

064

動画を全画面で表示する

初級

ここがポイント！

「ビデオのオプション」を設定する

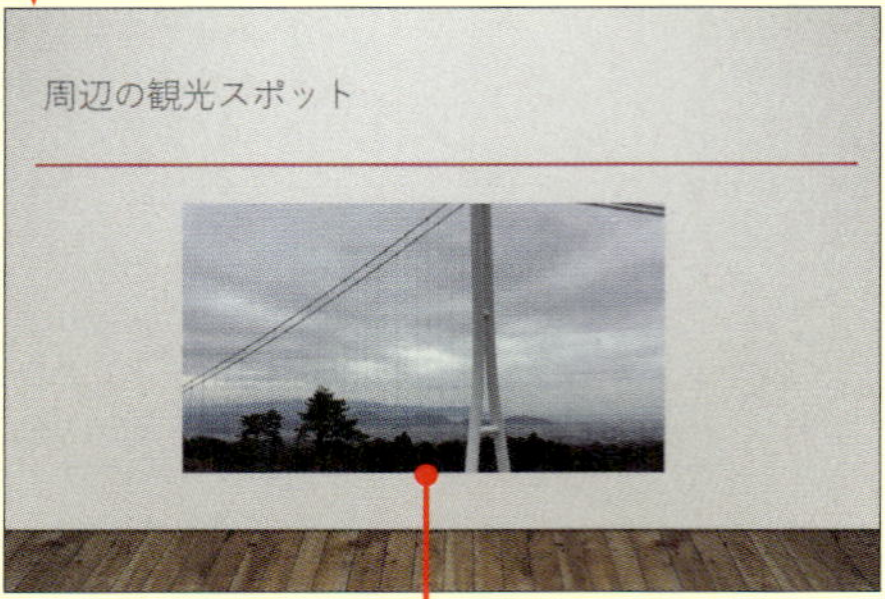

スライドに動画を配置したら、再生時の画面表示や再生タイミングなどを指定しよう。設定は、**「ビデオツール」の「再生」タブ**で行う。**動画を全画面で再生**するには、「全画面再生」にチェックをつけておこう。また、**動画を再生するタイミング**は、既定ではクリック時になっている。スライドを表示したタイミングで自動で再生されるようにするには、「開始」で「自動」を選択すればよい。**音量**は、「音量」ボタンから選択できる。

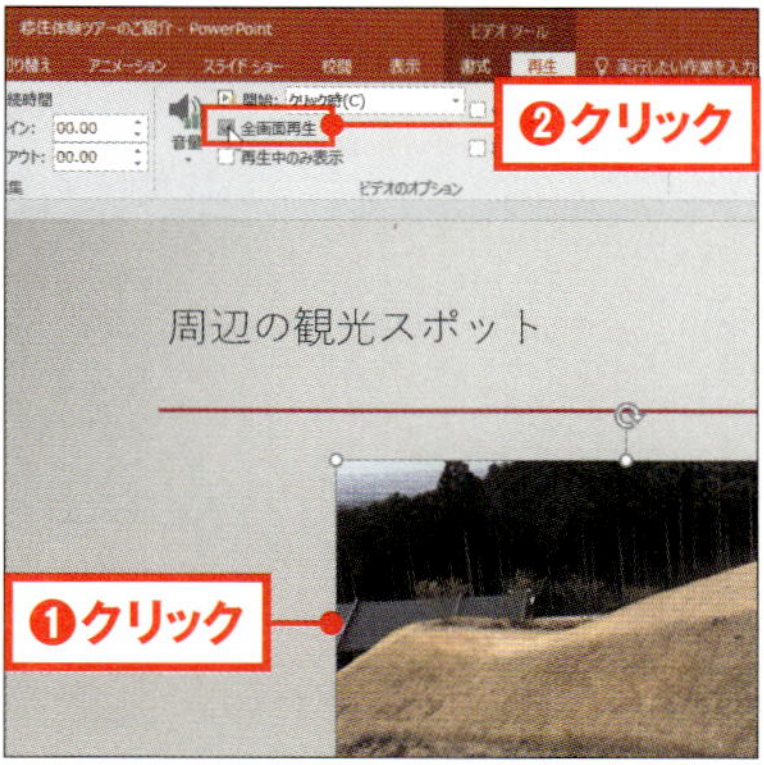

1 動画をクリックする❶。「ビデオツール」の「再生」タブで、「全画面再生」をクリックする❷。なお、YouTubeの動画を挿入した場合、一部の設定は利用できないので注意が必要だ。

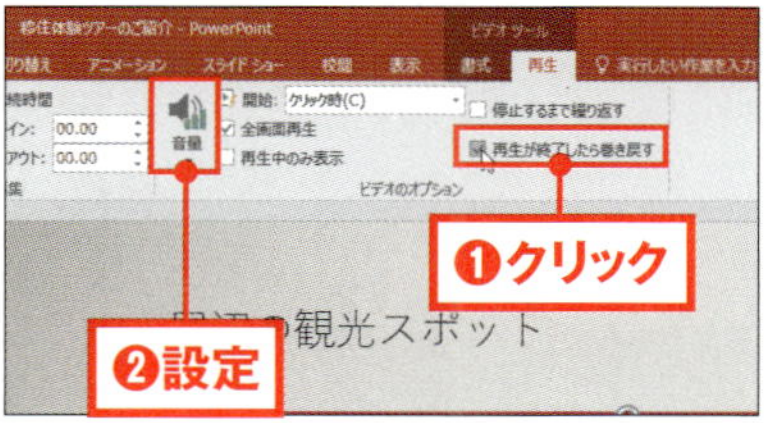

2 再生が終了したときに、巻き戻して表紙の画面を表示するには、「再生が終了したら巻き戻す」をクリックする❶。音量は、「音量」から設定できる❷。

3 スライドショーを実行して、動画の下の「再生」をクリックすると❶、動画が全画面で再生される。

動画の表紙を指定する

[中級]

ここがポイント!

お気に入りのシーンを選択する

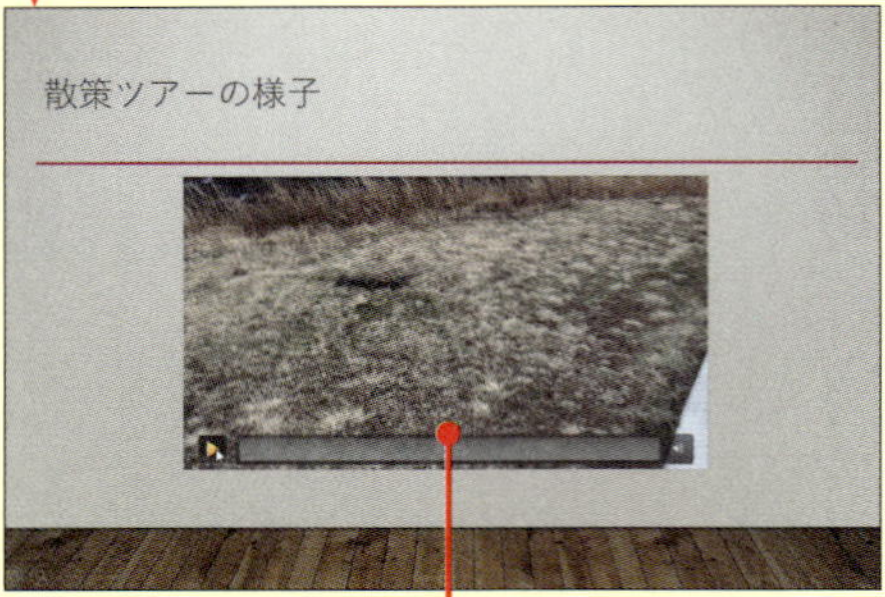

動画開始時の表紙を変更する

スライドに動画を追加すると、動画開始時の画像が、**表紙画像**として表示される。しかし、動画の撮影を開始したタイミングによっては、動画の内容がわかりにくかったり、見た目がよくないこともあるだろう。そのようなときは、**動画のワンシーンを表紙画像として選択し、利用**することができる。また、あらかじめ用意しておいた静止画像を利用することも可能だ。動画の内容をイメージできる画像を表示しよう。

1 動画の下の「再生」をクリックする❶。すると、動画が再生される。

2 表紙にしたいシーンで「一時停止」をクリックする❶。

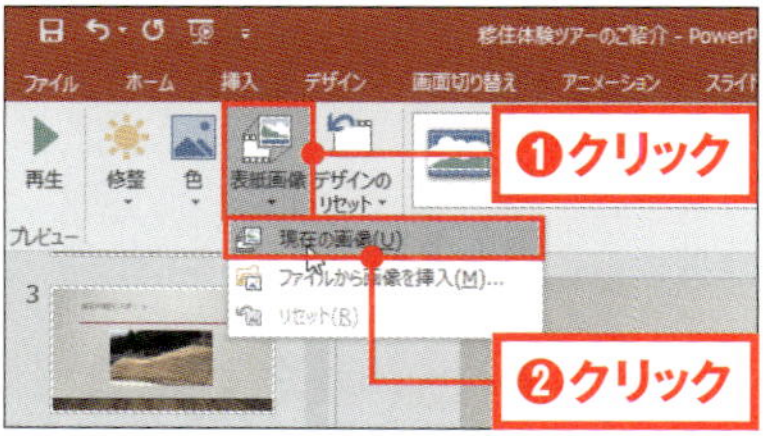

3 「書式」タブの「表紙画像」をクリックし❶、「現在の画像」をクリックする❷。ここで「ファイルから画像を挿入」をクリックすると、静止画像を表紙として設定できる。

4 表紙画像が設定される。

066

スライドにBGMを追加する

［初級］

プレゼンが始まる前に、BGMを流しておきたいことがある。また、特定のスライドを表示した時に、雰囲気を盛り上げるためのBGMを流したいといったことがある。その場合は、スライドに**オーディオファイル**を追加しておくと、「再生」のクリックでBGMを再生することができる。なお、「再生」のクリック時ではなく、スライドを表示すると自動的に再生が始まるようにする方法は、156ページを参照してほしい。

ここがポイント! スライドにオーディオファイルを追加する

ふるさと食材便のご紹介
営業部　伊藤直美

「再生」をクリックするとBGMが再生される

1 オーディオを追加するスライドをクリックする❶。「挿入」タブの「オーディオ」をクリックし、「このコンピューター上のオーディオ」をクリックする❷。

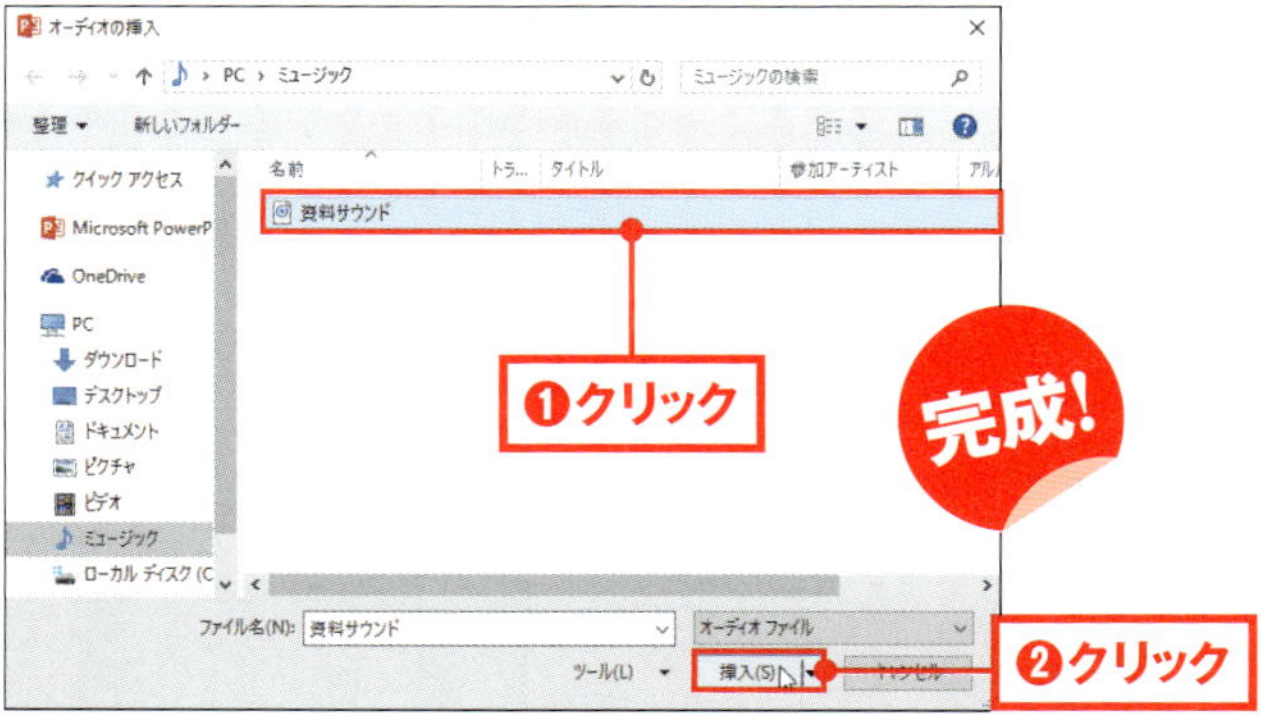

2 追加したいオーディオファイルをクリックする❶。「挿入」をクリックする❷。

★One Point !★

パワーポイントでは、拡張子が「.mid」「.midi」「.mp3」「.wav」「.wma」などの音声ファイルを再生できる。

動き・音声

067

特定のスライドでBGMを流す

［中級］

ここがポイント！「オーディオのオプション」を設定する

エコツアー その１（カヌー）
期間 4月～10月末
所要時間 2時間
レベル ★★★
料金 ¥7,000～
催行人数 2名様～
スライドを表示すると
自動的にBGMが再生される

特定のスライドを表示したときに、自動的にBGMが流れるようにして、スライドを切り替えるとBGMが停止するようにしたい。そんなときは、「オーディオ」ツールの「再生」タブでオーディオの再生方法を指定すればよい。**再生するタイミング**と、**スライドを切り替えたあとの再生の有無**を指定する。なお、オーディオを自動再生する場合は、サウンドのアイコンが不要な場合も多い。その場合は、アイコンを非表示にしておこう。

1 スライドに挿入したオーディオのアイコンをクリックする❶。「再生」タブの「開始」で、「自動」をクリックする❷。これで、スライドが表示されると自動的にBGMが再生される。

2 「再生」タブの「スライド切り替え後も再生」のチェックがオフになっていることを確認する❶。チェックをオンにすると、スライド切り替え後も再生が継続される。「スライドショーを実行中にサウンドのアイコンを隠す」をクリックすると❷、サウンドのアイコンが非表示になる。パワーポイント2010の場合は、141ページの方法で「アニメーションウィンドウ」を表示し、オーディオを選択して145ページの方法で「効果のオプション」を選択すると、再生方法の詳細を指定できる。

COLUMN

コラム 5

動画やBGMを パワーポイントで編集する

スライドで動画や音声を利用するときは、撮影したままのファイルをそのまま追加するのではなく、動画や音声の編集ソフトで、動画にテロップを入れたり音声を入れ替えたりするなど、ひと手間加えてから利用するとよい。しかし、動画や音声の編集ソフトを使い慣れていない場合は、手間がかかって大変だ。その場合は、パワーポイントを使ってかんたんな編集を行うことができる。

たとえば「再生」タブでは、不要な部分を「トリミング」で削除できる。また、音声が徐々に聞こえ始める「フェードイン」、徐々に消える「フェードアウト」の設定を行える。なお、パワーポイントのバージョンによって利用できる機能は異なるので、注意してほしい。

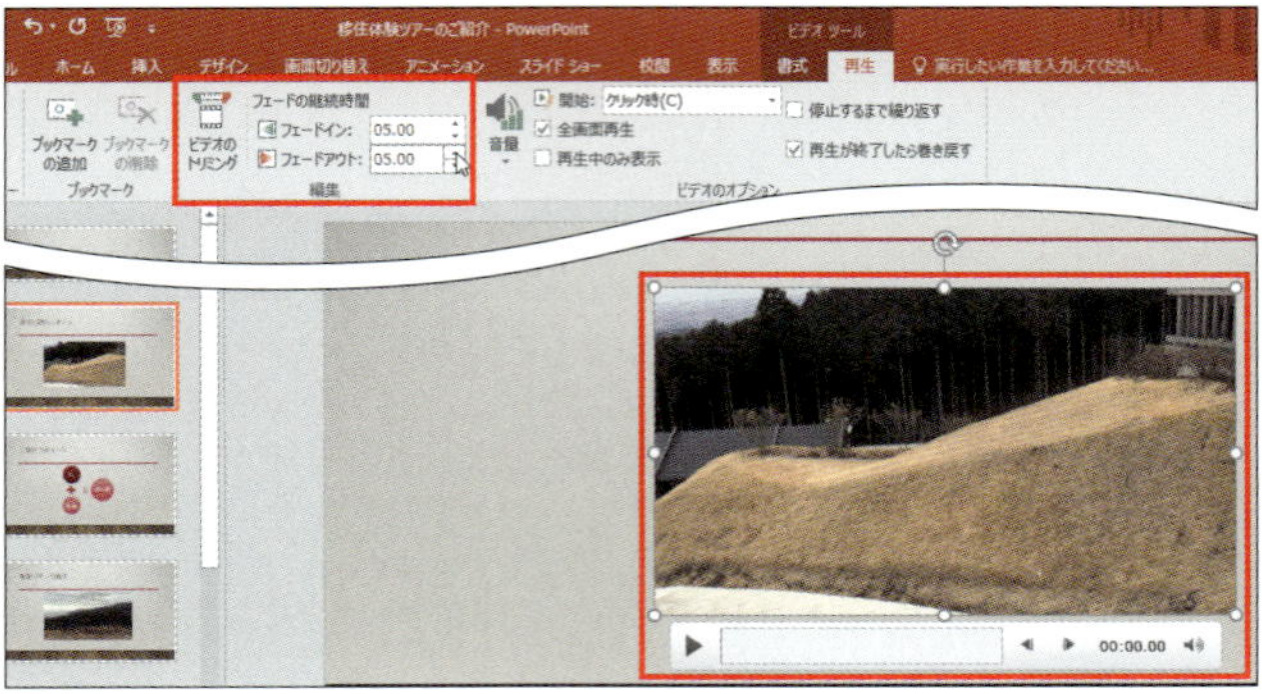

第6章

プレゼン

プレゼン&資料配布の便利ワザ

配布資料を印刷する

［ 初級 ］

ここがポイント! **配布資料のレイアウトを選択する**

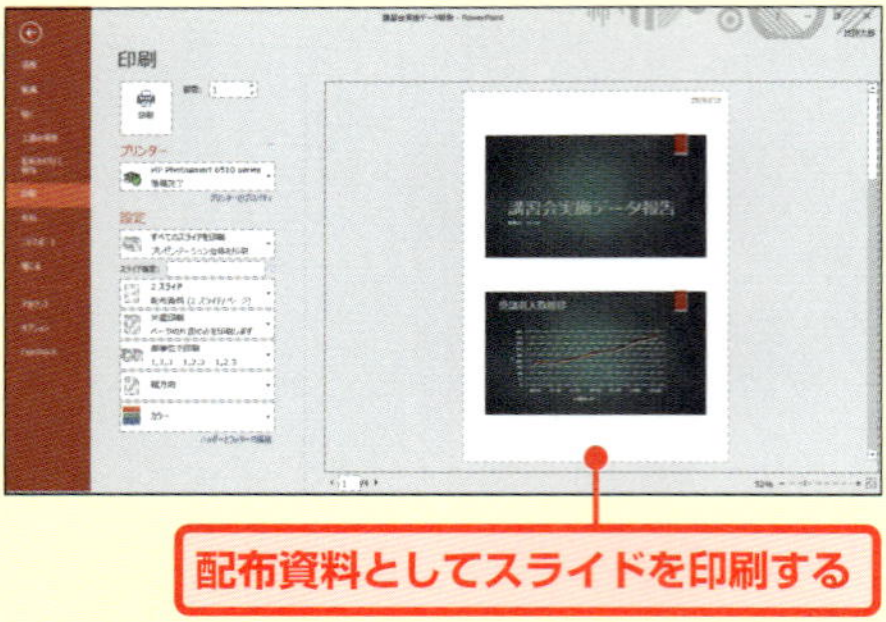

パワーポイントでは、**配布資料**として**スライドの縮小図**を印刷することができる。1枚の用紙にスライド1ページ分を印刷すると、配布資料が多くなり、参加者の負担にもなる。そのため、**縦向きの用紙1枚に2枚のスライドを印刷**するのが一般的だ。パワーポイントでは、配布資料のレイアウトとして9つのパターンが用意されている。スライドの内容や枚数などに応じて、適切なレイアウトを選択しよう。

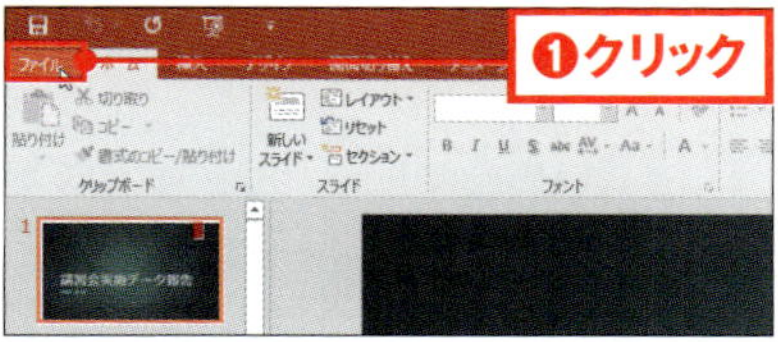

1 印刷するファイルを開き、「ファイル」タブをクリックする❶。

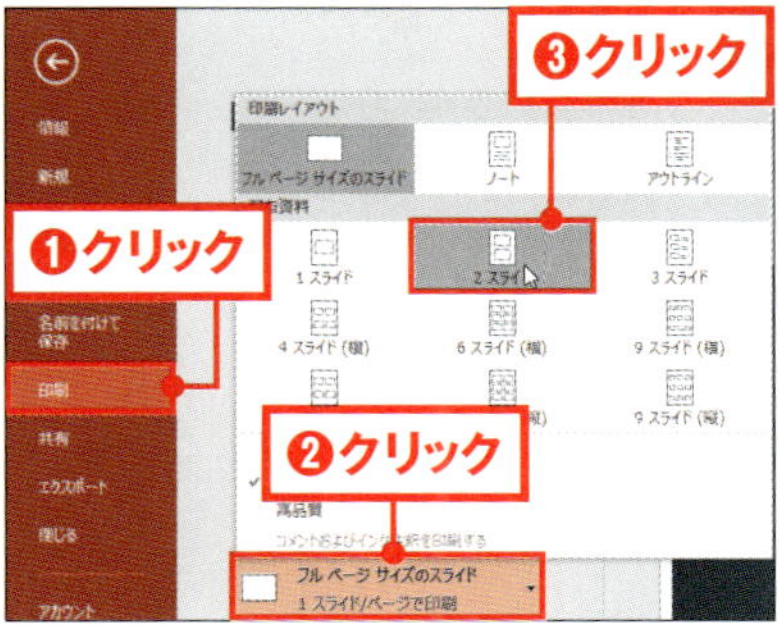

2 「印刷」をクリックする❶。「フルページサイズのスライド」をクリックし❷、配布資料のレイアウト（ここでは2スライド）をクリックする❸。

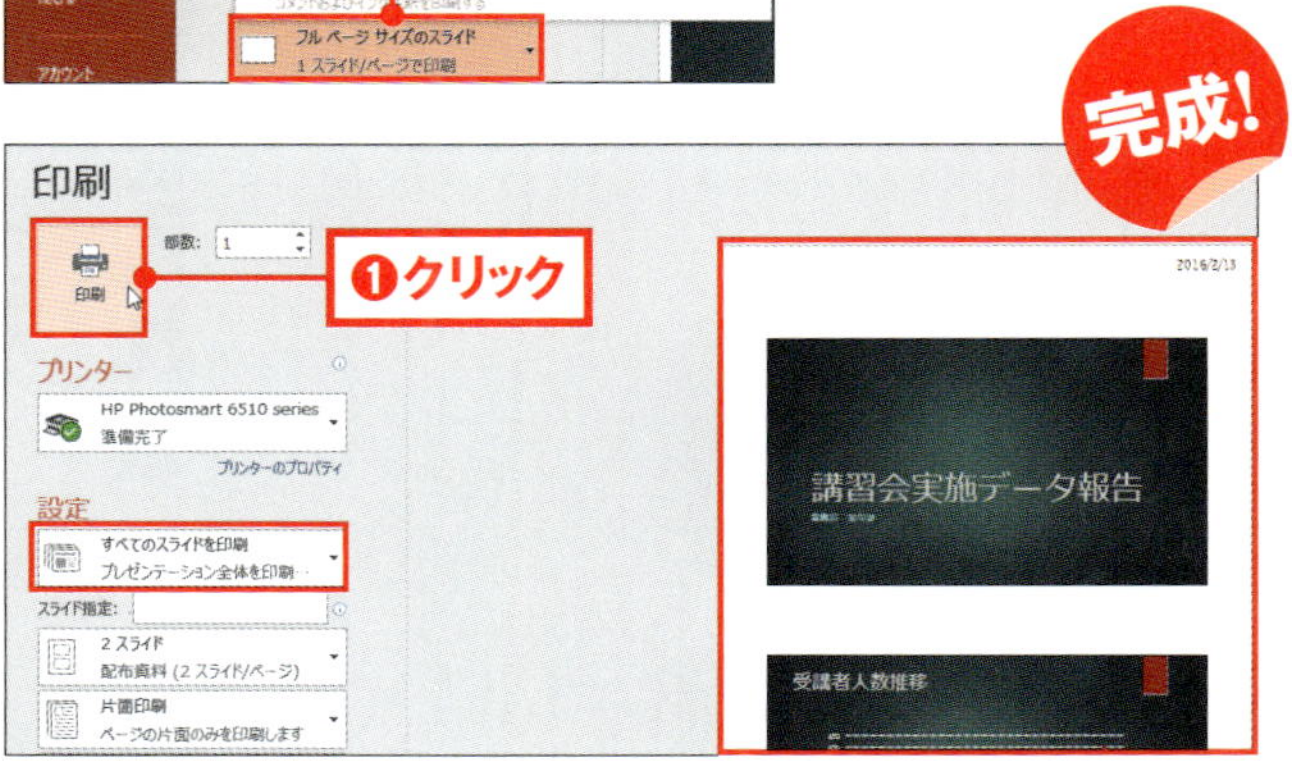

3 配布資料のレイアウトが変更される。「印刷」をクリックし❶、印刷を実行する。なお、非表示スライドを印刷対象から除くには、「設定」の「すべてのスライドを印刷」をクリックし、「非表示スライドを印刷する」のチェックを外しておく。

配布資料に日付やページ番号を入れる

ここがポイント! ヘッダー／フッターを指定する

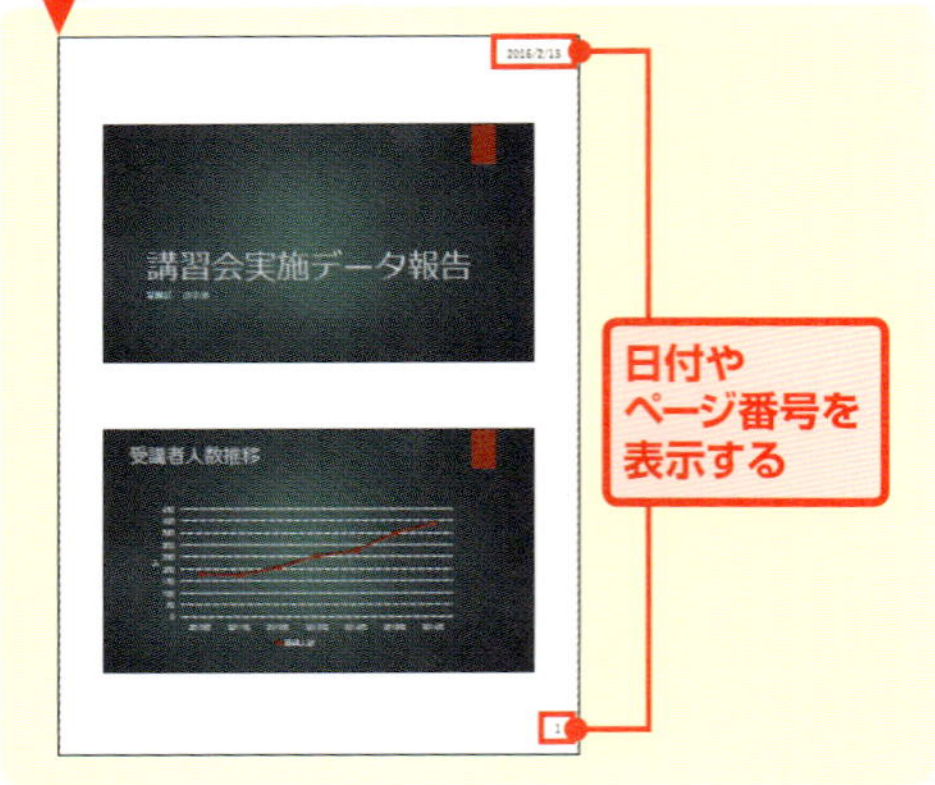

配布資料には、いつどのようなテーマで行われたプレゼンの資料なのかがすぐにわかるように、**ヘッダーやフッターに日付やページ番号を表示**しておこう。こうした気配りによって、会社などに持ち帰ってもらってからの資料の整理が容易になる。ヘッダーとフッターには、日付やページ番号以外の情報を指定することもできる。必要に応じて、プレゼンのテーマや担当者名などを表示するとよいだろう。

［初級］

1

「挿入」タブの「スライド番号」をクリックする❶。

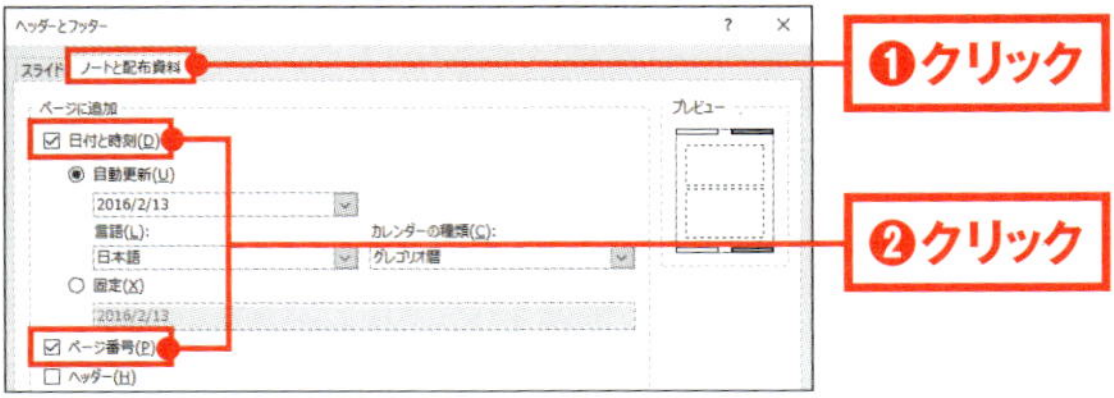

2

「ヘッダーとフッター」画面で、「ノートと配布資料」タブをクリックする❶。「日付と時刻」「ページ番号」にチェックを付ける❷。「日付と時刻」で「自動更新」を選択すると、印刷した日の日付が印刷される。「固定」を選択して日付を入力すると、指定した日付を印刷できる。

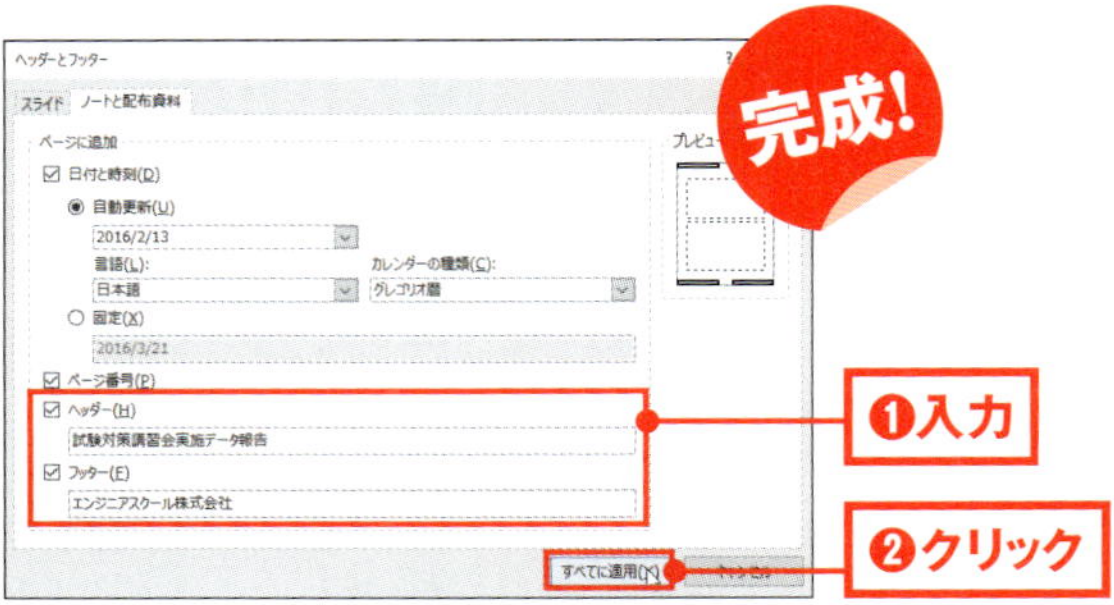

3

「ヘッダーとフッター」画面の「ヘッダー」「フッター」にチェックを付けて、内容を入力する❶。これで、日付やページ番号以外の情報を指定できる。設定が完了したら、「すべてに適用」をクリックする❷。

プレゼン

070

メモ欄付きの配布資料を作成する

［初級］

ここがポイント！

「3スライド」に設定する

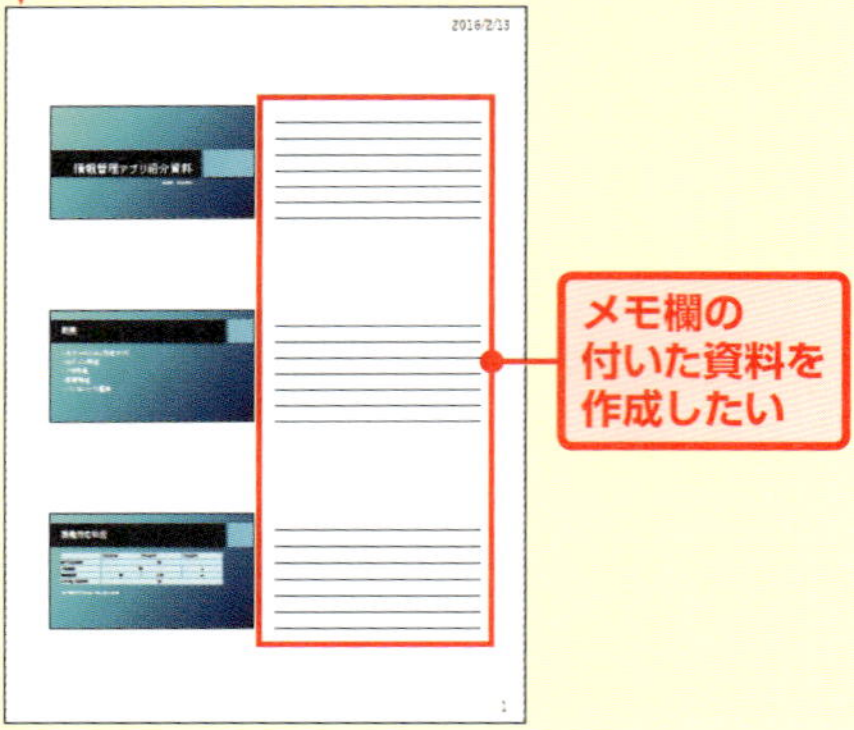
2016/2/13
メモ欄の
付いた資料を
作成したい

160ページで紹介したように、配布資料には9種類のレイアウトが用意されている。セミナーや商品説明会など、プレゼン中、聞き手にメモをとってもらいたい場合は、スライド横にメモ欄のある**「3スライド」のレイアウト**がおすすめだ。「3スライド」では、用紙の左側にスライドが3枚並び、右側に**メモをとるための線**が表示される。プレゼンの内容に応じて、聞き手の利便性を考えて選択したい。

1 「ファイル」タブをクリックする❶。

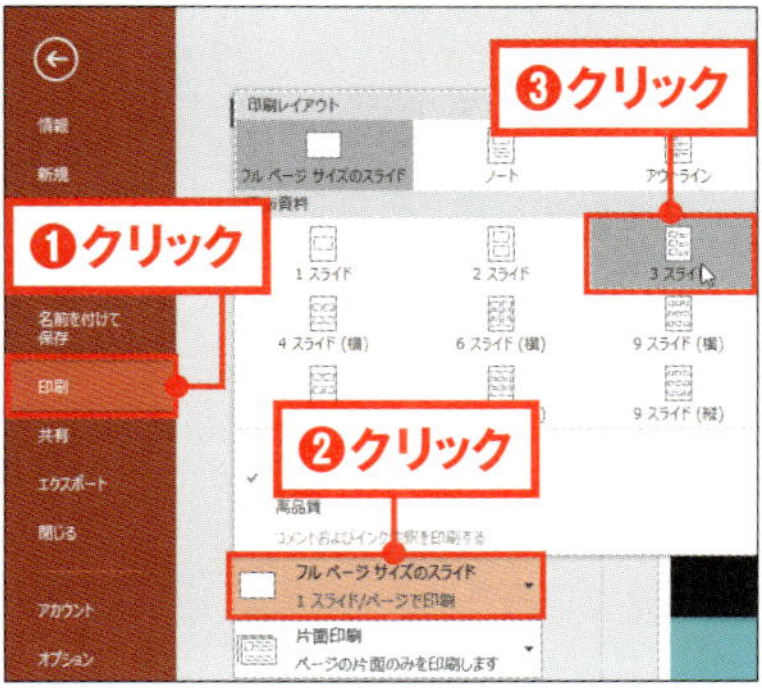

2 「印刷」をクリックする❶。「フルページサイズのスライド」をクリックし❷、「3スライド」をクリックする❸。

3 メモ欄の付いた配布資料が作成される。

プレゼン

071

モノクロでも見やすいように印刷する

[中級]

ここがポイント!

カラーをグレースケールに変更する

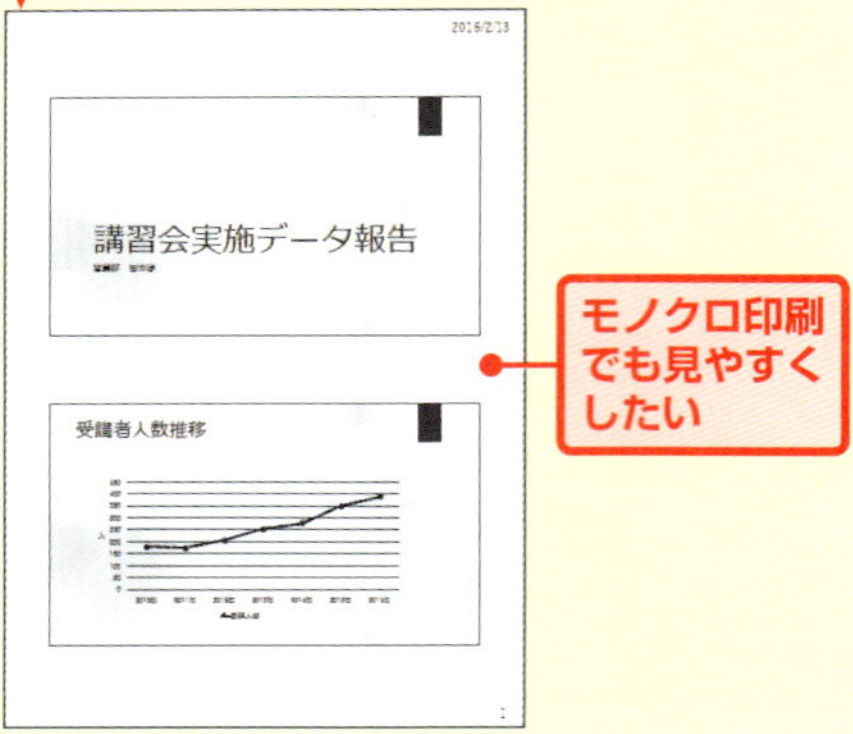

プレゼンで使うスライドは、人目を引くため、さまざまな色を使用して作成するのが一般的だ。しかし、こうしたカラーのスライドを配布資料として印刷するとき、**モノクロプリンター**を使用すると、背景や図形の色の組み合わせによっては、文字や図などが見づらくなることがある。その場合は、印刷時のカラー設定を**「グレースケール」**に変更するとよい。印刷時だけ背景や文字の色が調整され、見やすく印刷できる。

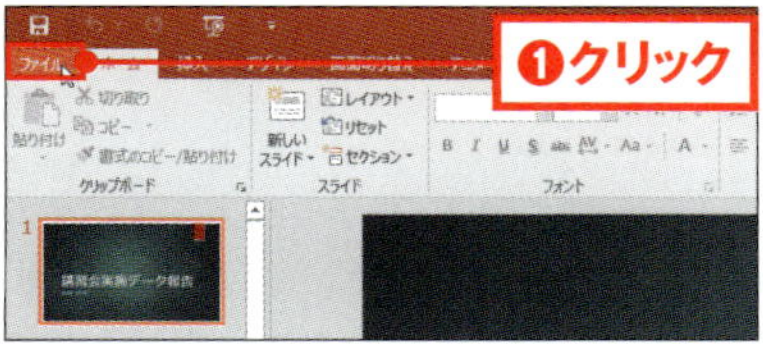

1 「ファイル」タブをクリックする❶。

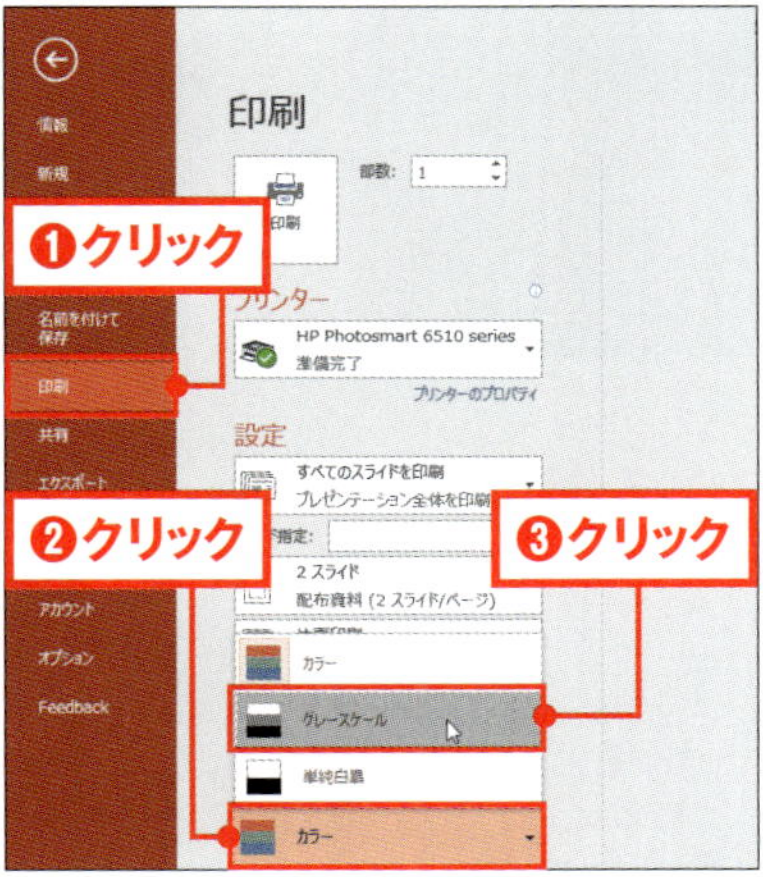

2 「印刷」をクリックする❶。「カラー」をクリックし❷、「グレースケール」をクリックする❸。

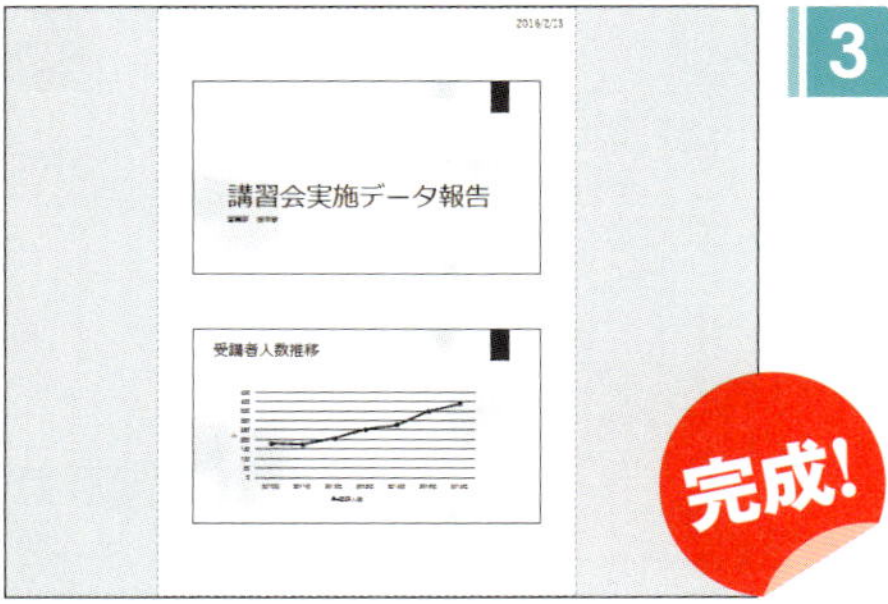

3 これで、カラーが見やすく調整されて印刷される。

スライドショーを開始する／終了する

ここがポイント！ F5キーを押す

スライドショーをすばやく実行したい

プレゼン本番で**スライドショーを開始**する場合、パソコン操作でまごつくようなことがあると格好悪い。「スライドショー」タブの「最初から」をクリックするのが通常の方法だが、ボタンを探すのに時間をかけるのは避けたいものだ。そこでおすすめなのが、**「F5」キー**を押す方法だ。キーを1回押すだけで、先頭のスライドから再生が開始される。反対にスライドショーを終了するには、**「Esc」キー**を押すのがおすすめだ。

［初級］

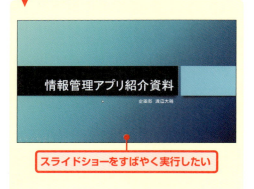

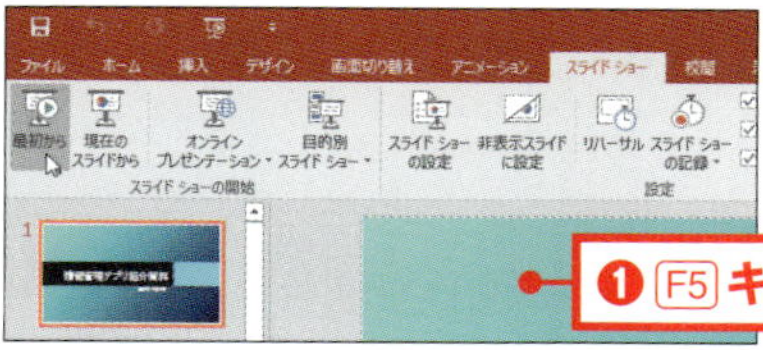

1 スライドの編集画面で F5 キーを押す❶。

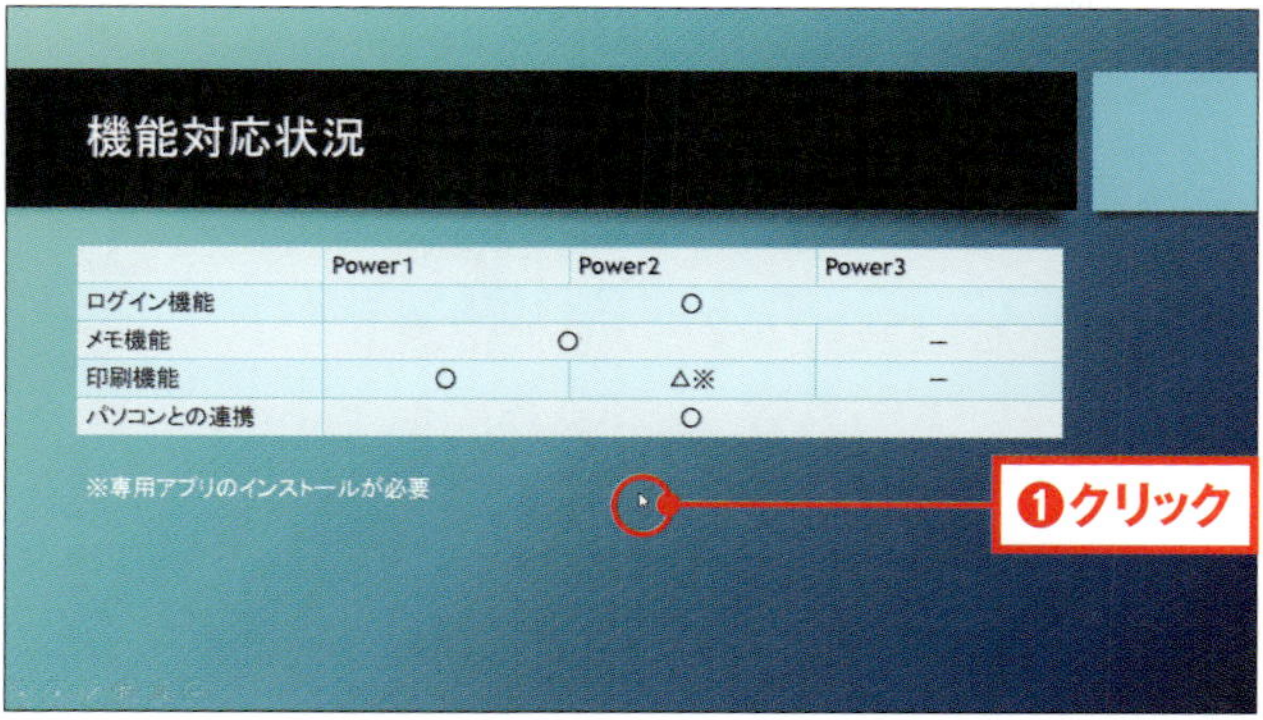

2 スライドショーが開始される。マウスをクリックすると❶、次のスライドが表示される。クリックするたびに次のスライドに切り替わる。

3 最後のスライドでクリックすると、黒い画面が表示される。この画面でマウスをクリックするか、Esc キーを押すと❶、スライドショーが終了する。

スライドをすばやく切り替える

【初級】

ここがポイント! Enterキーを押す

次のスライドにすばやく切り替えたい

スライドショーの実行中、次のスライドに切り替えたい。基本の方法は、スライド上をクリックする操作だ。しかし、スライドを切り替えるたびにマウスに手を伸ばすのは億劫だ。その場合は、「Enter」キーを押すショートカットがおすすめだ。開始の「F5」キーからの流れで、スムーズに操作できる。スライド切り替えのキー操作はいくつかの種類が用意されているので、使いやすいキーを利用しよう（188ページ）。

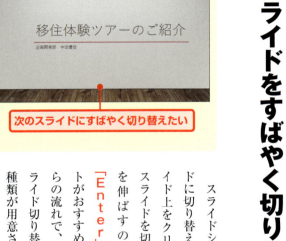

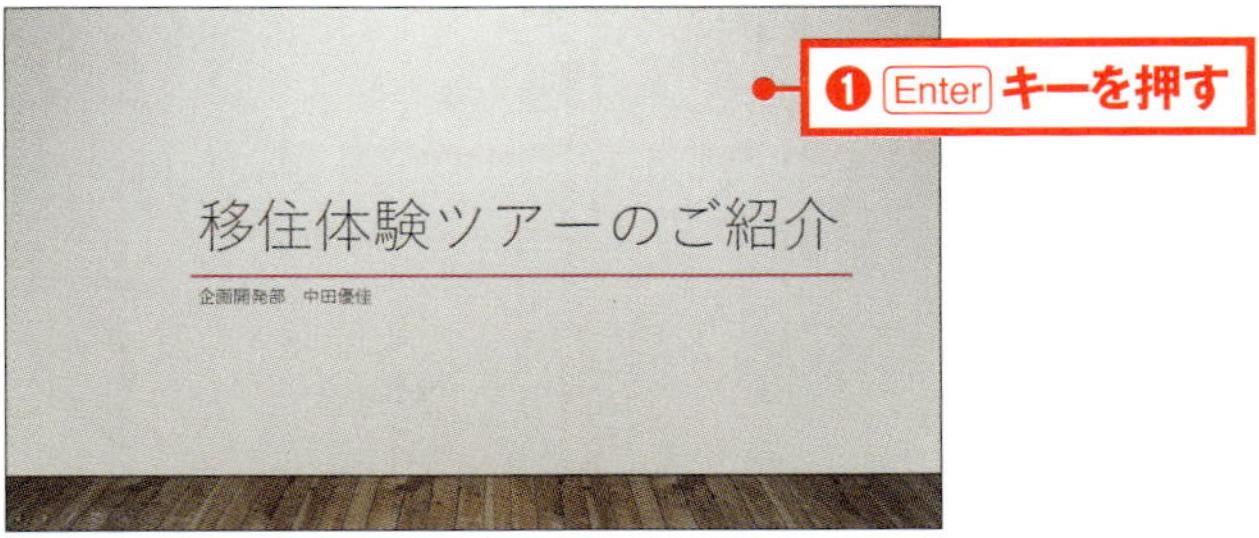

1 F5キーを押して、スライドショーを開始する。Enterキーを押す❶。

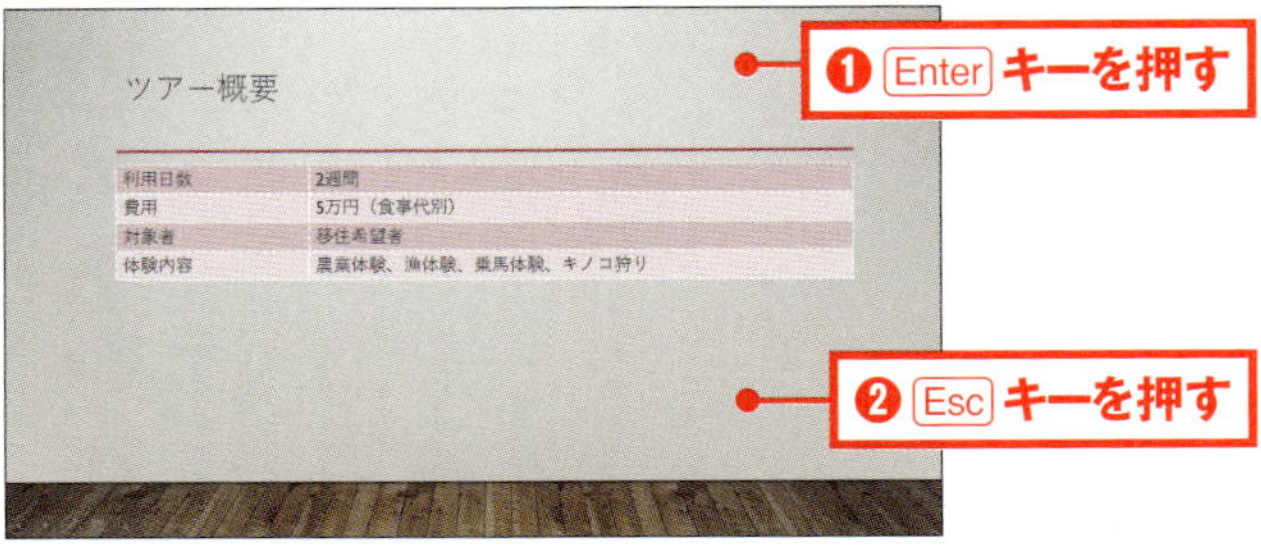

2 次のスライドに切り替わる。Enterキーを押すたびに❶、次のスライドが表示される。スライドショーを中断する場合は、Escキーを押す❷。

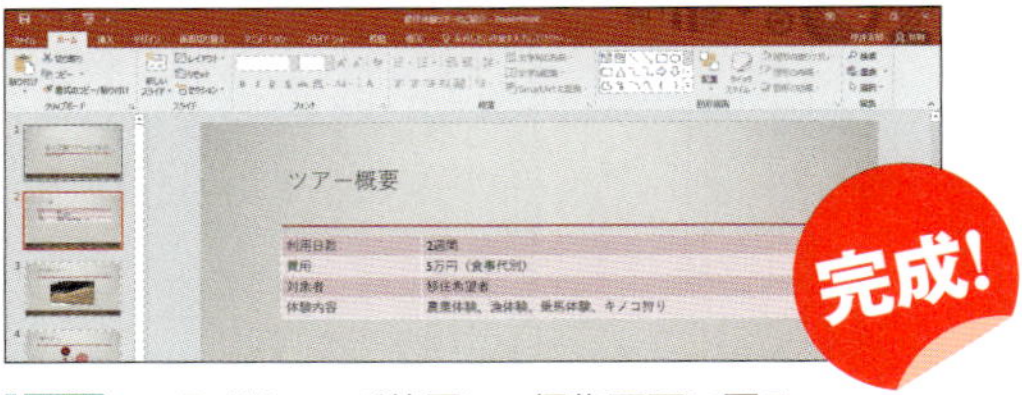

3 スライドショーが終了し、編集画面に戻る。

プレゼン用のメモを作成する

[初級]

ここがポイント！ ノート領域にメモの内容を入力する

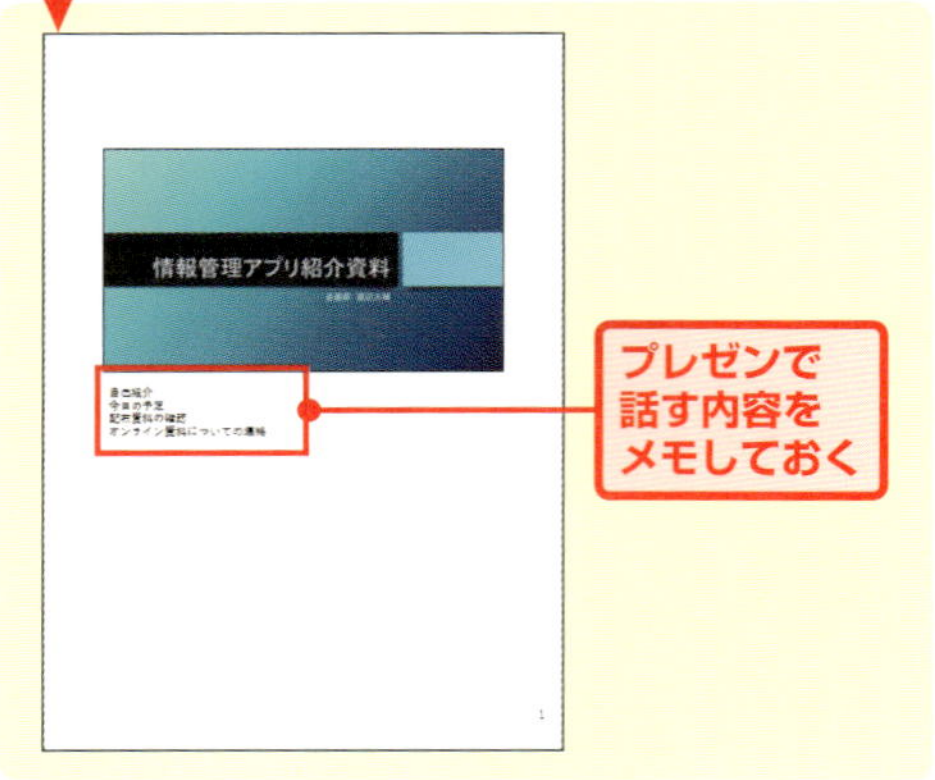
情報管理アプリ紹介資料
自己紹介
今日の予定
配布資料の確認
オンライン資料についての連絡
プレゼンで話す内容をメモしておく

プレゼンで説明をするとき、話す内容のメモを手元に用意しておくと安心だ。メモは、各スライドの作成画面で**ノート欄を表示し、内容を入力**すればよい。あとは、**「ノート」のレイアウトで印刷**し、プレゼン時に手元に用意しておく。ノートを書くときに気を付けるポイントは、話す内容を箇条書きで簡潔に書いておくことだ。文章にしてしまうと、肝心な聞き手を見ずに、メモを見ながら話してしまうことになる。

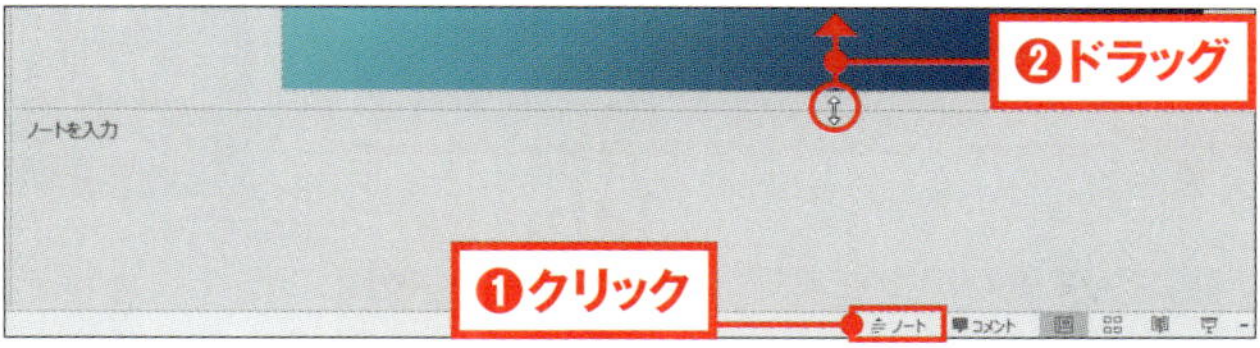

1 ステータスバーの「ノート」をクリックする❶。ノートとスライドの境界線をドラッグすると❷、ノートを広く表示できる。

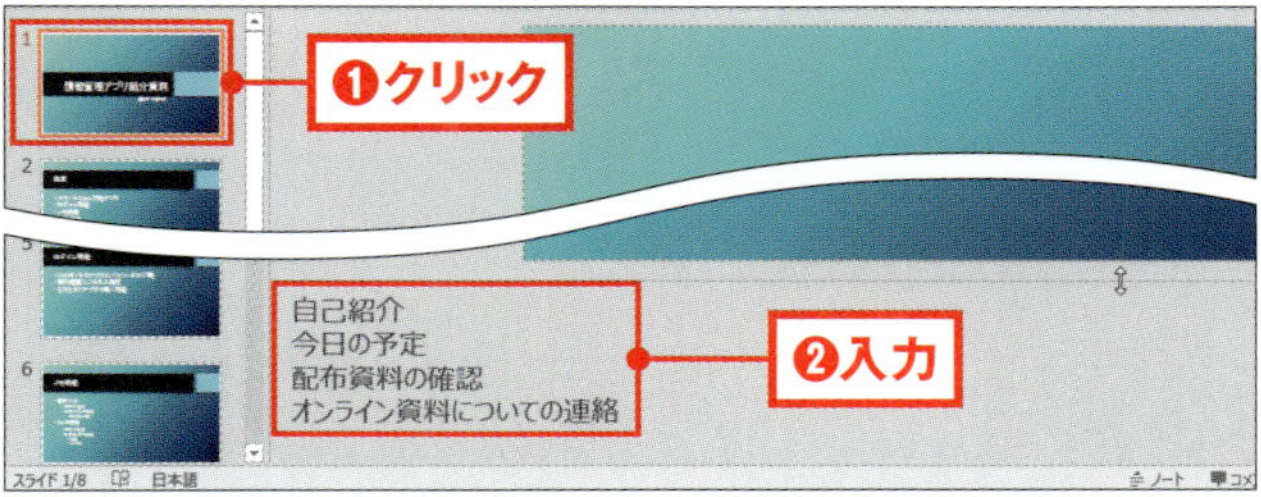

2 ノートを書くスライドをクリックし❶、ノート欄に内容を入力する❷。

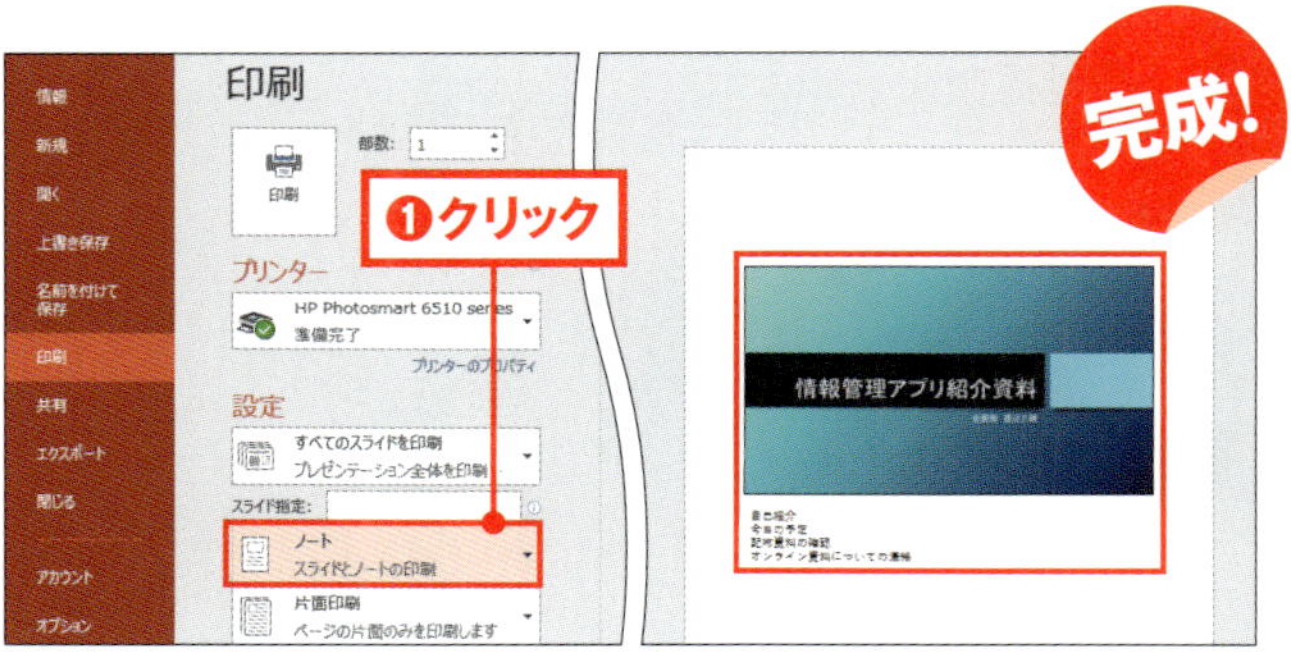

3 161ページの方法で印刷イメージを表示し、印刷レイアウトの「ノート」を選択する❶。上にスライド、下にそのスライドのメモが表示される。

発表者用画面を活用する

ここがポイント! 発表者ビューを表示する

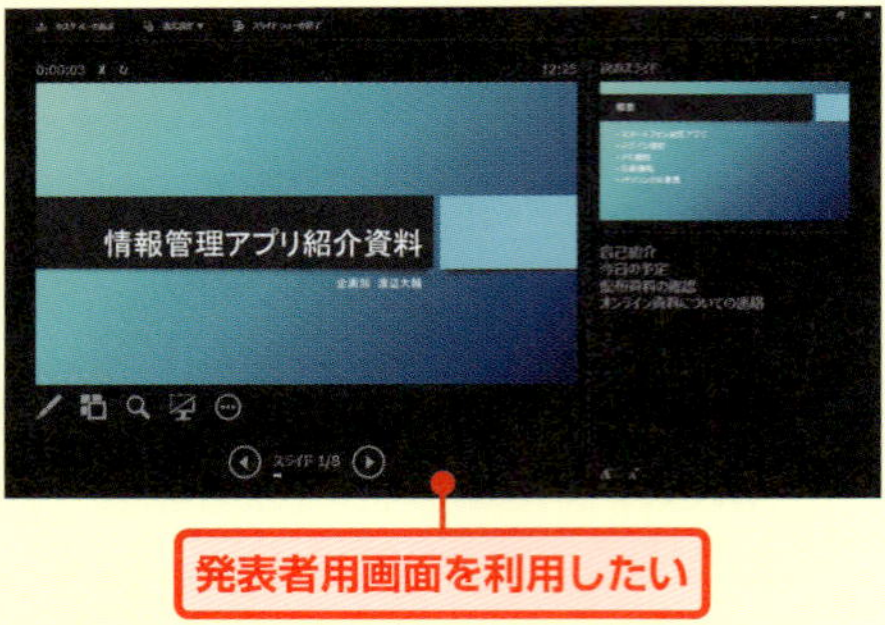
情報管理アプリ紹介資料
自己紹介
今日の予定
配布資料の確認
オンライン資料についての連絡
発表者用画面を利用したい

広いプレゼン会場では、プロジェクターなどの機器にパソコンを接続し、大きなスクリーンにスライドを表示するのが一般的だ。その場合、手元のパソコン画面には、プロジェクターで表示される画面とは異なる、発表者用の画面が表示される。これが**発表者ビュー**だ。発表者ビューには、スライド以外に、**経過時間やノートの内容、次のスライド**など、発表者向けのさまざまな情報が表示される。表示内容を把握して、有効に活用したい。

[中級]

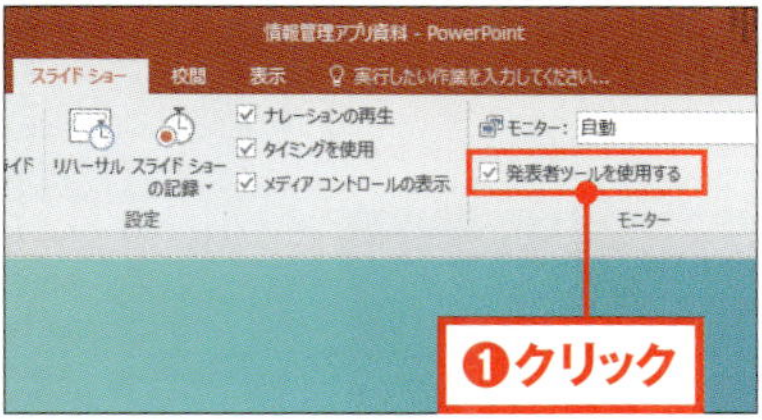

1 「スライドショー」タブで、「発表者ツールを使用する」にチェックが入っていることを確認する。チェックが入っていなければ、クリックしてチェックを入れる❶。

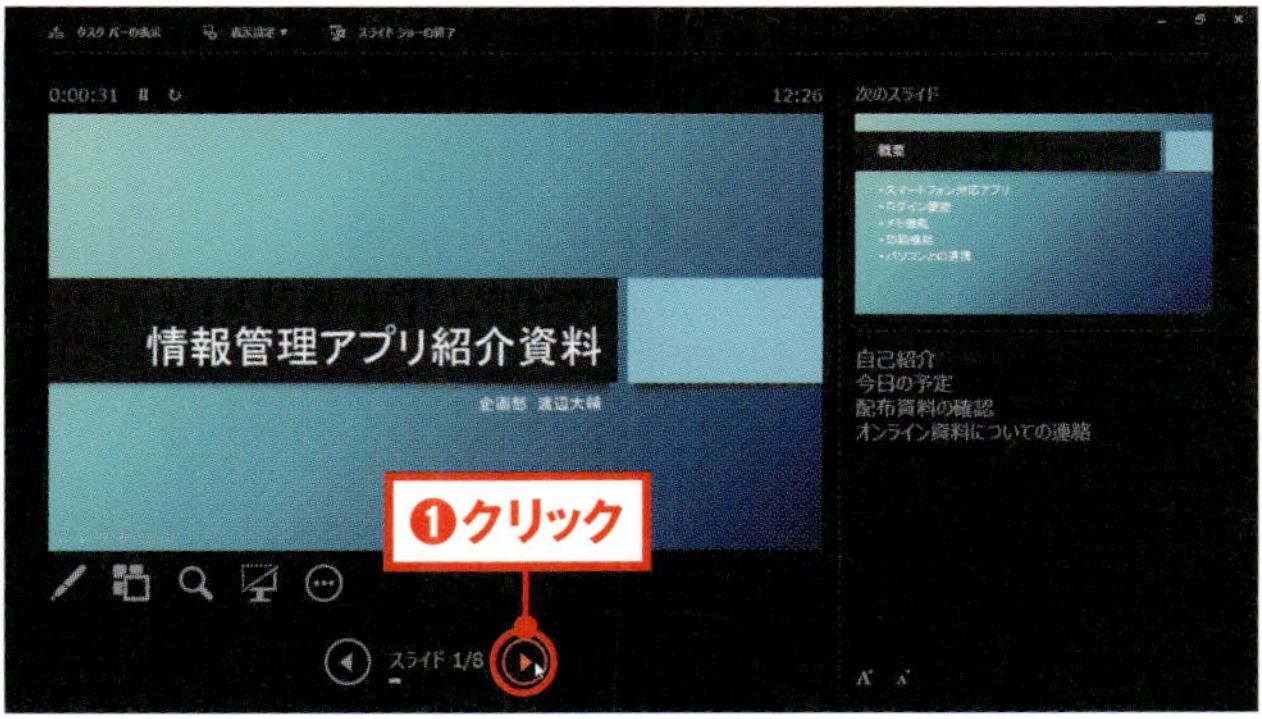

2 パソコンをモニターやプロジェクターに接続してスライドショーを実行すると、モニターやスクリーンにはスライドが、手元のパソコンには発表者ビューが表示される。「▶」をクリックすると❶、次のスライドに切り替わる。

3 最後の画面で「▶」をクリックすると❶、スライドショーが終了する。ファイルの編集中に発表者ビューを確認するには、Alt+F5キーを押す。

076

スライドショー実行中に特定のスライドに切り替える

［ 初級 ］

プレゼン中、特定のスライドに戻って説明を補足したい。そんなとき、**スライドの切り替え**に手間取ってあたふたしたり、1枚1枚めくってスライドを探すのは格好悪い。そこで、スライドの一覧からすばやくスライドを切り替えるワザを覚えておこう。操作はかんたん。**「－」キーを押してスライド一覧を表示**し、その中からスライドを選択するだけだ。これなら、目的のスライドに瞬時に切り替えられる。

ここがポイント！ －キーを押す

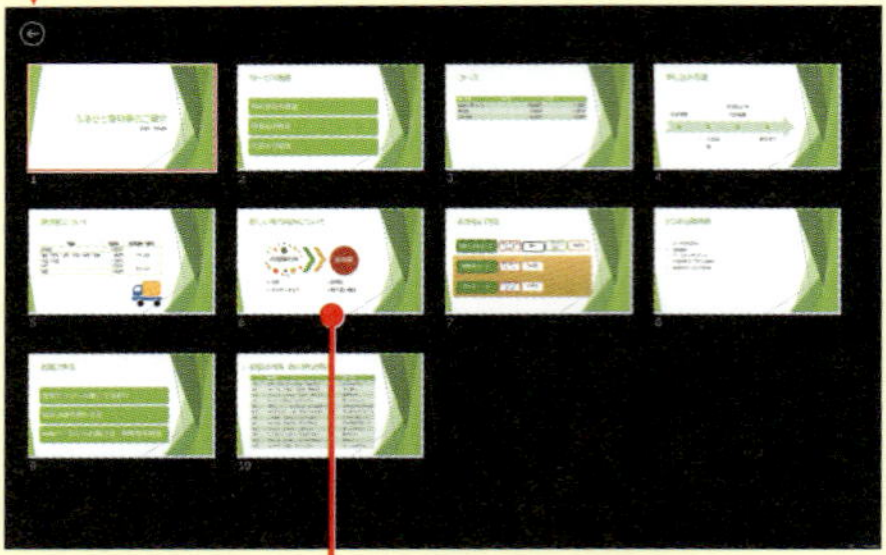

一覧から目的のスライドを表示する

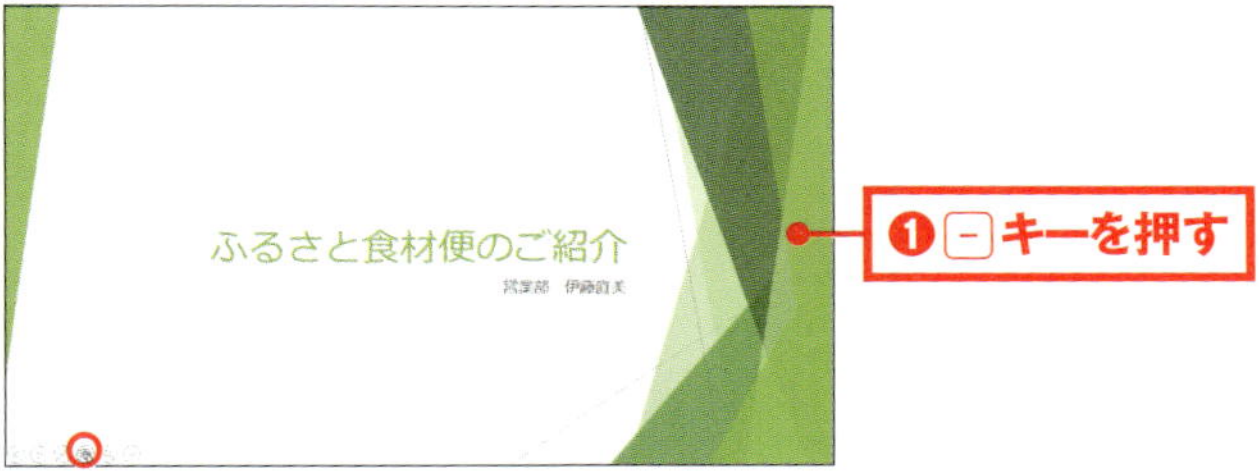

1 スライドショー実行中の画面で、[-]キーを押す❶。パワーポイント2010では、[Ctrl]+[S]キーを押してスライド一覧画面を表示する。

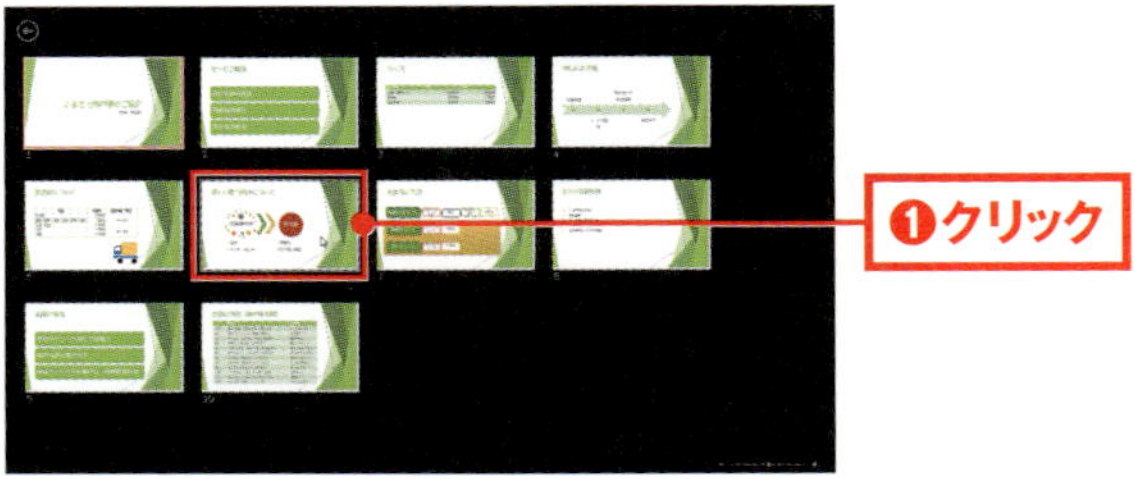

2 スライド一覧が表示される。表示したいスライドをクリックする❶。

3 選択したスライドが表示される。

プレゼン

077

番号指定で瞬時にスライドを切り替える

[初級]

ここがポイント! 「数字」キー+ Enter キーを押す

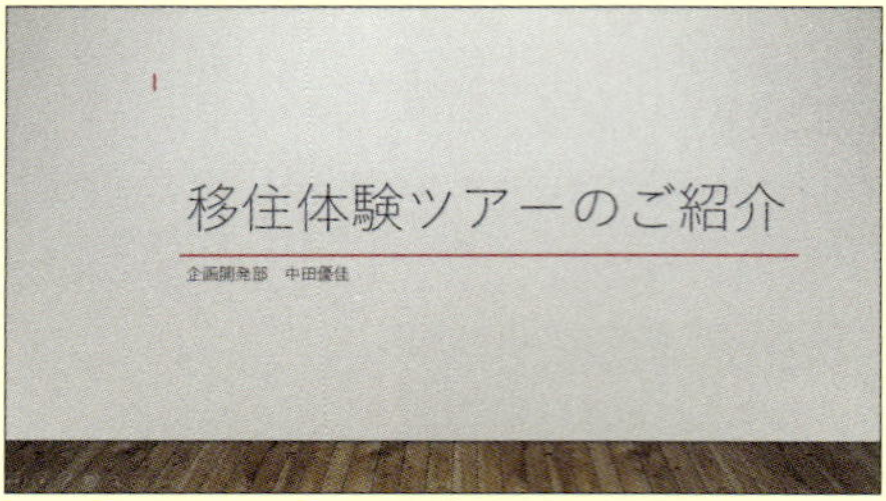

プレゼン終了後の質疑応答時などは、特定のスライドに戻って説明をしたい場合がある。そんなとき、スライドを1枚ずつめくるのは、時間もかかるし手際が悪い。**キー操作**で瞬時に切り替えよう。操作のポイントは、**何枚目のスライドかを数字で指定**することだ。3枚目のスライドに切り替えるなら、「3」+「Enter」キーを押す。スライド一覧の資料を事前に用意し、スライドのページ番号がわかるようにしておこう。

1 スライドショー実行中の画面で、5+Enterキーを押す❶。

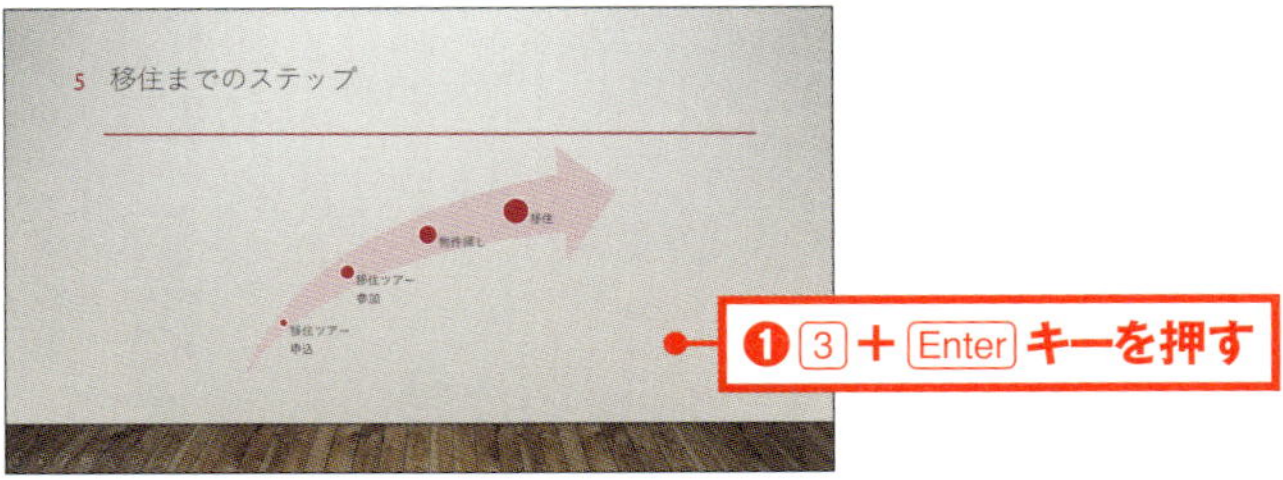

2 5枚目のスライドが表示される。3+Enterキーを押す❶。

3 3枚目のスライドが表示される。

スライドショー実行中に一時的に画面を隠す

ここがポイント! Ⓑキーを押す

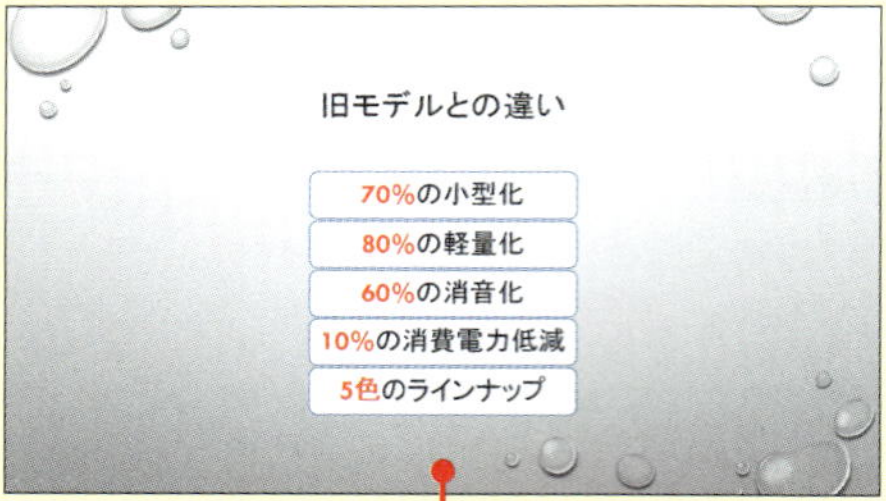

スライド表示を一時的に隠したい

プレゼンの実行中、スライドからいったん離れて、聞き手に別のものを見てもらいたい場合がある。たとえば商品説明のプレゼンで、実際の商品を見せながら使い方を実演したい、といった場面だ。そんなときは、**スライドの画面を一時的に隠す**ワザを使う。背後の余計なものを消し、聞き手の視線を商品に集める効果が期待できる。操作は、**「B」キー**を押すだけとかんたんだ。押すキーによって、画面を黒くするか白くするか選択できる。

［初級］

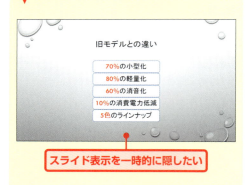

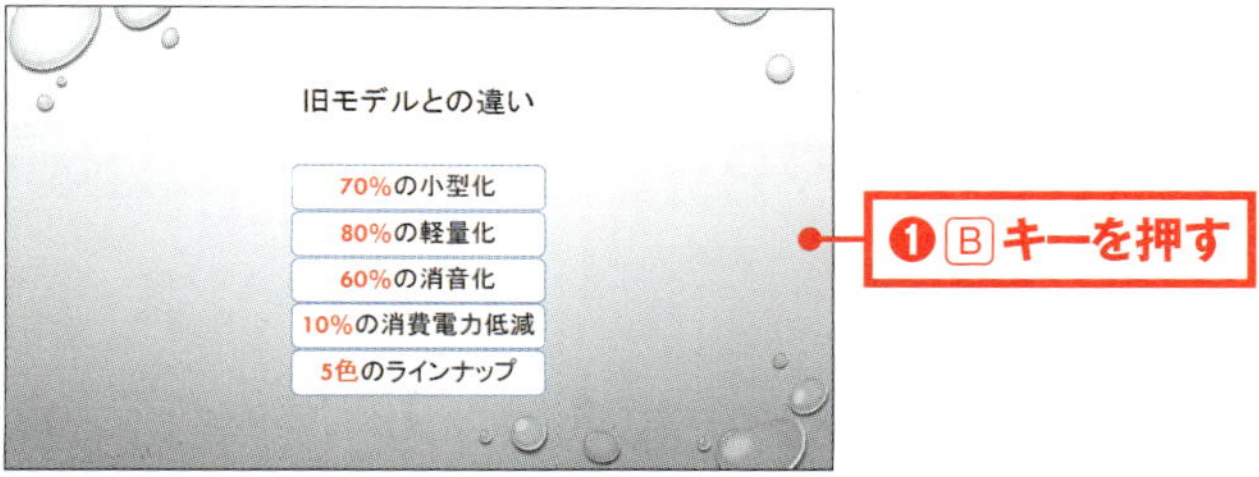

1 スライドショー実行中に、Bキーを押す❶。

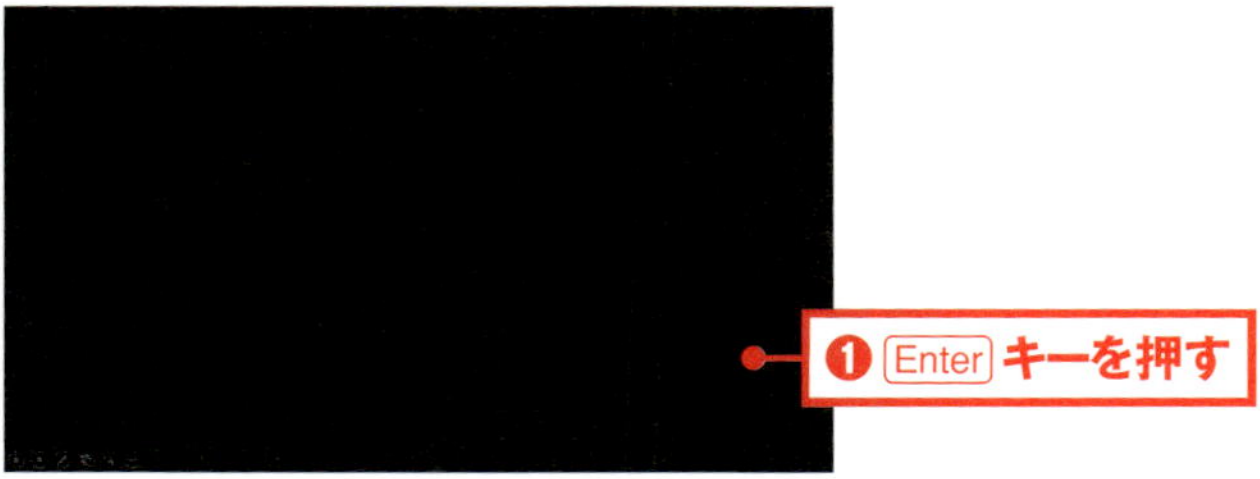

2 画面が真っ暗になる。Enterキーを押す❶。

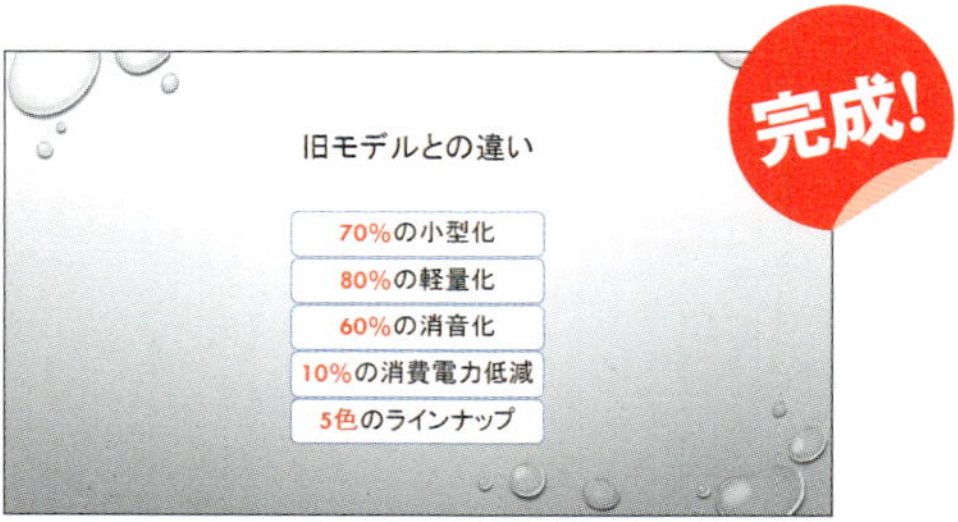

3 元の画面が表示される。画面を白くするには、Wキーを押す。

プレゼン

079

編集画面を見せずにスライドショーを開始する

［ 中級 ］

ここがポイント!

ファイルアイコンを右クリックする

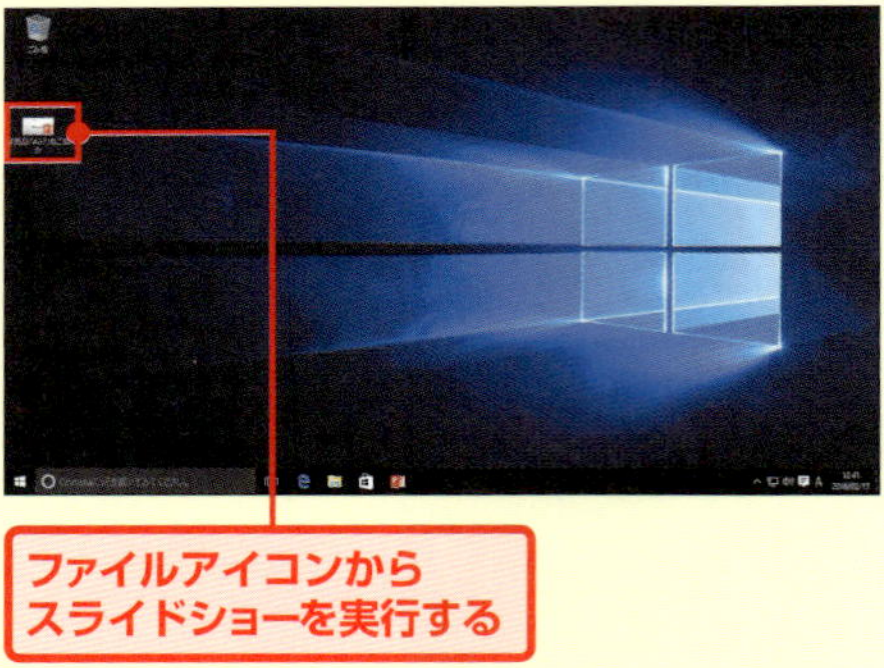
ファイルアイコンから
スライドショーを実行する

スライドショーを実行するには、168ページで紹介したように、スライド編集画面から表示を切り替える方法がある。しかし、プレゼン前にスライドの編集画面を見せてしまうのは、聴衆に手の内を明かすようでスマートではない。編集画面を開かず、**ファイルアイコンから直接スライドショーを実行する**方法を知っておこう。あらかじめデスクトップにファイルアイコンを置いておけば、スライドショーをすばやく実行できる。

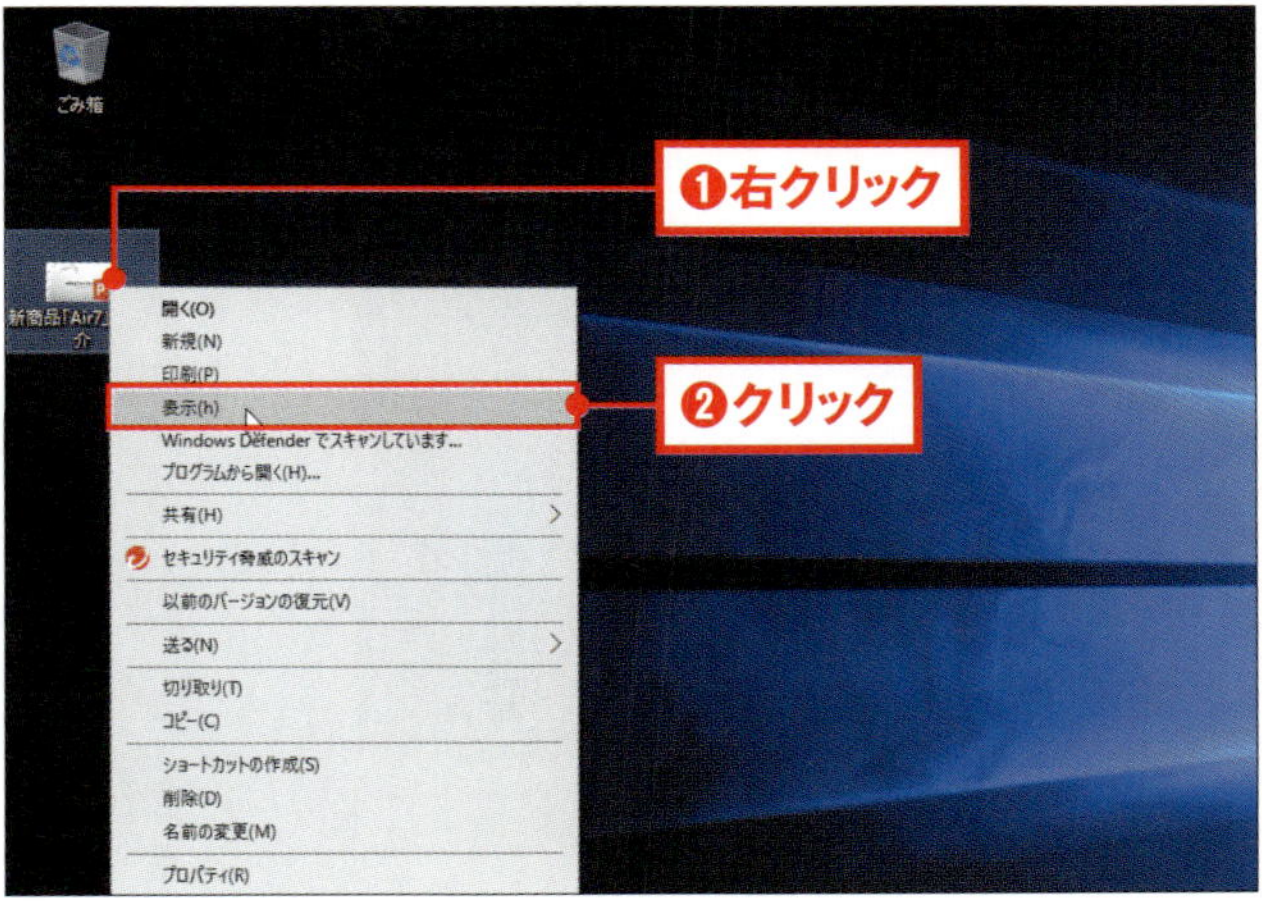

1 ファイルアイコンを右クリックする❶。表示されるメニューの「表示」または「スライドショー」をクリックする❷。

2 スライドショーが実行される。Enterキーを押すと、次のスライドに切り替わる。

プレゼン

080

ファイルのダブルクリックでスライドショーを開始する

［中級］

ここがポイント！

スライドショー形式で保存する

ダブルクリックでスライドショーを実行したい

プレゼン用のファイルが完成し、あとは本番で実行するだけという状態になったら、ファイルを**スライドショー形式で保存**しておこう。スライドショー形式のファイルは、**ファイルアイコンをダブルクリックするとすぐにスライドショーが開始**される。なお、スライドショー形式で保存したファイルを編集したい場合は、パワーポイントを起動して、通常のファイルを開く方法でファイルを開けばよい。

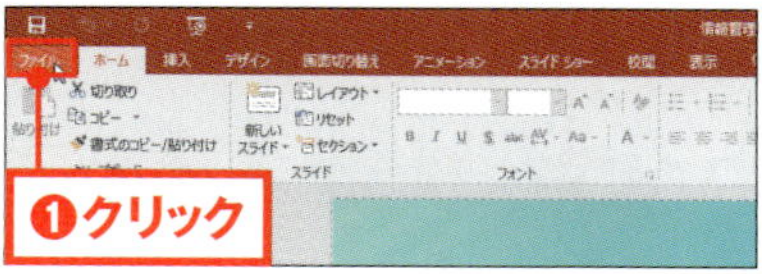

1 スライドショー形式で保存するファイルを開き、「ファイル」タブをクリックする❶。

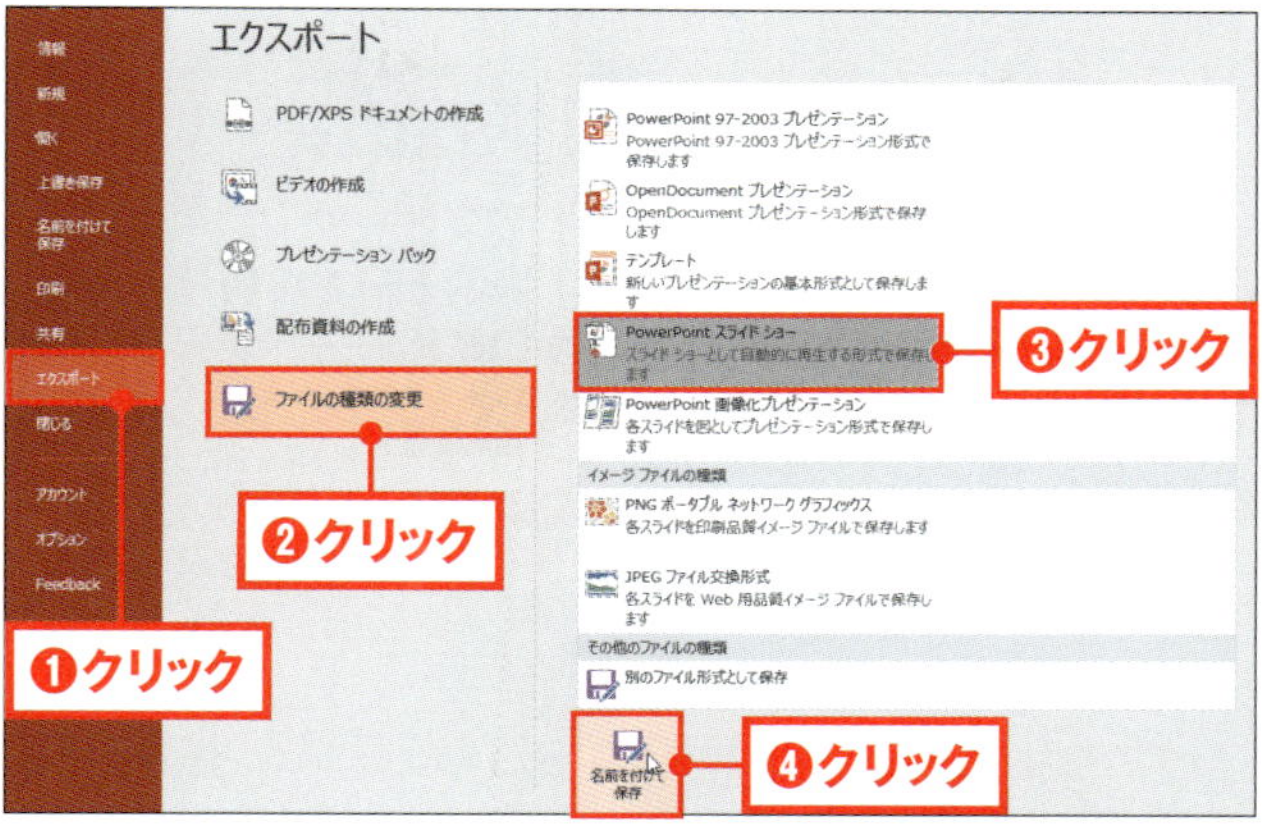

2 「エクスポート」(パワーポイント 2010の場合は「保存と送信」)をクリックし❶、「ファイルの種類の変更」をクリックする❷。「PowerPointスライドショー」をクリックして❸、「名前を付けて保存」をクリックする❹。

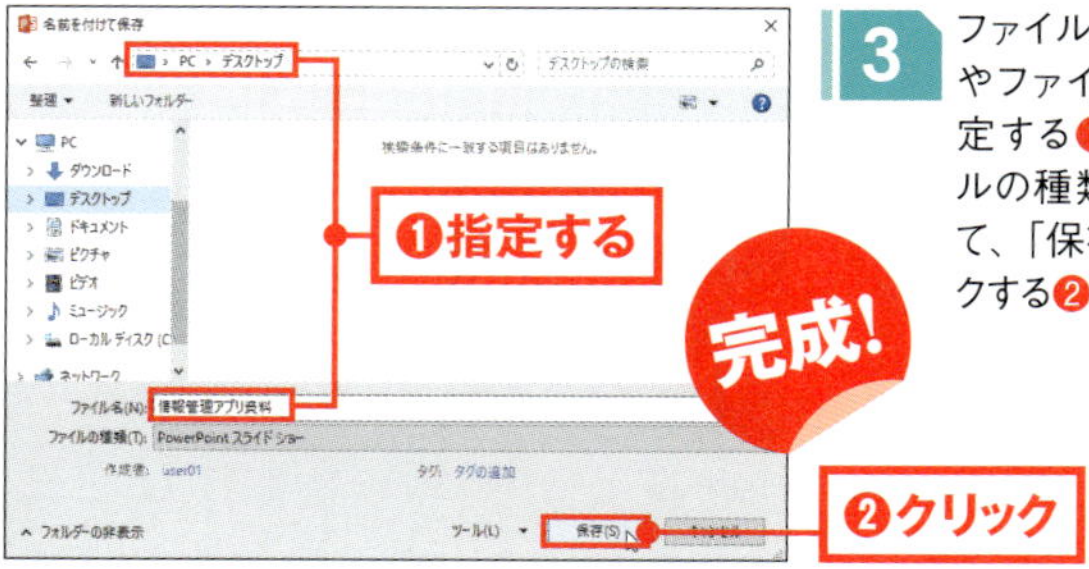

3 ファイルの保存先やファイル名を指定する❶。ファイルの種類を確認して、「保存」をクリックする❷。

表示モードを切り替える

Ctrl ＋ Shift ＋ Tab

パワーポイントでは、操作に応じて表示モードを切り替えると効率よく作業を進められる。標準の表示モードからアウトライン表示モードに切り替える方法を覚えておこう。

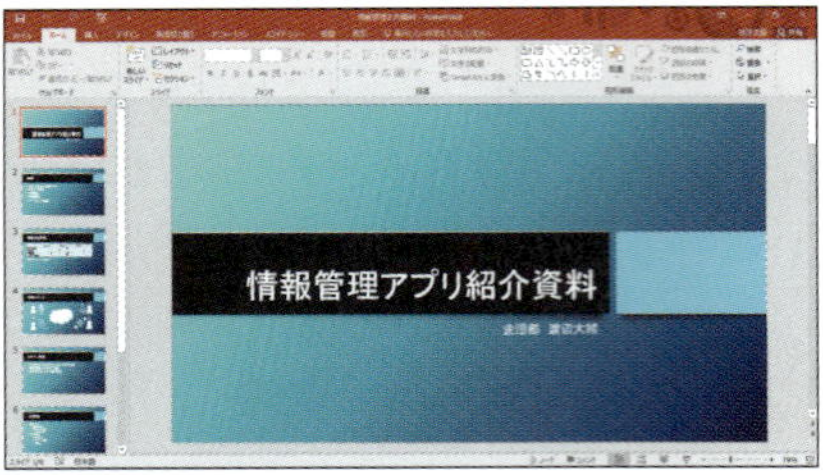

1 標準表示モードでCtrl＋Shift＋Tabキーを押す。

2 アウトライン表示に切り替わる。もう一度Ctrl＋Shift＋Tabキーを押すと、標準表示に切り替わる。

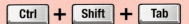

印刷イメージを確認する

Ctrl + P

印刷を実行する画面を表示する。印刷画面では、左側で印刷時の設定を行う。右側には印刷イメージが表示される。印刷イメージを確認してから印刷を実行しよう。

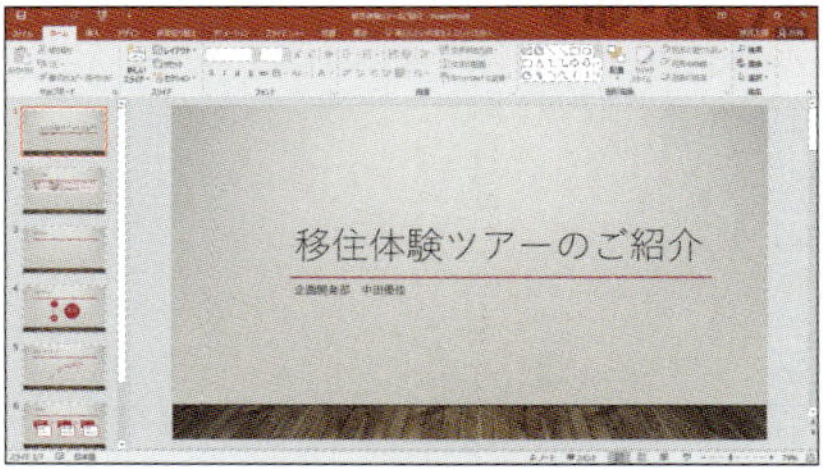

1 印刷するファイルを開き、Ctrl＋Pキーを押す。

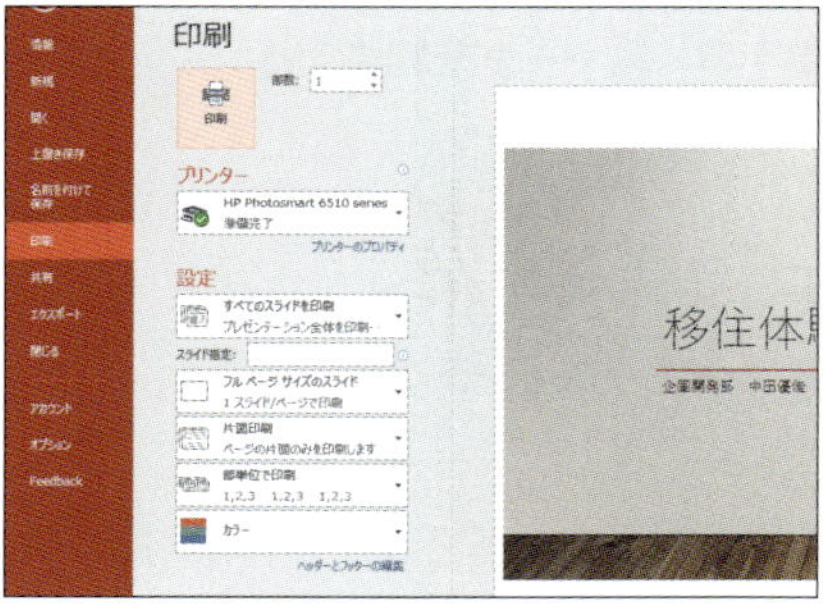

2 印刷の画面が表示される。

スライドショー実行中に便利なショートカット

スライドショー実行中に知っておくと便利なショートカットキーを覚えておこう。キー操作を使うと、プレゼンの場でまごついたりせずに、すばやく操作できる。

●次のスライドに切り替える

以下のいずれかのキーを押す

N／Space／→／↓／Enter／PageDownキー

●前のスライドに切り替える

以下のいずれかのキーを押す

P／BackSpace／←／↑／PageUpキー

●指定した番号のスライドに切り替える

数字＋Enterキー

●スライド一覧を表示する／スライドを縮小する（パワーポイント 2013 以降）

以下のいずれかのキーを押す

-キー／Ctrl＋-キー

●スライドを拡大する（パワーポイント 2013 以降）

以下のいずれかのキーを押す

+キー／Ctrl＋+キー

●「すべてのスライド」画面を表示する

[Ctrl]+[S]キー

●画面を黒くする

以下のいずれかのキーを押す

[B]キー／[.]キー

●画面を白くする

以下のいずれかのキーを押す

[W]キー／[,]キー

●タスクバーを表示する

[Ctrl]+[T]キー

●マウスの矢印を非表示にする

[Ctrl]+[H]キー

●マウスの矢印を表示する

[Ctrl]+[U]キー

●スライドショーを終了する

[Esc]キー

ヘルプを表示する

F1

パワーポイントの操作に迷ったときは、ヘルプ画面を表示するとわからないことを調べられる。また、スライドショー実行時に役立つヘルプ画面も、事前に確認しておきたい。

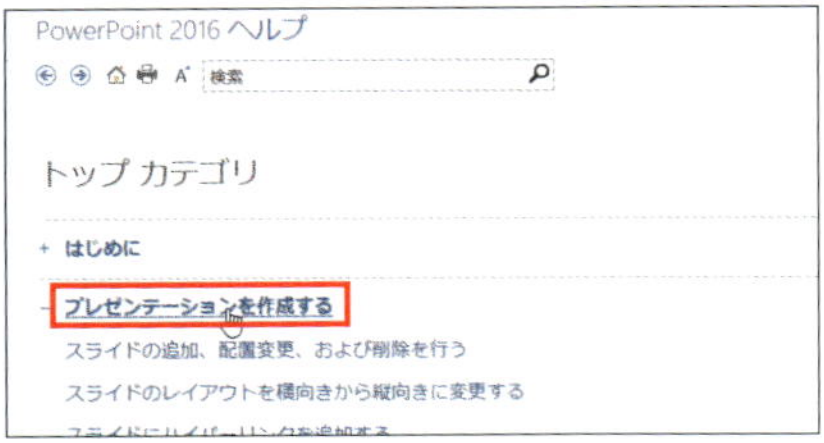

1 パワーポイントの編集画面でF1キーを押すと、ヘルプ画面が表示される。項目をクリックすると内容が表示される。

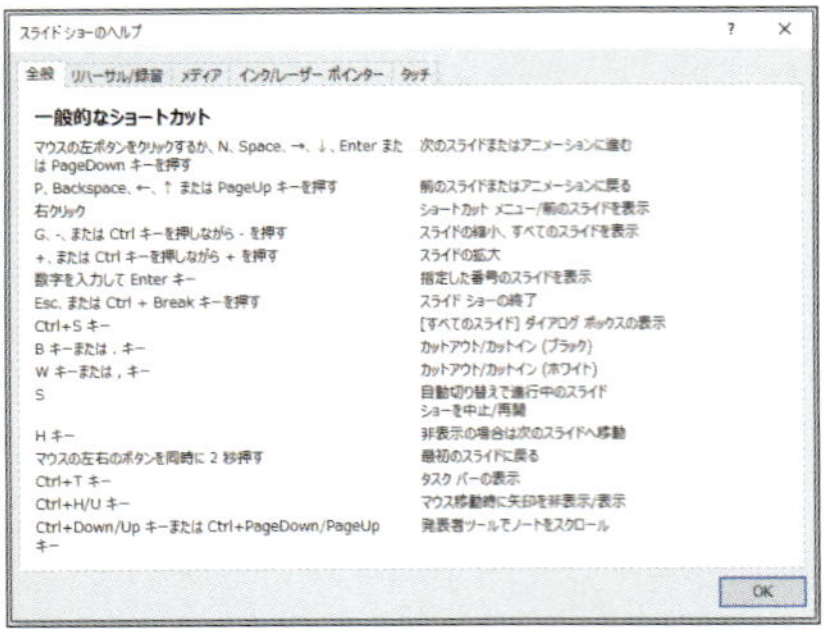

2 スライドショーの実行画面でF1キーを押すと、「スライドショーのヘルプ」画面が表示される。スライドショー実行中に利用できるショートカットキーなどを確認できる。

索引

お問い合わせについて

本書に関するご質問については、本書に記載されている内容に関するもののみとさせていただきます。本書の内容と関係のないご質問につきましては、一切お答えできませんので、あらかじめご了承ください。また、電話でのご質問は受け付けておりませんので、必ずFAXか書面にて下記までお送りください。

なお、ご質問の際には、必ず以下の項目を明記していただきますようお願いいたします。

1 お名前
2 返信先の住所またはFAX番号
3 書名（今すぐ使えるかんたん文庫
　パワーポイント PowerPoint
　すぐに使える！基本&便利ワザ）
4 本書の該当ページ
5 ご使用のOSとソフトウェアのバージョン
6 ご質問内容

なお、お送りいただいたご質問には、できる限り迅速にお答えできるよう努力いたしておりますが、場合によってはお答えするまでに時間がかかることがあります。また、回答の期日をご指定なさっても、ご希望にお応えできるとは限りません。あらかじめご了承くださいますよう、お願いいたします。

ご質問の際に記載いただきました個人情報は、回答後速やかに破棄させていただきます。

問い合わせ先

〒162-0846
東京都新宿区市谷左内町21-13
株式会社技術評論社　書籍編集部
「今すぐ使えるかんたん文庫 パワーポイント PowerPoint すぐに使える！基本&便利ワザ」質問係
FAX番号　03-3513-6167

URL：http://book.gihyo.jp

■ お問い合わせの例

FAX

1 お名前
技術　太郎

2 返信先の住所またはFAX番号
03-XXXX-XXXX

3 書名
今すぐ使えるかんたん文庫パワーポイント
PowerPoint すぐに使える！基本&便利ワザ

4 本書の該当ページ
38ページ

5 ご使用のOSとソフトウェアのバージョン
Windows 10
PowerPoint 2016

6 ご質問内容
PowerPointのアイコンが
タスクバーにない

今《いま》すぐ使《つか》えるかんたん文庫《ぶんこ》
パワーポイント PowerPoint《パワーポイント》
すぐに使《つか》える! 基本&便利《きほんアンドべんり》ワザ

2016年6月25日　初版　第1刷発行

著　者●門脇《かどわき》　香奈子《かなこ》
発行者●片岡　巌
発行所●株式会社　技術評論社
　東京都新宿区市谷左内町21-13
　電話　03-3513-6150　販売促進部
　　　　03-3513-6160　書籍編集部
編集●大和田洋平
カバーデザイン●菊池祐（株式会社ライラック）
カバーイラスト●にわゆり
本文デザイン●株式会社ライラック
DTP●技術評論社　制作業務部
製本／印刷●株式会社加藤文明社

定価はカバーに表示してあります。

ISBN978-4-7741-8100-4 C3055
Printed in Japan